“十三五”江苏省高等学校重点教材
普通高等教育电气工程及其自动化类规划教材

电气控制与PLC应用

Electrical Control and PLC Applications

主 编 齐 亮 袁文华

微课版

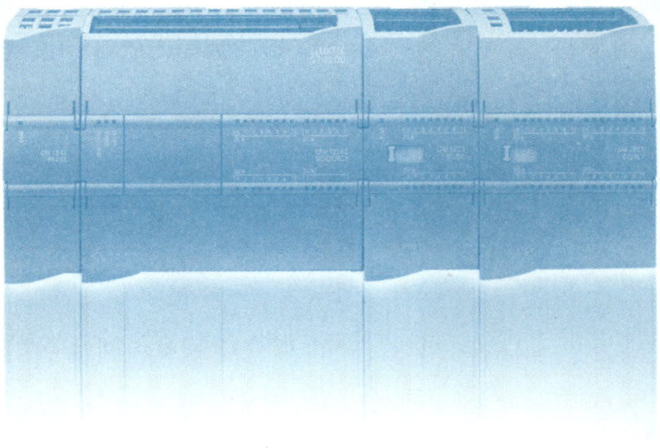

大连理工大学出版社

图书在版编目(CIP)数据

电气控制与 PLC 应用 / 齐亮，袁文华主编. -- 大连 ：大连理工大学出版社，2025. 3.（2025.3 重印）-- ISBN 978-7-5685-5446-6

Ⅰ. TM571.2;TM571.61

中国国家版本馆 CIP 数据核字第 2024V7W428 号

大连理工大学出版社出版

地址:大连市软件园路 80 号　邮政编码:116023

营销中心:0411-84707410　84708842　邮购及零售:0411-84706041

E-mail:dutp@dutp.cn　URL:https://www.dutp.cn

辽宁星海彩色印刷有限公司印刷　　大连理工大学出版社发行

幅面尺寸:185mm×260mm　印张:12.75　字数:295 千字

2025 年 3 月第 1 版　　2025 年 3 月第 2 次印刷

责任编辑:王晓历　　责任校对:孙兴乐

封面设计:张　莹

ISBN 978-7-5685-5446-6　　定　价:45.00 元

PREFACE 前言

“电气控制与PLC应用”作为高等院校自动化、电气工程及其自动化、计算机应用技术、机电一体化等专业的重要专业课程，包含“电气控制技术”和“PLC原理及应用”两门课程的内容。随着科学技术的发展及工业4.0的提出，制造业对自动化、智能化生产模式的需求日益增长，可编程序控制器(PLC)以其可靠性高、灵活性强、使用方便等优势在工业控制领域中得到了越来越广泛的应用，在很多控制系统中已经取代了传统的继电器接触器控制系统，成为当今电气及自动化领域的主流控制设备。但是，不管PLC的功能多么强大，PLC仅能取代继电器接触器控制系统的控制电路，而不能取代被控制对象的主电路和输入、输出低压电器。同时，PLC的编程思想、编程方法是在继电器接触器控制技术的基础上发展起来的。因此，学习好继电器接触器控制系统是学习PLC的基础。本教材先介绍低压电器和继电器接触器控制系统，在此基础上再介绍PLC的原理及应用。

本教材包含了电气控制和PLC应用两部分内容。第1章主要介绍电气控制的历史与发展，并通过实例介绍了课程的性质和内容；第2章主要介绍电气控制系统中广泛使用的低压电器的结构、工作原理和选用方法等；第3章主要介绍三相异步电动机的启动、调速、制动等基本电气控制电路和一些典型控制电路，介绍电气控制电路的分析、设计方法及其典型应用，为学习PLC知识奠定必要的基础；第4章主要介绍PLC的发展概况、基本组成及工作原理；第5章至第8章是本教材的重点内容，以西门子S7-1200 PLC作为教学机型，重点介绍PLC的系统配置、PLC软件使用时的程序管理、PLC的编程规范和方式、PLC控制系统设计方法及实例等。

本教材编写时简化了低压电气控制方面的论述，突出经典环节与常用低压电器的内容，大幅度增加PLC部分的内容，特别增加了各个主流PLC的发展渊源。本教材主要介绍获得多国(包括中国)船级社认证，在市场中应用十分广泛的西门子S7-1200 PLC，介绍其控制系统的设计和应用，在工程应用中常用的开关量逻辑编程方法，模拟量数据处理、控制的编程方法，以及多种通信网络进行数据通信的编程方法。本教材采用以船舶为背景的实际工程案例，尽可能深入浅出、通俗易懂地进行分析、讲解。本教材各章均配有习题和思考题。

本教材以专业知识为载体，以实际工程问题为切入点，在具体章节增加了大国工匠、自动化生产线、科技竞争等内容，培养兼具技术能力、职业责任感、家国情怀和社会担当的新时代工程师。

本教材响应党的二十大精神，推进教育数字化，建设全民终身学习的学习型社会、学习型大国，及时丰富和更新了数字化微课资源，以二维码形式融合纸质教材，使得教材更具及时性、内容的丰富性和环境的可交互性等特征，使读者学习时更轻松、更有趣味，促进了碎片化学习，提高了学习效果和效率。

本教材可作为高等学校自动化、电气工程及其自动化、计算机应用技术、机电一体化等本科专业的教材，也可作为研究生、电气工程师等有关技术人员的参考资料和培训教材。在实际教学使用过程中，任课教师可根据专业和课时的多少，对教材内容进行取舍。有些内容和应用实例可留给学生自学或者在实验、课程设计、毕业设计时作为参考。

本教材由江苏科技大学齐亮、袁文华任主编；江苏科技大学万振刚、叶树霞、黄巧亮任副主编；江苏科技大学李众和高键参与了编写。具体编写分工如下：齐亮负责第 1 章、第 4 章内容编写；袁文华负责第 3 章、第 7 章、第 8 章内容编写；万振刚负责第 5 章内容编写；叶树霞负责第 6 章内容编写；黄巧亮负责第 2 章内容编写；李众和高键参与了审稿工作。本教材由齐亮统稿并定稿。本教材在编写过程中得到了江苏科技大学自动化学院的大力支持，在此表示感谢。

在编写本教材的过程中，编者参考、引用和改编了国内外出版物中的相关资料以及网络资源，在此表示深深的谢意！相关著作权人看到本教材后，请与出版社联系，出版社将按照相关法律的规定支付稿酬。

限于水平，书中仍有疏漏和不妥之处，敬请专家和读者批评指正，以使教材日臻完善。

编　者

2025 年 3 月

所有意见和建议请发往：dutpbk@163.com
欢迎访问高教数字化服务平台：https://www.dutp.cn/hep/
联系电话：0411-84708462　84708445

CONTENTS

目录

第1章 绪论

1.1 电气控制的基本概念

在解释电气控制的概念之前，首先需要搞清楚电器与电气。电器与电气是两个不同的概念，在使用中容易混淆。

第1章微课

电器是所有电工器械的简称，是指能根据外界施加的信号和要求自动或手动接通和断开电路，断续或连续地改变电路参数，并能对电路或非电对象进行切换、控制、保护、检测、变换和调节的电工器械设备。电器单指设备，如继电器、接触器、互感器、开关、熔断器、断路器、指示灯等。

电气是电能的生产、传输、分配、使用和电工装备制造等学科或工程领域的统称。它是以电能、电气设备和电气技术为手段来创造、维持与改善限定空间和环境的一门科学，涵盖电能的转换、利用和研究三个方面，包括基础理论、应用技术、设施设备等。电气是广义词，指一种行业，一种专业，也可指一种技术，而不具体指某种产品设备。

在现代化的生产和实践中，产品是通过设备来生产和加工的，为了保证产品的生产效率和加工精度，需要对设备进行手动或自动控制，控制方式主要有机械控制、电气控制、液压控制、气动控制或上述几种方式的配合使用。在某些生产设备中，各种控制方式的结合更有其突出优点，如液压控制与电气控制的大型重工机械等。由于电气控制方式的显著优点，使得电气控制技术成为设备控制的主要方式。电气控制技术实际是电气控制原理在具体设备控制中的应用。在工农业生产活动中，电动机是最主要的应用设备，我们国家80%～90%的电能都被电动机用掉了。因此电气控制技术就是以各类电动机为主要研究对象，依据电气控制原理，以实现生产过程自动化为目标的控制技术。电气控制系统是指由若干低压电器组合，用于实现对某个或某些对象（主要是电动机）的控制，从而保证被控设备安全、可靠地运行，其主要功能有：自动控制、保护、监视和测量。

1.2 电气控制的历史与发展

19 世纪末到 20 世纪初为生产机械电力拖动的初期，常以一台电动机拖动多台设备，或者使一台电动机拖动一台机床的多个运动部件，称为集中拖动。集中拖动开始于瓦特的蒸汽机时代，一个车间使用一台蒸汽机提供动力，通过天轴、齿轮和传送带系统将动力分配到各个纺织机械。此拖动系统传动机构较为复杂，不能满足生产机械自动控制的需要。随后出现了单机拖动，至 20 世纪 30 年代发展成为分散拖动，即各运动部件分别用不同的电动机拖动，不仅简化了机械传动机构，提高了传动效率，也为生产机械各部分能够选择最合理的运行速度和自动控制创造了良好条件。因此，目前绝大多数生产机械都采用分散控制。

20 世纪 20～30 年代出现了继电接触器控制，最初采用一些手动控制电器，通过人力操作实现对电动机的控制。后来发展为继电接触器控制，由继电器、接触器、按钮、行程开关等组成，按一定的控制要求用电气连接线连接而成，通过对电动机的启动、制动、反向和速度的控制，来实现生产加工过程的自动化，保证生产加工工艺的要求。其主要优点是：电路简单、设计安装方便、维护容易、价格低廉、抗干扰能力强，因而在许多机械设备中得到了广泛应用。但是继电接触器控制系统采用固定接线方式，若加工工艺流程改变，则需要重新设计控制逻辑，需要拆线，重新再接线，甚至更换添加元器件，灵活性差；系统元器件越多，可靠性越差；具体设备的电气控制装置都是定制的，通用性差。但不管怎样，继电接触器控制系统是现代电气控制技术的基础，其他控制技术都是在此基础上发展而来的。

随着生产技术的进步和生产产品工艺的复杂化，对控制系统提出了新的要求，特别是多品种、批量生产需求的出现，需要针对不同的生产工艺和要求来不断变换控制系统，而固定接线式的继电接触器控制系统根本无法满足不断变化的控制要求，而且生产系统的扩大需要采用更多的继电器、接触器及按钮等低压电器，使控制系统的可靠性、灵活性以及维护的方便性进一步降低。

1968 年美国最大的汽车制造商通用汽车公司(General Motors Company，GM)，为了适应汽车型号不断更新的要求，提出要研制一种新型的工业控制装置来取代继电接触器控制装置。为此，特拟定了 10 项公开招标的技术要求，即

(1)编程简单方便，可在现场修改程序。

(2)硬件维护方便，最好是插件式结构。

(3)可靠性要高于继电-接触器控制装置。

(4)体积小于继电-接触器控制装置。

(5)可将数据直接送入管理计算机。

(6)成本上可以与继电器竞争。

(7)输入可以是交流 115 V。

(8)输出为交流 115 V，2 A 以上，能直接驱动电磁阀。

(9)扩展时，原有系统只需做很小改动。

(10)用户程序存储器容量至少可以扩展到 4 KB。

根据招标要求，1969 年美国莫迪康(Modicon)公司依据通用汽车公司的招标要求，研制了一台用来代替继电接触器控制系统的可编程序控制器(Programmable Logic Controller，PLC)，并在通用汽车公司自动装配线上试用，获得了成功，从而开创了电气控制新时代。从此，PLC 这一新的控制技术迅速发展起来，得到了广泛应用，现已成为电气控制技术的主流。目前，PLC 已作为一种标准化通用设备应用于机械加工、自动机床、木材加工、冶金工业、建筑施工、交通运输、纺织、造纸、化工等行业。同时可以对传统的控制系统进行技术改造，使工厂自动控制技术产生了很大的飞跃。

随着计算机技术的发展，PLC 将继电接触器系统的优点与计算机控制系统的编程灵活、计算功能强等优点结合起来，已不仅仅是一种比继电接触器更可靠、功能更齐全、控制更灵活的工业控制器，而是一种可以通过软件来实现控制的工业控制计算机。许多生产过程中，用 PLC 来实现整个生产流程的控制，常规电器仅仅是输入设备或执行电器。PLC 技术、机器人技术、计算机辅助设计/计算机辅助制造(CAD/CAM)技术已被列为工业自动化的三大支柱。

电气控制技术是一门不断发展的技术，从最早的手动控制发展到自动控制，从简单控制发展到智能控制，从有触点的硬接线继电接触器逻辑控制发展到以计算机为中心的软件控制系统，从单机控制发展到网络控制，电气控制技术随着新技术和新工艺的不断发展而迅速发展。现代电气控制技术已经是应用了计算机、自动控制、电子技术、精密测量、人工智能、网络技术等许多先进科学技术的综合成果。

在电气控制技术中，低压电器元件是重要的基础元件，是电气控制系统安全可靠运行的基础和主要保证。随着新技术的出现和发展，传统的低压电器也不断更新换代，正朝着高性能、高可靠性、小型化、模块化、组合化、智能化和网络化方向发展。模块化和组合化大大简化了电器制造过程，可以通过不同的模块组合形成新的电器。由于微处理器的运行速度越来越快、体积越来越小以及产品集成技术的发展，越来越多的厂商将智能芯片集成到产品之中，包括许多传统的电器元件，形成了智能电器。

现代化的工业生产过程不但需要逻辑控制，而且生产过程中的各种参数(例如温度、压力、流量、速度、时间、功率等)，也要求自动控制，这使得电气控制技术必须能够向前发展，满足生产要求。许多新技术被引入到电气控制技术中，依据生产过程的参数变化和规律，自动调节各控制变量，保证生产过程和设备的正常运行，而且这个生产过程也可由计算机来智能管理，实现集中数据处理、集中监控以及强电控制与弱电控制的结合。

计算机网络和通信技术的飞速发展，使得电气控制技术发生了巨大变革，基于网络的电气控制技术，不但能对工业现场电器进行控制与操作，而且能实现网络异地控制。通过网络，可以对现场的电器进行远程在线控制，根据需要进行编程和组态等，实现电气控制技术的信息化，构成由计算机进行智能化控制的信息管理系统。

将计算机网络引入到工业现场，就形成了现场总线技术。现场总线技术是自动化领域中计算机通信体系最底层的低成本网络，是一种工业数据总线，能将传感器、执行器与控制器等现场设备连接起来，协调工作，实现控制系统的集成，优化整个系统的性能，而且由于采用相同的通信接口，使得现场控制设备实现即插即用，具有可扩充性。现场总线技术的发展使得低压电器具有了智能化和网络通信功能。基于现场总线的电器设备和技术已成为电气技术的发展方向。

综上所述，随着科学技术的进步，特别是计算机技术、微电子技术和机械制造技术的发展，电气控制技术正朝着集成化、智能化、网络化、信息化方向发展，并和各种新技术结合，相互促进、相互发展。

电气控制技术已广泛应用在各行各业，从简单的电动机逻辑控制到加工生产线上的数控加工中心、柔性制造设备控制；从传统的机床加工设备控制到先进的物流系统设备、立体车库系统控制；从普通家用电器到电动汽车、船舶工业、航空航天等，电气控制技术都发挥着重要作用。

1.3 电气控制在船舶工业中的应用与发展

电气控制技术对于船舶行业相关设备与系统的发展具有重要作用。随着我国船舶工业发展技术需求的不断提升，电气控制的新工艺与新技术在船舶中的应用不断增多，同时在船舶中的应用范围也在不断扩大。

船舶之中包含许多不同类型的电气设备与系统，诸如推进系统、电站系统、机舱监控系统、舵机系统、锅炉系统、压载水系统、照明系统以及其他各种机械设备等，它们各自拥有不同的功能，对应的操作原理也各异。电气控制技术通过集成计算机技术、信号处理技术、自动控制技术，采用有线网络技术、现场总线技术或以太网技术对这些设备和系统进行标准操作、控制和监控，减少操作误差，减轻工人的劳动强度，降低劳动力成本。而且能够及时发现和处理这些设备和系统运行过程中的异常情况，降低船舶经营的财产和人力风险，全面保障船舶整体运行的安全性和可靠性。因此电气控制技术在船舶工业中的应用，不仅提升了船舶工业的经济效益，也带来了积极的社会效益。

近年来，电子信息、计算机、通信、网络、新能源、人工智能等电气控制相关技术的飞跃发展以及物联网、大数据、综合船桥系统和信息物理系统的应用，大大推进了船舶智能化的进程。目前世界上许多国家与组织都在制定船舶智能化规范与目标，并付诸实施。呈现出了在海洋及内河船舶中多方位的智能化进程。

2006 年，国际海事组织（International Maritime Organization，IMO）提出 e-Navigation 概念，其通过电子信息手段，在船上和岸上收集、综合和显示海事信息，实现船-船、船-岸和岸-岸之间信息的相互沟通，以达到船舶安全、经济航行和环境保护的最终目标。这可以算是智能船舶的最初概念。

中国船级社《智能船舶规范》对智能船舶的定义为：利用传感器、通信、物联网、互联网等技术手段，自动感知和获得船舶自身、海洋环境、物流、港口等方面的信息和数据，并基于计算机技术、自动控制技术和大数据处理分析技术，在船舶航行、管理、维护保养、货物运输等方面实现智能化运行的船舶，以使船舶更加安全、更加环保、更加经济和更加可靠。

这里的“智能”可以理解为“会思考”，能够综合考虑具体任务和获取的各种信息，制定出一系列符合船舶航行安全、经济、环保要求的最优决策。

在亚洲，日本对智能船舶的研发已经被列为该国船舶界未来 5 年发展的重点。日本政府在即将推出的国家复兴战略中加入无人驾驶船的开发。日本航运业希望依靠政府的支持，帮助日本在无人驾驶船开发中占据领先优势，引领未来国际标准。除了成立大数据中心，日本船级社还与欧美企业合作开发了相关软件，通过采集船舶主要设备实时数据为其提供优化和维护保养等建议；日本船级社还与 NAPA 合作研发了航路优化支持系统，帮助船舶运营商优化航线及航行计划，该系统已在船舶上得到应用。韩国现代重工是智能船舶研发的先导者。2016 年，在以前合作研发的基础上，现代重工宣布与英特尔、SK 航运、微软等企业合作开发智能船舶。韩国现代重工先后于 2010 年、2013 年分别实施基于船舶综合管理网络信息技术和以“经济、安全、高效航行服务”为主旨的智能船舶 1.0 及 2.0 计划。其提出的“船舶互联”概念主要思想就是将船、岸信息融合并提供给船舶运营。目前，现代重工的集成智能船舶解决方案能根据导航员的技能水平和经验水平不同，对导航方式进行标准化收集和分析导航实时信息，从而在提高船舶效率和安全性方面发挥作用。

在欧洲，芬兰宣布在 2025 年研制第一艘无人自主航行运输船舶。马士基旗下施维策拖轮业务，已开发一艘无人驾驶拖轮。全球最大的船舶设备供应商之一的英国罗尔斯罗伊斯公司已开展无人驾驶货船项目的研究，据称 10 年内将有第一艘无人驾驶货船投入使用。2015 年 9 月，英国劳氏船级社（Lloyd's Register of Shipping，LR）、奎纳蒂克集团和南安普敦大学合作推出了《全球海洋技术趋势 2030》（GMTT 2030）报告，把智能船舶列为 18 个关键海洋技术之一。挪威船级社（DNV GL）与日本邮船联合开展的海事数据中心项目于 2015 年 11 月启动，并且得到了曼恩公司的支持。双方基于日本邮船公司的 4 艘集装箱船的运营参数，提出了“数字孪生”概念。康士伯（Kongsberg）与雅拉（Yara）联手将共同打造全球首艘纯电动自动驾驶集装箱船“YARA Birkeland”号，将是世界上第一艘实现零排放、全电推、自主航行的集装箱船。挪威威尔森集团和康士伯联手建立全球首家无人船航运公司——“Massterly”，将接收和运营包括全球首艘无人集装箱船“Yara Birkeland”在内的多艘无人船。康士伯收购了罗尔斯罗伊斯商业船舶业务部门，全球两大智能船领导者联合在了一起，将在智能船舶方面有更大作为。目前康士伯的智能船系统 KognifAI 融合了两家公司的优势资源，将在船舶智能航行、无人驾驶、网络安全、节能减排等方面提供解决方案。

《中国制造 2025》作为我国“制造强国”战略的行动纲领，把“海洋工程装备和高科技船舶”作为需要聚集资源并实现突破发展的重点领域。工业和信息化部装备工业司通过组织相关单位和专家开展专题研究，制订智能船舶发展行动计划，积极推动我国智能船舶快速发展。中国船级社在 2015 年 12 月就发布了全球首部《智能船舶规范》，并于 2016 年 3 月 1 日正式生效。后期又陆续发布了与规范相对应的检验指南，为智能船舶设计提供了设计依据。2020 年 3 月中国船级社在上海发布了新版《智能船舶规范》，新规范中首次增加了“远程遥控”和“无人船”章节，为未来智能船舶研究指明方向。

我国各企业、单位成立“无人货物运输船开发联盟”“中国智能船舶创新联盟”等多个智能船舶联盟。其中中国船舶工业集团发布的“大智号”iDolphin 38800 吨智能散货船，已于 2017 年 12 月 5 日正式交付使用，成为我国自主研发的首艘智能船舶。2016 年 8 月，中集来福士与上海亿石创业投资有限公司签订了无人艇研发制造合作协议，通过使用高速识别技术、神经元网络芯片技术、高速传感器技术和云平台数据库，实现自动巡航与避险、远程侦查等功能。中远海运集团旗下上海船舶运输研究所参与了智能船舶平台和系统开发，并参与了工信部智能船舶方面的专项研究工作。

智能船舶是未来船舶发展的必然趋势，具有很好的应用需求和发展前景，因此需要不断进行探索。而船舶电气控制技术必将和智能船舶相关技术一起相互促进、相互发展。

1.4 电气控制的结构与组成

电气控制系统由信号输入、控制单元和执行输出三个部分组成，如图 1-1 所示。

图 1-1 电气控制系统结构

1.4.1 信号输入

信号输入部分由各种输入器件组成，这些输入器件收集并保存被控对象实际运行所需的数据和信息。这些数据和信息包括被控对象上的各种参数信息（压力、温度、流量、速度及位置等），各种控制信息（启动、停止及调速等）。

1.4.2 控制单元

控制单元是电气控制系统的核心，主要是处理输入部分所取得的信息，并按照被控对象实际的动作要求执行相应的控制功能。在继电接触器电气控制系统中，控制单元主要是一些控制继电器，依据不同的生产控制要求，利用继电器机械触点的串联或并联及延时继电器的滞后动作等组合成控制逻辑，采用固定的接线方式连接起来完成控制输出。各控制电器一旦连接完毕，其要实现的控制功能也就固定，不会产生改变。如果控制系统的功能需要改变，则各控制电器元件本身和连线方式都需要重新改变。在 PLC 电气控制系统中，控制功能是可编程的，其控制逻辑以程序的方式存储在内存中，在控制功能需要改变时，通过编程来改变程序即可，控制系统变得非常方便和灵活，扩大了控制单元的应用范围。这是与继电接触器逻辑控制系统的最大不同之处。

1.4.3 执行输出

执行输出部分是对需要控制的对象或设备提供实际的控制信号。电气控制系统将输入信号经过控制单元处理后，再将控制信息输出，即转换成控制对象所需的物理信号，最终完成电气控制系统的功能，如电动机的启动停止、正反转，阀门的开关，工作台的移动、升降等。

1.5　课程的性质与内容

本课程是自动化专业、电气工程专业必修的专业课，在专业领域里，对于提高学生工程实践的能力、培强分析问题和解决问题的能力具有重要作用。

学习本课程，需要掌握的内容，先从一个简单的电气控制线路进行说明。

一个电气控制线路抽象来看就是一个电路，比如上课教室里面灯的控制，就是一个电气控制线路，而它的基本原理就是一个电路，如图 1-2 所示。图中"-SA1"表示开关，"-"表示后面的字符是元件或设备，而元件或设备的字符都是固定的国标符号，因此在画图和描述时，"-"可以加也可以不加。在"-SA1"开关符号的上下两端有"13""14"两个标号，表示开关元件本体上接线端子标号，图中仅是示例，各个厂家的开关端子标号有可能不一样。

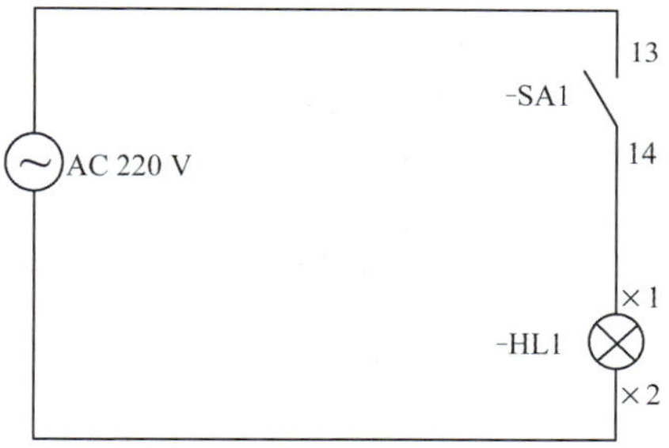

图 1-2　灯的控制原理图

一个教室里不止一盏灯，因此在电气控制原理图中采用的是母线集中画法，如图 1-3 所示，就是两盏灯电气控制线路采用母线集中画法的电路原理图。图中的交流电源用两根电源母线代替。

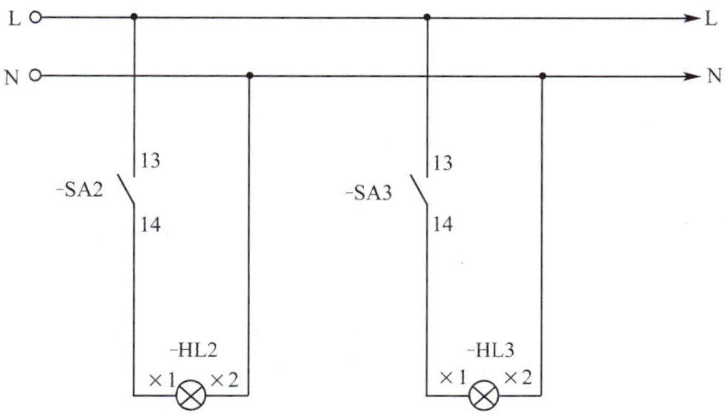

图 1-3　母线集中的两盏灯电路原理图

在前面电气控制的概念中提到，电气控制的对象主要是电机，而在工业生产活动中都是三相交流电，那么我们把图 1-2 中的控制对象灯换成三相电机，如图 1-4 所示。图中"L1""L2""L3"表示交流三相电源，"N"是表示中性线。"U1""V1""W1"是交流三相电机三相电源线。

这样的控制方式属于手动直接控制，适用于不频繁启动的小容量电动机，不能远距离、自动控制。从图 1-4 中可以看出，母线通过断路器直接连接电机，这部分电路为主电路，通过的电流比较大，直接手动控制安全性得不到保障。没有自动控制，不符合控制要求。因此原理图需要做一些改变，如图 1-5 所示是增加控制电路的电机控制原理图。图中"/2.1"表示的是该元件包含两部分，另外一部分在图纸的第 2 页的第 1 分区中，图纸分区在后续章节中会做具体介绍。例如图 1-5 所示图纸是第 2 页图纸，接触器"KM1"的线圈下面画出了 4 对触点，该线圈控制的 3 对主触点接在图中第 1 分区，即左边主电路，后面统一标识的是"/2.1"。而主电路接触器"KM1"主触点线圈下面标注了"/2.3"，表示该触点对应的线圈在第 2 页图纸的第 3 分区。关于元件的交互索引在后续章节介绍。

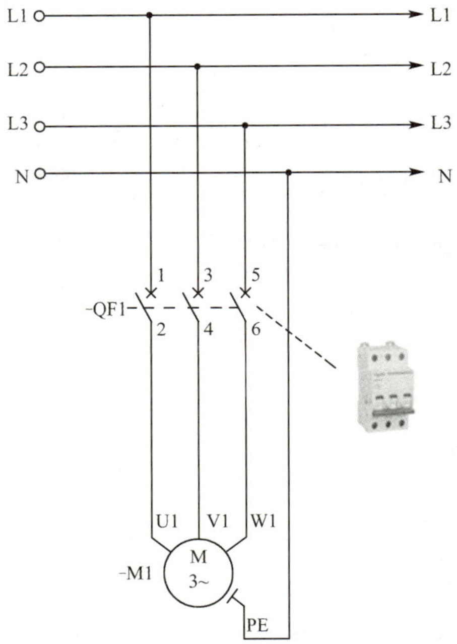

图 1-4　单台三相电机开关直接控制原理图

为实现自动控制，在图 1-5 的主电路中增加了接触器 KM1 的触点，热继电器 FR1；同时增加了控制电路，控制电路中的元器件包括按钮 SB4，SB5，接触器 KM1 的线圈，热继电器 FR1 的触点以及熔断器 FU1。一个完整的电动机的启停自动控制原理图也就是图 1-5 所示内容。这个原理图的实现方式就是继电接触器电气控制。

那么，这台电动机投入到具体的工业生产活动中，是不是有这张原理图就够了？不够。在实际生产过程中，按照原理图运行所涉及的电器和线缆，不是一个图形符号或一根线，它们是实实在在的器件。因此需要对这些元器件进行选型，选择器件的型号规格，包

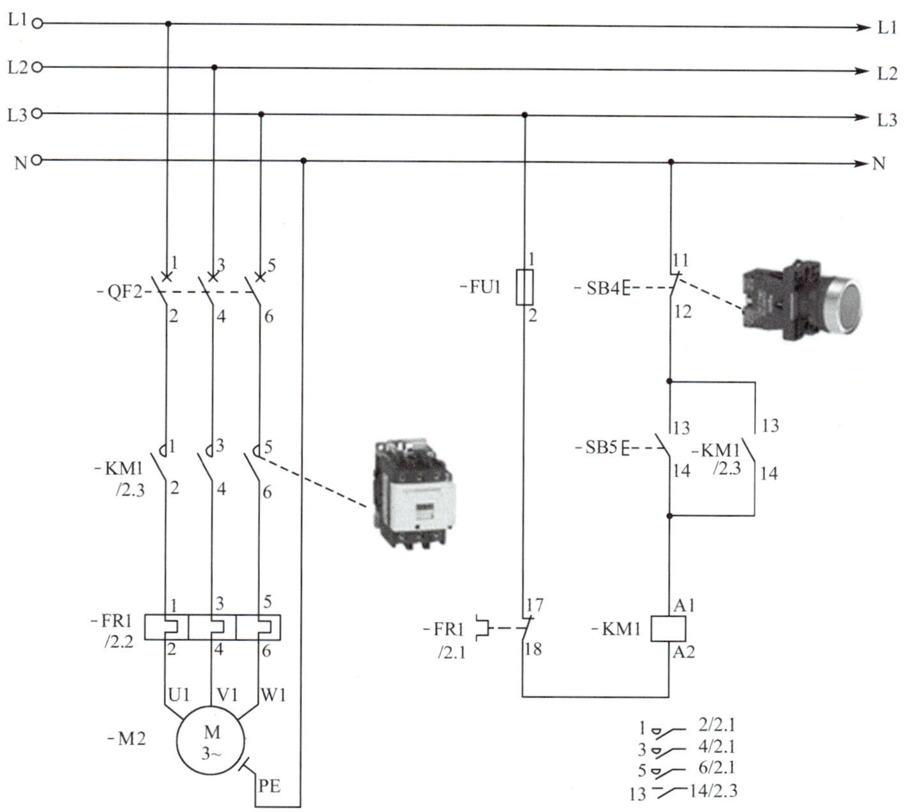

图 1-5　增加控制电路的电机控制原理图

括导线规格。有了这些器件，接着就需要将这些元器件合理布置好，然后按照图 1-5 所示的原理图将元器件连接起来。所以，除了原理图之外，还需要有元器件选型表、布置图、接线图等。这些都是我们需要学习的内容。

因此在继电接触器电气控制部分，本课程的主要内容就包含：

(1)常用低压电器类型、工作原理以及选型。

(2)电气控制系统图纸类型，画图工具。

(3)继电接触器电气控制系统的基本控制电路。

(4)典型船舶机械设备电气控制电路分析。

如果图 1-5 所示的系统已经开始运行，运行一段时间后，根据生产需求，需要增加延时启动功能，那么原理图需要改成图 1-6 所示的系统。原理图改变后，系统运行控制的现场就需要找线、改线、增加器件、接线等，不是很方便。

再来看一下，PLC 电气控制系统如何实现图 1-5 以及图 1-6 的功能。

采用 PLC 控制该电动机，控制对象都是同一个电机，都是通过控制接触器实现自动控制。因此 PLC 电气控制系统的主电路和图 1-5、图 1-6 相同，不同的是控制部分。PLC 的接线原理图如图 1-7 所示。

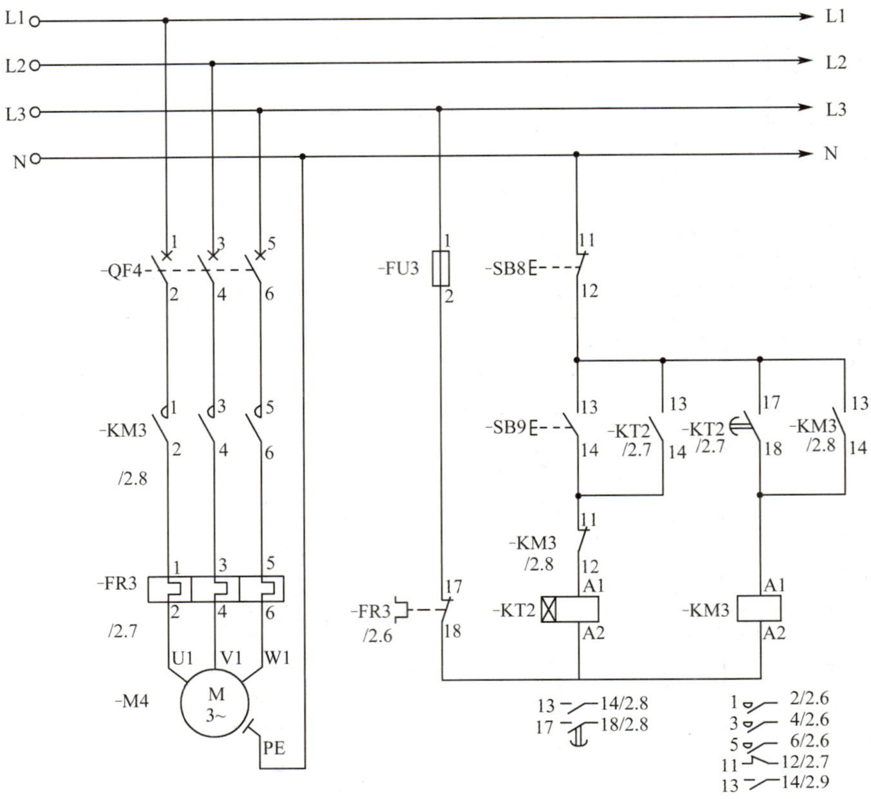

图 1-6　增加延时启动功能的原理图

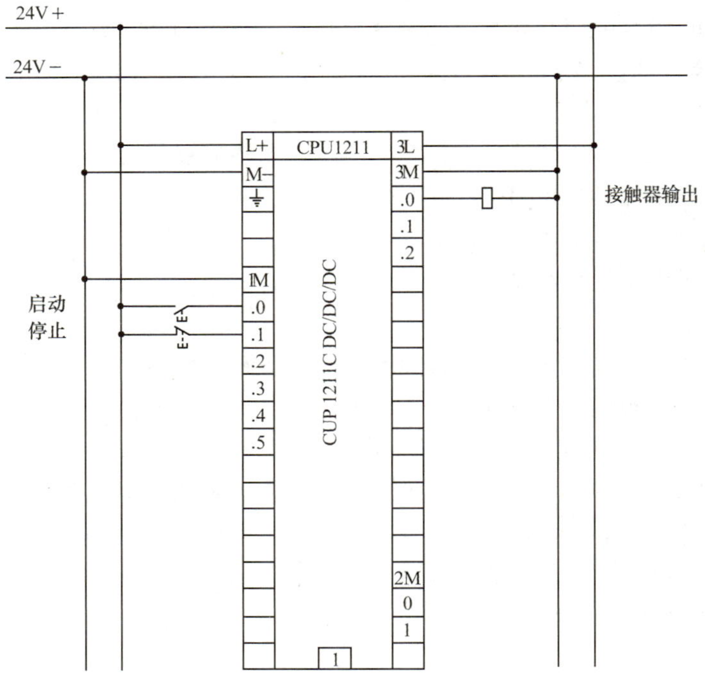

图 1-7　PLC 电气控制系统输入、输出接线原理图

图 1-7 中的 PLC 采用的是示意图，实际的 PLC 外形如图 1-8 所示，画图时不好直接用外形图。如图 1-9 所示的是外形简化图，图中接口位置与实际 PLC 是一致的，很清楚，但是画图复杂、占用空间且不够灵活。因此实际画图时采用的是图 1-7 所示的示意图画法，示意图有很多种，图中仅仅是其中一种。

图 1-8 PLC 外形

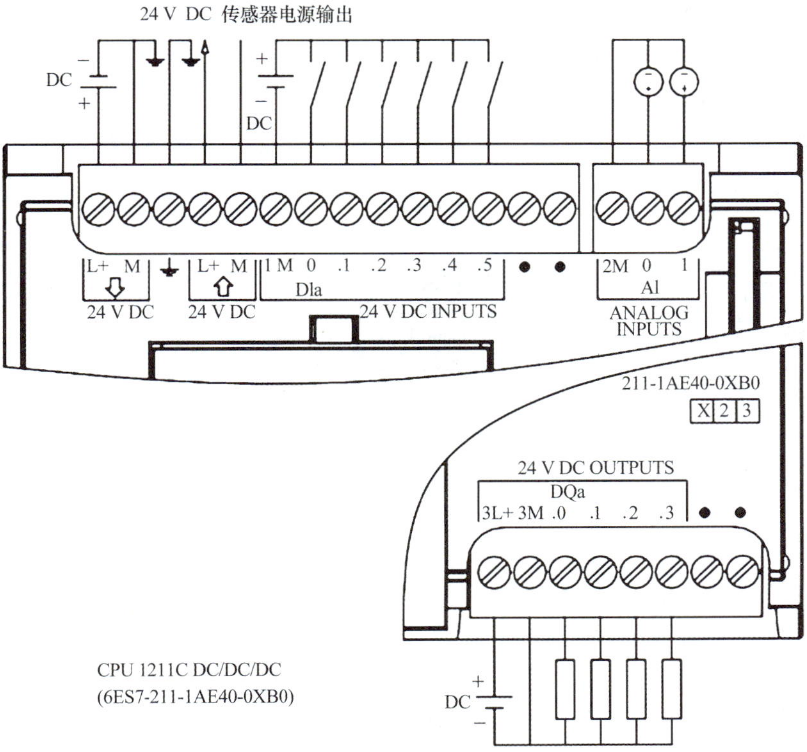

图 1-9 PLC 外形简化图

从图中可以看出采用 PLC 控制时，也是需要接线的，但是 PLC 接线时将按钮连接到 PLC 的输入，再把需要控制的接触器连接到 PLC 的输出，是标准的输入、输出接线，无论有多少个输入、输出接线方式都是一样的。而继电器接触器电气控制系统的接线方式不仅要把输入、输出元器件连接上，连接时还需要考虑控制逻辑。PLC 是如何用标准输入实现控制的？图 1-7 中，按钮按下后，PLC 接收到信号，通过编写程序实现控制。因此在图 1-5 到图 1-6 输入、输出不变的情况下，PLC 的输入、输出也就不需要变化，至于延时功能只需要修改程序即可，灵活性、方便程度大大增加。唯一的要求就是要增加一个 PLC。在 1.2 节电气控制的历史与发展中提到过，PLC 控制系统是电气控制系统发展的一个潮流，原因也在于此。

同样，是不是 PLC 电气控制系统也只要原理图就够了？不够，还需要选择具体 PLC，不仅需要选择 PLC 的厂家，还需要选择具体模块，接着就需要进行软件编程。本课程主要学习西门子公司的 S7-1200 系列 PLC。

因此在 PLC 电气控制部分，本课程的主要内容就包含：

(1)PLC 的工作原理。

(2)S7-1200PLC 的硬件选型。

(3)S7-1200PLC 的软件编程。

(4)S7-1200PLC 控制系统设计实例。

可编程序控制器的出现，标志着电气控制原理从硬连接方式的继电接触器控制系统发展到以计算机为核心的“软”控制系统。但是继电接触控制在电气控制中仍然是非常重要的一部分。一方面，它是掌握现代先进电气控制技术的基础；另一方面，由于这种控制系统结构简单、价格低廉，至今仍在许多小型的电气控制系统中普遍应用，而且即使是在现代电气控制系统中，信号采集和驱动输出部分仍然由电气元器件及控制电路完成。因此，它是电气工作人员必须掌握的一门技术。

思政1

第2章 常用低压电器

低压电器是构成电气控制系统的基本元件，在电力输配电系统和电力拖动自动控制系统中应用极为广泛，也起着极其重要的作用，直接影响着电气控制系统的可靠性、先进性和经济性。在电气控制系统的设计、运行和维护过程中，如果低压电器元件的品种规格、性能参数选用不当，就会导致整个电气控制系统无法工作，甚至会造成重大的设备或人身事故。

第2章微课

本章主要介绍电气控制领域中常用低压电器的工作原理、用途、型号、规格及符号等知识，为正确选用和合理维护电器打下基础。

2.1 低压电器的定义与分类

2.1.1 低压电器定义

低压电器是指工作在交流电压 1 000 V 以下、直流电压 1 500 V 及以下的电器。它是能够根据外界特定的信号和要求，自动或手动接通和断开电路，实现对电路或非电对象的切换、控制、保护、检测、变换和调节用的电气元件。

2.1.2 低压电器分类

低压电器种类繁多，结构形式各异，工作原理及功能也各不相同。因此低压电器的分类方法很多。本教材主要从用途进行分类，常用的低压电器主要类别及用途见表 2-1。

表 2-1 低压电器分类

序号	类别	主要品种	主要用途
1	配电电器	断路器	用于电能的输送和分配
2	控制电器	接触器	用于接通和断开主电路和控制电路，是系统中的主要电器。要求具有较强的通断能力，较高的操作频率，较长的电气和机械寿命
		继电器	

（续表）

序号	类别	主要品种	主要用途
3	主令电器	按钮	用于发送动作指令，包括启动、停止及档位等指令
		行程开关	
		万能转换开关	
4	保护电器	热继电器	用于保护电路及用电设备，要求具有一定的通断能力，反应灵敏，可靠性高
		熔断器	
5	执行电器	电动机	用于完成某种动作或传递功率，是电气控制系统中的控制对象
		电磁阀	
6	信号电器	指示灯	用于发出信号，提示当前系统运行状态
		蜂鸣器	

2.2 接触器

接触器是电力拖动和自动控制系统中使用量大、涉及面广的一种低压自动控制电器，用来频繁地接通和分断交、直流主回路和大容量控制电路。

2.2.1 接触器的基本结构和工作原理

目前最常用的接触器是电磁接触器，它由电磁机构、触点、灭弧装置及其他部分组成。接触器的实物图、结构图以及文字图形符号如图 2-1 所示。

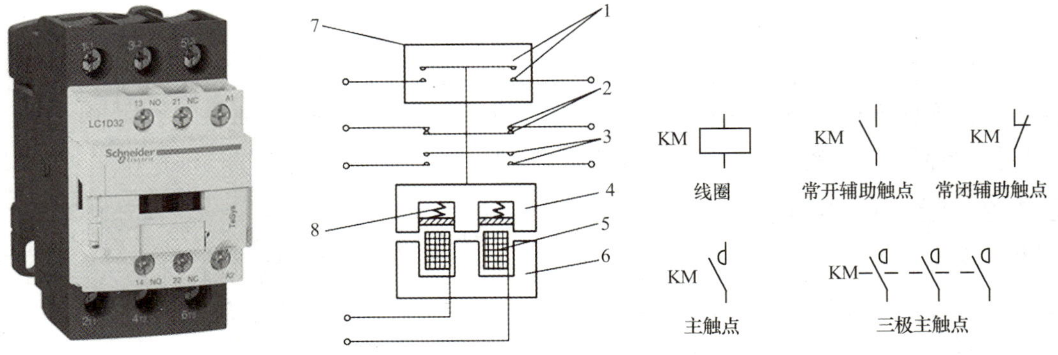

(a)实物图及连线说明　　(b)结构示意图　　(c)文字图形符号

图 2-1　接触器

1—主触点；2—常闭辅助触点；3—常开辅助触点；4—动铁心；5—线圈；6—静铁心；7—灭弧罩；8—弹簧

电磁机构将电磁能转换成机械能，产生电磁吸力带动触点动作。电磁机构包括电磁线圈、动铁心和静铁心。

触点是接触器的执行元件，用来接通或断开被控制电路，包括主触点和辅助触点。主触点用于接通和分断主电路，允许通过较大电流，体积较大，一般由三对常开触点组成。辅助触点用于接通和分断控制电路，允许通过的电流较小，有常开和常闭两种。触点按其原始状态（线圈不通电状态）分为常开触点和常闭触点。原始状态断开，线圈通电后闭合的触点称为常开触点；原始状态闭合，线圈通电后断开的触点称为常闭触点。

灭弧装置用于熄灭主触点在分断电流瞬间触点间气隙中产生的电弧。电弧的高温能将触点烧毁，并可能造成其他事故，因此，应采用适当措施迅速熄灭电弧。常采用灭弧罩、灭弧栅和磁吹灭弧装置。

其他部分包括释放弹簧机构、支架与底座等。

接触器的工作原理说明：当电磁线圈通电后，线圈电流产生磁场，使静铁心产生电磁力吸引衔铁，并带动触点动作，使常闭触点断开，常开触点闭合，两者是联动的。当线圈断电时，电磁力消失，衔铁在释放弹簧的作用下释放，使触点复原，即常开触点断开，常闭触点闭合。

2.2.2　接触器的分类

接触器根据所控制主电路电流的类型，可分为交流接触器和直流接触器。

交流接触器：线圈可以是交流线圈也可以是直流线圈，主触点接通、切断交流主电路。

直流接触器：线圈只能是直流线圈，主触点接通、切断直流主电路。

交流线圈中通上交流电，交变磁通穿过铁心，产生涡流和磁滞损耗，使铁心发热。为减少铁心损耗，铁心用硅钢片冲压而成；为便于散热，线圈做成短而粗的圆筒状绕在骨架上；为防止交变磁通使衔铁产生强烈振动和噪声，铁心端面上安装铜制的短路环。灭弧装置通常采用灭弧罩和灭弧栅。

直流线圈中通上直流电，不产生涡流和磁滞损耗，铁心不发热，铁心可以用整块钢制成。为便于散热，线圈制成长而薄的圆筒状。灭弧装置通常采用灭弧能力较强的磁吹灭弧装置。

2.2.3　接触器的主要技术参数和选用方法

要能正确地选用接触器，就必须了解接触器的主要技术参数。接触器的技术参数包括：电流类型；线圈电压；主触点额定电流、额定电压、触点极数；辅助触点额定电流、触点对数；等等。

根据以上技术参数，选用接触器时主要依据以下几点：

（1）接触器的使用类别应与负载性质相一致：控制交流负载应选用交流接触器；控制直流负载则选用直流接触器。

（2）主触点的额定工作电压应大于或等于负载电路的电压。

（3）主触点的额定工作电流应大于或等于负载电路的电流。

接触器的额定电压和电流是指主触点的额定电压和电流。当控制对象为电动机时，可以根据电动机的功率计算接触器主触头的电流：

$$I_C \geqslant P_N \times 10^3/(KU_N) \tag{2-1}$$

式中，I_C 为接触器主触点电流（A）；K 为经验系数，一般取（1～1.4）；P_N 为电动机的额定功率（kW）；U_N 为电动机的额定电压（V）。

(4)吸引线圈的额定电压和频率应与控制回路的电压和频率相一致，接触器在线圈额定电压 85%及以上时应能可靠地吸合。

(5)主触点和辅助触点的数量应能满足控制系统的需要。

2.3 继电器

继电器是一种根据某种输入信号的变化，接通或断开控制电路实现控制目的的电器。输入信号可以是电压、电流等电量，也可以是温度、速度、压力、时间等非电量。

继电器的种类很多，按输入信号的性质可分为电压继电器、电流继电器、时间继电器、速度继电器、热继电器和压力继电器等。

继电器的结构及工作原理与接触器类似，主要区别在于：不同的继电器可对不同的输入信号的变化做出反应，而接触器只有在电压信号下动作；继电器是用于切断小电流的控制电路和保护电路，而接触器用于控制大电流电路；继电器没有灭弧装置，也无主辅触点之分。

2.3.1 电磁式继电器

由于电磁式继电器具有工作可靠、结构简单、制造方便、寿命长等一系列优点，故在电气控制系统中应用最为广泛。电磁式继电器按吸引线圈电流的种类不同，可分为直流和交流两种；按输入信号的性质，可分为电压继电器和电流继电器。电磁式继电器的实物图以及文字图形符号如图 2-2 所示。

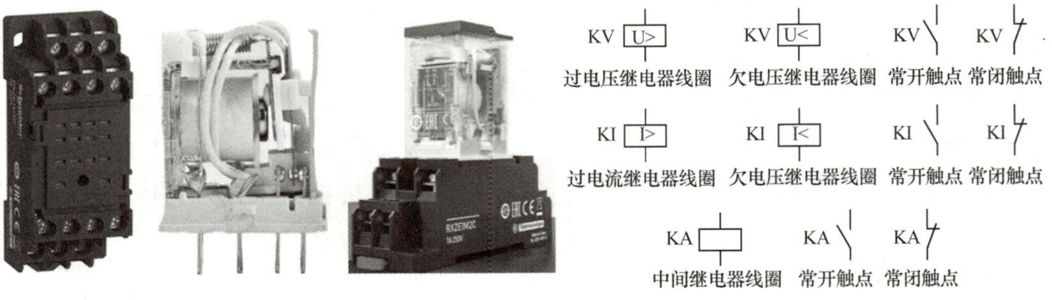

(a)实物图　(b)文字图形符号

图 2-2　电磁式继电器

电磁式继电器和接触器的结构相似，只是其触点系统允许通过的电流较小，因此没有灭弧系统，触点没有主辅之分。

电流继电器与电压继电器的区别主要是线圈参数的不同，前者为了检测负载电流，一般线圈要与之串联，因而匝数少而线径粗，以减少产生的压降；后者要检测负载电压，故线圈要与之并联，需要电抗大，故线圈匝数多而线径细。电流继电器包括过电流继电器和欠电流继电器；电压继电器包括过电压继电器和欠电压继电器。

中间继电器实质上是电压继电器的一种，但它的触点数多(多至 4 对或更多)，触点电流大(额定电流 5～10 A)，动作灵敏(动作时间不大于 0.05 s)。其用途有：作为控制电路的信号输出；进行电路隔离；当接触器或其他继电器的触点数或触点容量不够时，可借助中间继电器来扩大触点数或触点容量，起到中间转换作用。当主电路的负载电流不超过 10 A 时，可以代替接触器，所以也可以说中间继电器是小容量的接触器。

选用继电器时要综合考虑继电器的通用性、功能特点、使用环境、额定工作电压及电流，同时还要考虑触点的数量、种类，以满足控制电路的要求。

2.3.2　时间继电器

当继电器感应元件接收外界信号后，经过设定的延时时间才执行部分动作的继电器称为时间继电器。

时间继电器按延时的方式分为通电延时、断电延时、带瞬动触点的通电(断电)延时等。按工作原理分，时间继电器可分为电动式、空气阻尼式和电子式等。随着电子技术的发展，电子式时间继电器以其延时精度高、调节范围宽、功能多、体积小等优点而成为市场上的主导产品。

电磁式继电器的实物图、延时时序图以及文字图形符号如图 2-3 所示。

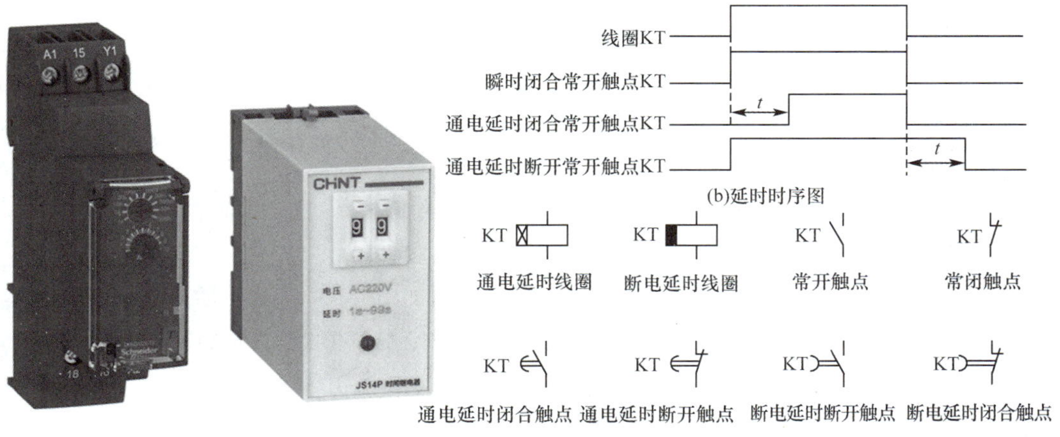

(a)实物图　　(c)文字图形符号

图 2-3　时间继电器

选用时间继电器，主要从以下几个方面考虑：

(1)根据控制电路对延时方式的要求选择通电延时还是断电延时。

(2)根据控制电路对触点的数目要求选择。

(3)根据控制电路延时范围和精度要求选择。

(4)根据使用场合、工作环境选择。

2.3.3　热继电器

热继电器是依靠电流流过发热元件时产生的热量，使双金属片发生弯曲而推动执行机构动作的一种电器，主要用于电动机的过载保护、断相及电流不平衡运行的保护及其他电气设备发热状态的控制。热继电器的实物图、结构图以及文字图形符号如图 2-4 所示。

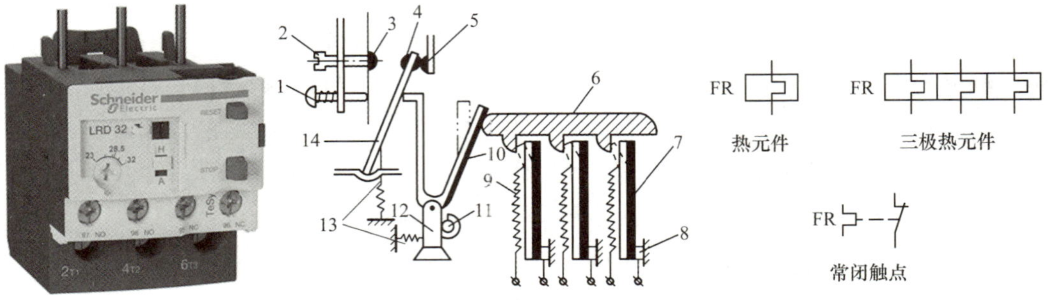

(a)实物图　　(b)结构图　　(c)文字图形符号

图 2-4　热继电器

1—复位按钮；2—复位螺钉；3—常开静触点；4—动触点；5—常闭静触点；6—导板；7—双金属片；8—导电连杆；9—加热元件；10—补偿双金属片；11—调节旋钮；12—支撑杆；13—压簧；14—推杆

热继电器的工作原理如图 2-4(b)所示。热元件(双金属片 7)由膨胀系数不同的两种金属片组合的复层材料构成(设上层膨胀系数大)。当电流过大时，与负载串联的加热元件 9 发热量增大，使双金属片 7 温度升高、弯曲度加大，进而拨动导板 6，并通过补偿双金属片 10 与推杆 14 将动触点 4、常闭静触点 5 断开，从而使电路停止工作，起到电路过载时保护电气设备的作用。通过调节旋钮 11 就可整定热继电器的整定电流值。根据热元件的数量，热继电器可分为单相、双相和三相热继电器，在电气控制系统中，控制对象大部分是三相电机，因此三相热继电器使用居多。

热继电器选用时主要从以下几个方面考虑：

(1)长期工作制下，按电动机的额定电流来确定热继电器的型号与规格。热继电器元件的额定电流接近或略大于电动机的额定电流 I_N，即

$$I_{RT}=(0.95\sim1.05)I_N \tag{2-2}$$

使用时，热继电器的整定旋钮应调到电动机的额定电流值处，否则将不起保护作用。

(2)对于星形连接的电动机，因其绕组相电流与线电流相等，选用两相或三相普通的热继电器即可。

(3)对于三角形连接的电动机，当在接近满载的情况下运行时，如果发生断相，最严重一相绕组中的相电流可达额定电流值的 2.5 倍左右，而流过热继电器的线电流也达额定电流值的 2 倍以上，此时普通热继电器的动作时间能满足保护电动机的要求。当负载率为 58%时，若发生断相，则流过承受全电压的相绕组的电流等于 1.15 倍额定相电流，但此时未断相的线电流正好等于额定线电流，所以热继电器不会动作，最终电动机会损坏。因此，三角形连接的电动机在有可能不满载工作时，必须选用带断相保护功能的热继电器。

当负载小于 50%额定功率时，由于电流小，一相断线时也不会损坏电动机。

(4)对频繁正反转及频繁通断工作和短时工作的电动机，不宜采用热继电器来保护。

(5)如遇到下列情况，选择热继电器的整定电流要比电动机额定电流高一些：

①电动机负载惯性转矩非常大，启动时间长。

②电动机所带动的设备不允许任意停电。

③电动机拖动的负载为冲击性负载,如冲床、剪床等设备。

2.3.4 速度继电器

速度继电器常用于电动机的反接制动电路中,其实物图、结构图以及文字图形符号如图 2-5 所示。

速度继电器的结构如图 2-5(b)所示。1 为转子,由永久磁铁做成,随电动机转动;3 为定子,其上有定子短路绕组 4;5 为定子柄,可绕定轴摆动;按图中规定的转动方向,左边 6、7、8 为正向触点,右边为反向触点。当转子转动时,永久磁铁的磁场切割定子上的短路导体,并使其产生感应电流,永久磁铁与这个电流互相作用,将使定子向着轴的转动方向摆动,并通过定子柄拨动动触点。当轴的转速接近零时(约 100 r/min),定子柄在恢复力的作用下恢复到原来的位置。

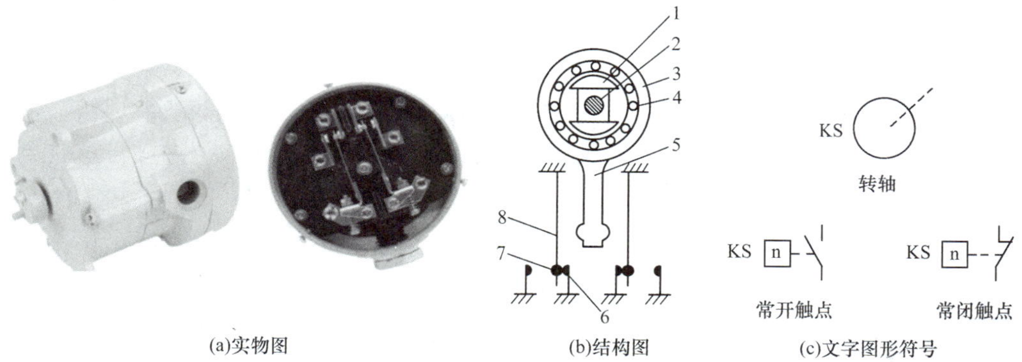

图 2-5 速度继电器

1—转子;2—电动机轴;3—定子;4—绕组;5—定子柄;6—静触头;7—动触头;8—簧片

速度继电器选用的主要参数是额定工作转速,它由电动机的额定转速决定。

2.3.5 固态继电器

固态继电器(Solid State Relay,SSR)是 20 世纪 70 年代中后期发展起来的一种新型无触点继电器。固态继电器是由固态半导体器件组成的无触点开关器件,它较之电磁继电器具有工作可靠、寿命长、对外界干扰小、能与逻辑电路兼容、抗干扰能力强、开关速度快、无火花、无动作噪声和使用方便等一系列优点,因而具有很宽的应用领域,有逐步取代传统继电器之势,并进一步扩展到许多传统继电器无法应用的领域,如计算机的输入和输出接口、外围和终端设备。在一些要求耐震、耐潮、耐腐蚀、防爆等特殊工作环境中以及要求高可靠的工作场合,较之传统的电磁继电器它都有无可比拟的优越性。固态继电器的缺点是过载能力低,易受温度和辐射影响,通断阻抗比小。固态继电器分为直流固态继电器和交流固态继电器,前者的输出采用晶体管,后者采用晶闸管。

固态继电器为四端有源器件,其中两个端子为输入控制端,另外两端为输出受控端。为实现输入和输出之间的电气隔离,器件中采用了耐高压的光电耦合器。在施加输入信号后,其输出呈导通状态,无信号时呈阻断状态。

固态继电器的实物图以及文字图形符号如图 2-6 所示。

固态继电器选用时考虑的主要参数有输入电压、输入电流、输出电压、输出电流等。

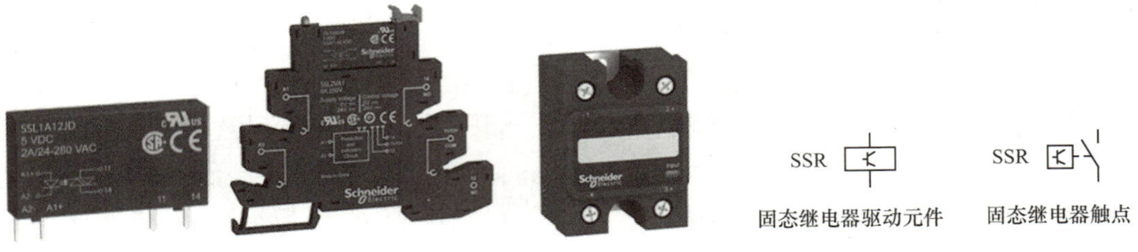

(a)实物图　　(b)文字图形符号

图 2-6　固态继电器实物图

2.4　断路器

断路器俗称空气开关、自动开关，适用于低压配电电路不频繁通断控制，在电路发生短路时，断开电路，是起保护作用的电器。断路器的实物图、结构图以及文字图形符号如图 2-7 所示。

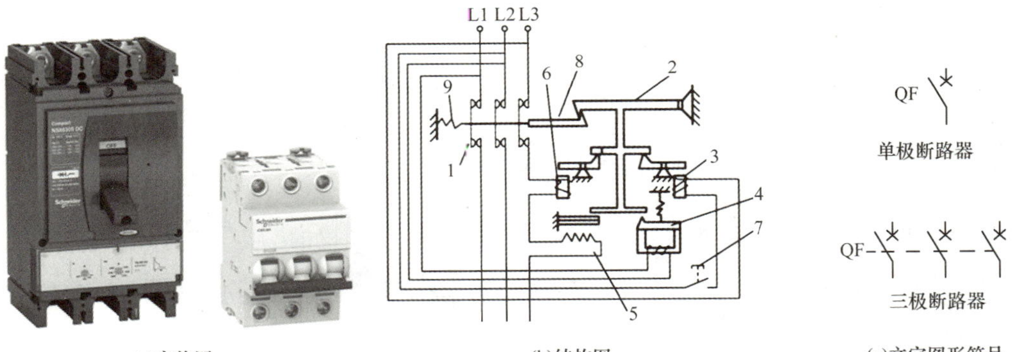

(a)实物图　　(b)结构图　　(c)文字图形符号

图 2-7　断路器

1—主触头；2—杠杆锁扣机构；3—分励脱扣器；4—欠电压脱扣器；5—热脱扣器；6—磁脱扣器；7—远控脱扣按钮；8—传动杆；9—分断弹簧

在功能上，它相当于刀开关、熔断器、热继电器和欠电压继电器等的组合，其结构如图 2-7(b)所示。断路器包含四种脱扣方式：磁脱扣、热脱扣、欠电压脱扣以及分励脱扣。其中最重要的是磁脱扣和热脱扣，分别提供短路保护和过载保护。

磁脱扣是断路器中的一个关键组件，它的作用是在电路发生短路时迅速切断电源以保护电路。磁脱扣的工作原理基于电磁效应。当电路正常运行时，流过断路器的电流不会引起磁脱扣的动作。但是，一旦发生短路，大电流会通过磁脱扣内部的线圈。根据电磁感应定律，这个大电流会在磁脱扣的线圈中产生一个强大的磁场。磁场的强度与流过线圈的电流成正比，因此短路电流的急剧增加会导致磁场强度迅速增大。这个强大的磁场会迅速吸引磁脱扣内部的磁铁或电磁铁，推动内部机构动作。磁铁的运动会触发断路器的触点分离，导致电路被迅速切断。

磁脱扣的设计确保了在短路情况下能够提供快速响应，这是电气安全中非常重要的。它使断路器能够在电路发生严重故障时迅速采取行动，保护电路和设备免受损害。此外，磁脱扣通常与热脱扣(用于过载保护)一起工作，形成一个综合的电路保护系统，确保在不同类型的电气故障情况下都能提供有效的保护。

断路器的主触头是由操作机构(手动或电动)合闸的。当电路发生过载、短路或欠电压情况时，通过杠杆锁扣机构 2 与连动杆脱开，分断弹簧 9 将动触头复位切断电路。安装分励脱扣器 3 后，可通过按钮 7 手动远距离分断电路。漏电保护断路器需要另外安装漏电脱扣器。热脱扣器 5 与磁脱扣器 6 使得断路器具有过载和短路保护。不同型号的断路器所配置的脱扣器的种类不同，有的备有相应的附件供需要时选配。

选用断路器时主要从以下几个方面考虑：

(1)断路器的额定电流应等于或大于负载允许的长期平均电流。

(2)断路器的极限分断能力要大于或等于电路最大短路电流。

(3)欠电压脱扣器额定电压应等于主电路额定电压。

(4)热脱扣器的整定电流的选择应与热继电器的额定电流选择一致。

(5)磁脱扣器的瞬时脱扣整定电流应大于负载正常工作时的尖峰电流，保护电动机时，磁脱扣器的瞬时脱扣整定电流

$$I_Z \geqslant K I_{ST} \tag{2-3}$$

式中，K 为考虑整定误差和启动电流 I_{ST} 允许变化的安全系数，对于动作时间在 0.02 s 以上的断路器，$K=1.35$；对于动作时间在 0.02 s 以下的断路器，$K=1.7$。

2.5　熔断器

熔断器是一种结构简单、使用方便、价格低廉的保护电器，广泛用于供电电路和电气设备的短路保护。熔断器由熔体和安装熔体的外壳两部分组成。当通过熔断器的电流超过一定数值并经过一定的时间后，电流在熔体上产生的热量使熔体熔化而切断电路，从而保护了电路和设备。

熔断器种类很多，结构也各不相同，主要有插入式、螺旋式、有填料密封管式、无填料密封管式等。

通过熔体的电流值与熔体熔化时间的关系称为熔断器的熔化特性，也称为熔断器的安-秒特性，它和热继电器的保护特性一样，都是反时限的。流过熔体的电流越大，熔断所需的时间越短。

熔断器的实物图以及文字图形符号如图 2-8 所示。

熔断器的选用主要是从熔断器的额定电压和熔体的额定电流来考虑的。

额定电压是由保护电路的额定电压决定的。熔体的额定电流是熔体长期工作而不致

(a)实物图　　　　(b)文字图形符号

图 2-8　熔断器

熔断的电流，是熔断器选择的核心。具体有下列几条原则：

(1)电路上、下两级都装设熔断器时，为使两级保护相互配合良好，两级熔体额定电流的比值不小于 1.6∶1。

(2)对于照明电路或电阻炉等没有冲击性电流的负载，熔体的额定电流应大于或等于电路的工作电流，即

$$I_R \geqslant I \tag{2-4}$$

式中，I_R 为熔体的额定电流，I 为电路的工作电流。

(3)保护一台异步电动机时，考虑电动机冲击电流的影响，熔体的额定电流按下列关系选用：

$$I_R = (1.5 \sim 2.5) I_N \tag{2-5}$$

式中，I_N 为电动机额定电流。

(4)用一个熔断器保护多台异步电动机时，则熔体的额定电流按下列关系选用：

$$I_R \geqslant (1.5 \sim 2.5) I_{Nm} + \sum I_N \tag{2-6}$$

式中，I_{Nm} 为容量最大的一台电动机的额定电流，$\sum I_N$ 为其余电动机额定电流之和。

【例 2.1】 两台电动机不同时启动，一台电动机的额定电流为 14.6 A，另一台电动机的额定电流为 4.64 A，启动电流都为额定电流的 7 倍，用一个熔断器进行短路保护，则熔体电流需要满足什么要求？

$$I_R \geqslant 2.5 \times 14.6 + 4.64 = 41.14 \text{ A} \tag{2-7}$$

2.6　主令电器

主令电器主要用于闭合、断开控制电路，以发布命令或信号，达到对电力拖动系统的控制或实现程序的控制。主令电器主要有按钮、行程开关、万能转换开关等。

2.6.1　按　钮

按钮是最常用的主令电器，按钮的实物图、结构图以及文字图形符号如图 2-9 所示。按钮既有常开触点，也有常闭触点。常态时在复位弹簧的作用下，由桥式动触点与常闭触点闭合，常开触点断开，当按下按钮时，桥式动触点将常闭触点分断，常开触点闭合。

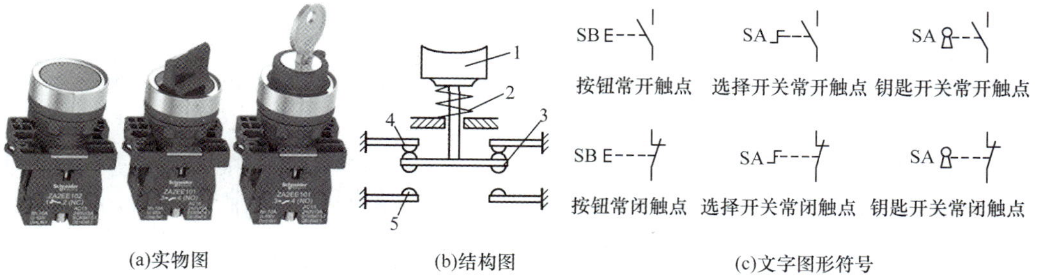

图 2-9　按钮

1—按钮帽;2—复位弹簧;3—动触点;4—常闭静触点;5—常开静触点

为标明按钮的作用,避免误操作,通常将按钮帽做成红、绿、黑、黄、蓝、白、灰等颜色,并对按钮颜色做了如下规定:

(1)“停止”和“急停”按钮必须是红色。当按下红色按钮时,必须使设备停止工作或断电。

(2)“启动”按钮的颜色是绿色。

(3)“启动”与“停止”交替动作的按钮必须是黑色、白色或灰色,不得用红色和绿色。

(4)“点动”按钮必须是黑色。

(5)“复位”按钮(如保护继电器的复位按钮)必须是蓝色。

按钮主要是根据所需要的触点数、触点形式、使用的场合及颜色来选择。

2.6.2　行程开关、接近开关和光电开关

行程开关是用于检测工作机械的位置,发出命令以控制其运动方向或行程长短的主令电器。按结构不同行程开关可分为直动式、滚轮式和微动式三种。行程开关、接近开关和光电开关的实物图、结构图以及文字图形符号如图 2-10 所示。

如图 2-10(a)所示为滚轮式行程开关、接近开关和光电开关。当被检测的物体移动并碰撞到行程开关的滚轮时,如图 2-10(b)所示,上转臂、弹簧以及套架一起转动,使小滑轮推动触点推杆动作,从而使行程开关的常开触点接通常闭触点断开,实现对电路的控制作用。

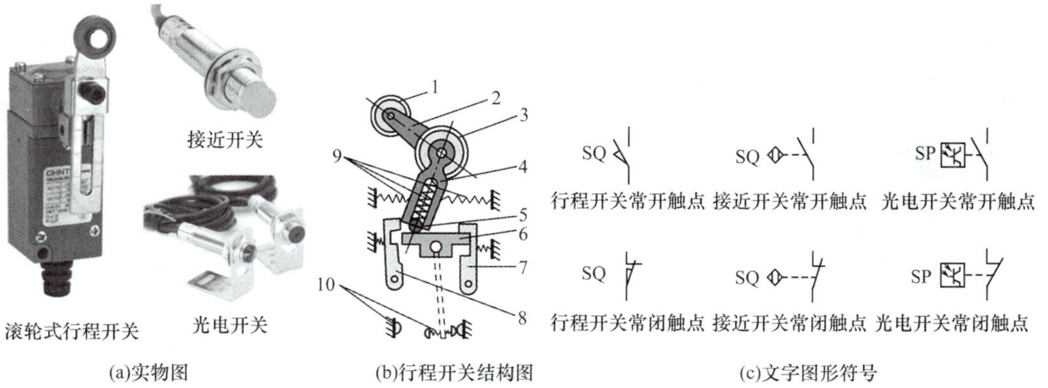

图 2-10　行程开关、接近开关及光电开关

1—滚轮;2—上转臂;3—弹簧;4—套架;5—小滑轮;6—触点推杆;7—压板;8—压板;9—弹簧;10—触点

接近开关是非接触式的检测装置，当运动着的物体接近它到一定距离范围内时，它就能发出信号，从而进行相应的操作。按工作原理分，接近开关有高频振荡型、霍尔效应型、电容型、超声波型等。接近开关的主要技术参数有动作距离、重复精度、操作频率、复位行程等。

光电开关是另一种类型的非接触式检测装置，它有一对光发射和接收装置。根据两者的位置和光的接收方式分为对射式和反射式，作用距离从几厘米到几十米不等。

三种开关进行选用时，要考虑使用场合和控制对象确定检测元件的种类。例如，当被测对象运动速度不是太快时，可选用一般用途的行程开关；而在工作频率很高，且对可靠性及精度要求也很高时，应选用接近开关；不能接近被测物体时，应选用光电开关。

2.6.3　万能转换开关

万能转换开关是由多组同结构的触头组件叠装而成的多回路控制电器。由于它能转换多种和多数量的电路，用途广泛，故被称为万能转换开关。万能转换开关的实物图、结构图、文字图形符号及触点通断表如图 2-11 所示。

如图 2-11(b)结构示意图所示，图中“1”是转轴，“2”是触点，“3”是凸轮，“4”是弹簧。当开关转动时，开关带动转轴转动，转轴跟着转动，凸轮中凹陷部分跟着转动，凹陷部分转动到某一个触点位置时，动衔铁在弹簧的作用下压向凹陷部分，从而改变触点的通断。

万能转换开关的文字符号及触点通断表如图 2-11(c)、(d)所示。图形符号中每一水平线两根短线上的圆圈“◦”表示接线端子，同一水平线上的两个接线端子组成一个触点，图中一共 6 组触点。为了表示触点的分合状态与手柄位置的关系，图中给出了两种方法表示：一种是在电路图中画虚线和“•”，虚线表示手柄的位置，有无“•”表示其对应上面横线的触点是闭合还是断开。例如将手柄转至“Ⅰ”，则触点组(1、2)、(5、6)闭合，(3、4)、(7、8)、(9、10)、(11、12)断开；将手柄转至“Ⅱ”，则触点组(3、4)、(7、8)、(9、10)、(11、12)闭合，(1、2)、(5、6)断开。手柄转至“O”，则触点全部接通。另一种表示是不在图中画虚线和“•”，而只是在图形符号表中标出触点号，在触点通断表中标出手柄在不同位置时触点的通断状态，如图 2-11(d)所示，其中“×”表示手柄在该位置时触点闭合。

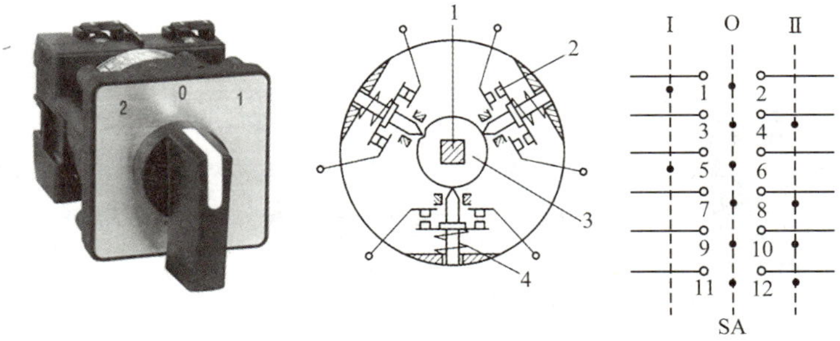

(a)实物图　(b)结构图　(c)文字图形符号

手柄定位 / 触点编号	Ⅰ	O	Ⅱ
1、2	×	×	
3、4		×	×
5、6	×	×	
7、8		×	×
9、10		×	×
11、12		×	×

(d)触点通断表

图 2-11　万能转换开关

万能转换开关的主要技术参数有额定电压、额定电流、绝缘电压、发热电流及触点数量等。万能转换开关的选用可参考以下原则：

(1)根据控制电路的电压和电流来选择,使万能转换开关的额定电压与额定电流符合电路的要求。

(2)按操作需要选择手柄形状以及手柄的定位特征。

(3)根据不同控制要求选用触点数量、接触系统节数和接线图编号。

(4)选择面板形式及标志。

2.6.4 电　缆

电缆是一种电能或信号传输装置,通常是由几根或几组导线组成。在电气控制系统中,用来连接各种低压电器,构成一定的逻辑关系控制电动机等用电设备。

电缆的选型主要从以下几个方面考虑:

(1)根据使用环境选择不同电缆,比如船舶上使用的是船用电缆,矿山使用的是矿用电缆,传递信号的电缆使用的是屏蔽电缆,电力系统中使用的是电力电缆等,组成这些电缆的导线都是一样的,不同的是绝缘包装不一样。

(2)根据通过的电流即电缆载流量选择导线的粗细,即截面积。还要考虑环境温度对电缆载流量的影响,温度越高载流量越小。环境温度为 25 ℃时,不同截面积的载流量见表 2-2。

(3)还要考虑环境温度对电缆载流量的影响,温度越高载流量越小。

表 2-2　不同截面积导线的载流量

标称截面积 (mm^2)	单芯(A)		双芯 (A)	三芯/四芯 (A)	五芯 (A)
	2 根	3 根			
0.5	13		10	7.4	—
0.75	17		13	9.5	—
1	20		16	11.7	—
1.5	28	23	16	12.7	—
2.5	36	30	26	21	22
4	47	39	37	30	31
6	60	49	44	37	38
10	83	68	61	53	54
16	109	89	82	69	70
25	138	113	104	89	91
35	173	142	127	109	111
50	207	170	155	132	135
70	264	216	190	167	170
95	322	264	242	213	217

2.7 新型智能电器

随着微电子技术、计算机与信息技术的发展，电器智能化得到了加速发展，并具有自诊断、记忆功能，自动化程度及可靠性有了较大提高，而且还扩充了测量、显示、控制、参数设定、报警、数据记忆及网络通信等功能，能与中央控制计算机进行双向通信，组成监控、保护与信息传递的网络系统。

2.7.1 软启动器

交流电动机启动时启动电流较大，如笼型电动机的启动电流是额定工作电流的 6～8 倍，尤其大功率电动机其启动电流会给电网带来较大的冲击，造成电网电压下降，影响设备的正常运行，同时也会给设备带来较大的机械冲击，影响设备的稳定运行和寿命。因此，希望电动机启动时要平稳避免冲击。有时在停止时也有此项要求，为了满足不同的启动、停止要求，就出现了电动机智能控制器（软启动器）。

软启动设备由电子控制电路调节控制加到电动机上的电压，使加到电动机上的电压按某一规律慢慢达到全电压。通过适当地设置控制参数，可以使电动机的转矩和电流与负载要求得到较好的匹配。软启动器还有软制动、节电和各种保护功能。

2.7.2 智能断路器

智能断路器是指具有智能化控制单元的低压断路器。

智能断路器与普通断路器一样，也有基本框架（绝缘外壳）、触头系统和操作机构，所不同的是断路器上的脱扣器换成了电子脱扣器。这种智能控制单元核心通过微处理器进行电流检测、信号处理以及动作触发来实现自动断电保护，其功能不但覆盖了全部脱扣器的保护功能（如短路保护、过电流保护、过热保护、漏电保护、断相保护等），而且还能够显示电路中的各种参数（电流、电压、功率、功率因数等），扩充了测量、控制、报警、数据记忆及传输、通信等功能，其性能大大优于传统的断路器产品。

智能电器还有很多，如智能型接触器、继电器以及智能型电动机保护控制器和智能型成套电控装置等。一个智能电器可实现传统意义上的几个电器产品的功能，多功能化是智能化产品的特点。近年来，现场总线技术的出现，促进了传统电器进一步向智能化方向发展，使智能电器进一步实现信息化，在现场实现因特网/企业内联网（Internet/Intranet）功能，对现场的智能电器进行远程在线控制、编程和组态等，这使智能化电器进入了信息电器的新时代。

习题和思考题

1. 接触器和中间继电器有什么异同？选用接触器时应注意哪些问题？

2. 交流电磁线圈误接入直流电源，直流线圈误接入交流电源，会发生什么问题？为什么？

3. 时间继电器和中间继电器在电路中各起什么作用？

4. 对于星形连接的三相异步电动机能否用一般三相结构热继电器作断相保护？为什么？对于三角形连接的三相异步电动机为什么必须采用三相带断相保护的热继电器？

5. 熔断器有哪些用途？一般应如何选用？在电路中应如何连接？

6. 既然在电动机主电路中装有熔断器，为什么还要装热继电器？两者能否相互代替？

7. 低压断路器有哪些功能？

8. 熔断器主要用于短路保护，低压断路器也具有短路保护功能，两者有什么区别？

9. 某设备所用电动机，额定功率为 5.5 kW，额定电压为 380 V，额定电流为 11 A，启动电流是额定电流的 6.5 倍，现用按钮进行启停控制，要求有短路保护和过载保护，试选用控制所需的合适的电器：接触器、按钮、熔断器、热继电器。

10. 画出下列低压电器的图形符号，并标注其文字符号。

(1)时间继电器的所有线圈和触点。

(2)热继电器的热元件和常闭触点。

(3)行程开关的常开、常闭触点。

(4)复合按钮。

(5)熔断器和低压断路器。

(6)速度继电器的常开、常闭触点。

第3章
电气图及继电接触器控制基本电路

第3章微课

继电接触器电气控制电路主要由各种电器元件(如接触器、继电器、电阻、开关)和电动机等用电设备按照一定的控制要求连接组成。为了表达设备电气控制系统的组成结构、工作原理及安装、调试、维修等技术要求,需要用统一的工程语言即用工程图的形式来表达,这种工程图就是电气图,全称为电气控制系统图。

3.1 电气图的基本知识

3.1.1 电气图形符号与文字符号

为了设计、分析研究、安装维修时阅读方便,在绘制电气图时,必须使用国家统一规定的电气图形符号和文字符号。国家电气图用符号标准规定了电气图中图形符号的画法。国家标准中规定的图形符号基本与国际电气技术委员会(International Electro Technical Commission,IEC)发布的有关标准相同。

国家标准 GB/T 4728.1～13—2018～2022《电气简图图形符号》规定了绘制各种电气图用的图形符号。我国曾颁布国家标准 GB/T 7159—1987《电气技术中的文字符号制定通则》,该标准已于 2005 年废止,虽然新的国家标准 GB/T 5094.1～4—2005～2018 和 GB/T 20939—2007 已经颁布,但目前书刊及电气图中仍广泛沿用 GB/T 7159—1987 所规定的文字符号。

表 3-1 中列出了部分常用电器元件新旧国标的图形符号与文字符号,实际使用时如果需要更详细的资料,可以查阅国家标准。从表中可以看出,新标准将旧标准中许多电器元件整合归类成一个文字符号,区分不明显。因此从使用习惯和表达叙述角度,本书沿用的是 GB/T 7159—1987 所规定的文字符号。

表 3-1　　新旧电器元件图形符号和文字符号

名称	图形符号	文字符号		名称	图形符号	文字符号	
		新	旧			新	旧
电源正极	+	—	—	直流电源线	L+、L−	—	—
电源负极	—	—	—	交流电源三相	L1、L2、L3	—	—
中性线	N	—	—	交流设备三相	U、V、W	—	—
接地		XE	PE	蓄电池		GB	GB
电阻		RA	R	电感电抗		RA	L
可变电阻		RA	R	电容		CA	C
二极管		RA	V	PNP 型晶体管		KF	VT
光电二极管		RA	V	NPN 型晶体管		KF	VT
发光二极管		PG	VL	光电晶体管		KF	V
晶闸管		QA	VR	光电耦合器	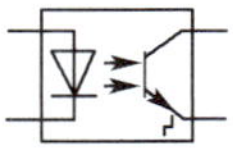	KF	V
变压器	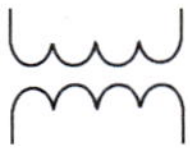	TA	T	AC/DC	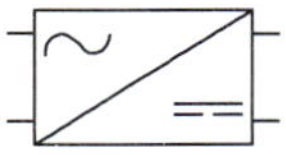	TB	U
电流互感器	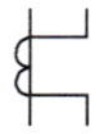	BE	TA	DC/DC	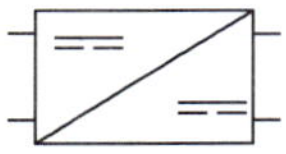	TB	B
电压互感器		BE	TV	变频器	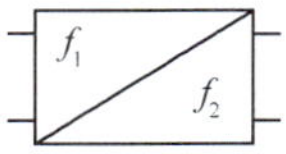	TA	—
断路器		QA	QF	三相断路器		QA	QF
隔离开关		QB	QS	三相隔离开关	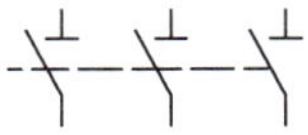	QB	QS
负荷开关		QB	QS	三相负荷开关	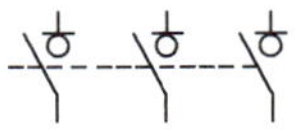	QB	QS

（续表）

名称	图形符号	文字符号 新	文字符号 旧	名称	图形符号	文字符号 新	文字符号 旧
接触器线圈	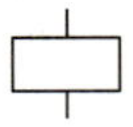	QA	KM	中间继电器线圈	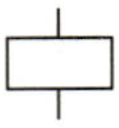	KF	KA
接触器主触点		QA	KM	中间继电器触点		KF	KA
接触器三相主触点	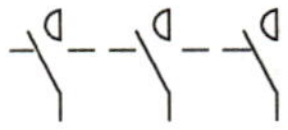	QA	KM	电压继电器线圈	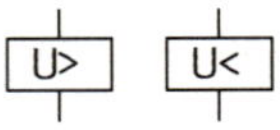	KF	KV
接触器辅助触点		QA	KM	电压继电器触点		KF	KV
时间继电器通电延时线圈	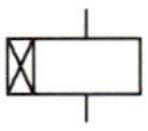	KF	KT	电流继电器线圈		KF	KI
时间继电器断电延时线圈	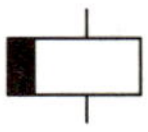	KF	KT	电流继电器触点		KF	KI
通电延时断开触点		KF	KT	固态继电器驱动元件	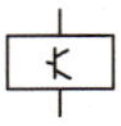	KF	SSR
通电延时闭合触点		KF	KT	固态继电器触点		KF	SSR
断电延时闭合触点		KF	KT	热继电器发热元件		BB	FR
断电延时断开触点		KF	KT	热继电器触点	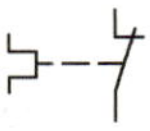	BB	FR
时间继电器瞬时触点		KF	KT	速度继电器驱动元件		BS	KS
熔断器		FA	FU	速度继电器触点	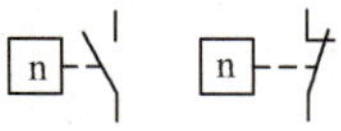	BS	KS
按钮	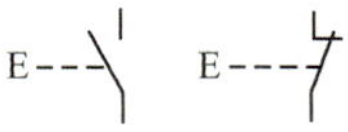	SF	SB	行程开关		BG	SQ
旋转开关	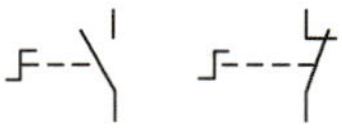	SF	SA	接近开关		BG	SQ

（续表）

名称	图形符号	文字符号		名称	图形符号	文字符号	
		新	旧			新	旧
钥匙开关		SF	SA	光电开关	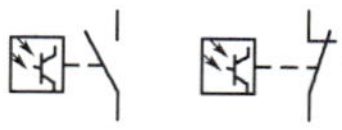	KF	SP
急停开关	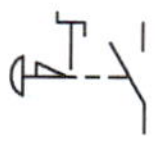	SF	SA	液位开关	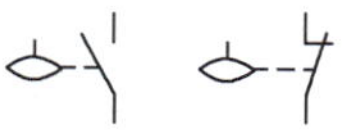	BG	SL
指示灯		PG	HL	压力开关	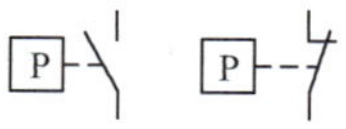	BP	SP
蜂鸣器		PB	HZ	温度开关	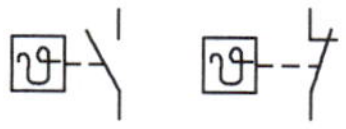	BT	ST
三相交流电动机	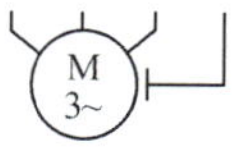	MA	M	电磁阀	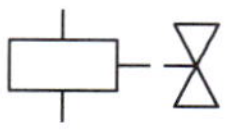	MB	YV
直流电动机	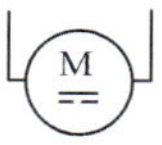	MA	M	电磁制动器	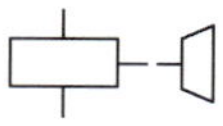	MB	YB

国家标准规定了电气工程图中的文字符号，它分为基本文字符号和辅助文字符号。基本文字符号有单字母符号和双字母符号。单字母符号表示电气设备、装置和元器件的大类，例如 K 为继电器类元件这一大类；双字母符号由一个表示大类的单字母与另一表示器件某些特性的字母组成，例如 KT 即表示继电器类元件中的时间继电器，KM 表示继电器类元件中的接触器。辅助文字符号用来进一步表示电气设备、装置和元器件的功能、状态和特征。

3.1.2　电气控制系统图类别

电气控制系统图一般有四种：电气原理图，电器元件列表，电气接线图，电气元件布置图。

1. 电气原理图

电气原理图表示电气控制电路的工作原理以及各电器元件的作用和相互关系，而不考虑各电器元件实际安装位置和实际连线情况。电气原理图一般分为主电路和控制电路两部分。主电路是设备的驱动电路，包括从电源到用电设备的电路，是强电流通过的部分。控制电路由按钮、接触器和继电器线圈、各种电器的常开、常闭触点等组合构成，实现所需要的控制功能，是弱电流通过的部分。从这个角度讲，电气控制实现了弱电控制强电。

绘制电气原理图时，一般遵循下面的规则：

(1)电气控制电路分主电路和控制电路。一般主电路画在左侧，控制电路画在右侧。

(2)电气控制电路中，同一电器的各导电部分如线圈和触头常常不画在一起，但要用同一文字符号标注。

(3)电气控制电路的全部触头、触点都按“非激励”状态绘出。“非激励”状态对电操作元件如接触器、继电器等是指线圈未通电时的触头、触点状态;对机械操作元件如按钮、行程开关等是指没有受到外力时的触头状态;对主令控制器是指手柄置于“零位”时各触头的状态;断路器和隔离开关的触头处于断开状态。

2. 电气设备布置图

电气设备布置图表示各种电气设备在机械设备和电气控制柜中的实际安装位置。各电器元件的安装位置是由机械设备的结构和工作要求决定的,如电动机要和被拖动的机械部件放在一起,行程开关应放在要取得信号的地方,操作元件放在操作方便的地方。电器元件一般都布置在控制柜内。

绘制电气设备布置图时,一般遵循下面的规则:

(1)电器元件和控制柜在绘制时,按照实际大小绘制,同比例放大或缩小。

(2)电器元件和设备代号必须与有关电路图和元器件列表上所用的代号一致。

(3)电器元件的布置应考虑整齐、美观、对称。外形尺寸与结构类似、电路联系紧密的电器应安装在一起,以利安装和配线。

(4)强电、弱电应分开,弱电应有屏蔽措施,防止外界干扰。

(5)体积大和较重的元器件应安装在电器安装板的下方,发热元件应安装在电器安装板的上方。

3. 电气端子接线图

电气端子接线图表示各电气设备之间实际接线的简图,主要用于电气设备安装接线,线路检查和故障处理。电气接线图包含电气原理图接线图和和外部设备连接的端子接线图。电气原理图接线图主要是电气控制柜内部接线,由己方人员接线;端子接线图主要是控制柜和外部设备的接线,由对方人员接线。

绘制电气设备接线图时,一般遵循下面的规则:

(1)绘制各电气元件的整体尺寸外观简图,包括所有端子的分布。

(2)文字符号、元件连接顺序、电路号码编制都必须与电气原理图一致。

(3)电气接线图应该表示出电器元件的连接位置、连接端子号,以及连接导线号、导线类型、导线截面积等情况。

4. 电器元件选型表

电器元件选型表主要列出电气原理图中所有电器元件、导线以及端子,同时列出该元件品牌、型号等。一般提供给公司的采购人员。

3.2 电气图纸规范

3.2.1 电气图纸绘制软件

目前国内用得比较多的电气图纸绘制软件平台有两种:AutoCAD Electrical,

EPLAN(图 3-1、3-2)。

AutoCAD Electrical 软件可自动执行常见设计任务并提高绘图效率。其除了具备 AutoCAD 软件的所有功能,还包含诸如符号库、BOM 表报告和 PLC I/O 设计等可更快速、更高效地执行控制设计的电气 CAD 功能。实际上 AutoCAD Electrical 是在 AutoCAD 基础上增加了一个电气图绘制的插件或安装包。AutoCAD Electrical 属于 CAD (Computer Aided Design)即计算机辅助设计软件。

EPLAN 是电气制图的专门软件,提供了多种多样的功能,用以实现快速原理图设计、多种报表自动生成、工程项目管理等。一旦原理图被建立,EPLAN 就能自动根据它生成各式各样的报表,这些报表可直接用于生产、装配、发货和维修。此外,EPLAN 还提供了专门的接口,用来和其他的 CAE(Computer Aided Engineering)软件进行项目数据交换,确保 EPLAN 项目中的数据,与整个产品开发流程中的数据保持一致。EPLAN 属于 CAE 即计算机辅助工程软件。

AutoCAD Electrical 是基于 AutoCAD 的平台,同时兼具在绘制图形方面可 AutoCAD 机械设计的一些功能属性,相比 EPLAN,其功能更加广泛,应用范围更广。得益于 AutoCAD 的广泛使用,AutoCAD Electrical 普及性更高,学习更容易一些。EPLAN 是专门的电气制图软件,根据项目的理念进行绘制,在电气制图以及项目管理上,相比 AutoCAD Electrical 更加强大。EPLAN 的普及性不高,但最近几年 EPLAN 软件的理念、高效性以及强大的管理功能已经被越来越多的国内企业所接受。

图 3-1　AutoCAD Electrical 启动界面

图 3-2　EPLAN Electric P8 启动界面

3.2.2　电气图纸规范

1. 图纸尺寸

电气图纸的基本规格包括 A0、A1、A2、A3 和 A4。具体尺寸见表 3-2。

表 3-2　电气图纸规格及尺寸　mm

规格	A0	A1	A2	A3	A4
长	1 189	841	594	420	297
宽	841	594	420	297	210

电气图纸规格的选择，需要根据电气控制系统的复杂程度进行选择。在实际操作中，图纸一般都是 A4 纸打印，所以图纸规格大都选择 A3 或 A4。

2. 图纸分区

图纸分区主要有图纸分区区域、绘图区域以及标题栏区域，如图 3-3 所示。

在绘制、阅读和使用电气图时，往往需要表示电气图中各个组成部分在图上的位置。图 3-3 中分区区域中的数字直接定义图纸的区域位置。

图中绘图区域是电气原理图、布置图、接线图以及元器件选型表的绘制区域。

标准的一张图纸还要有标题栏，通常画在图纸的下方，格式可以根据需要绘制。标题栏中一般要包含设计、校对、批准、项目名称、页描述、图号、项目编号、位置及页数等。

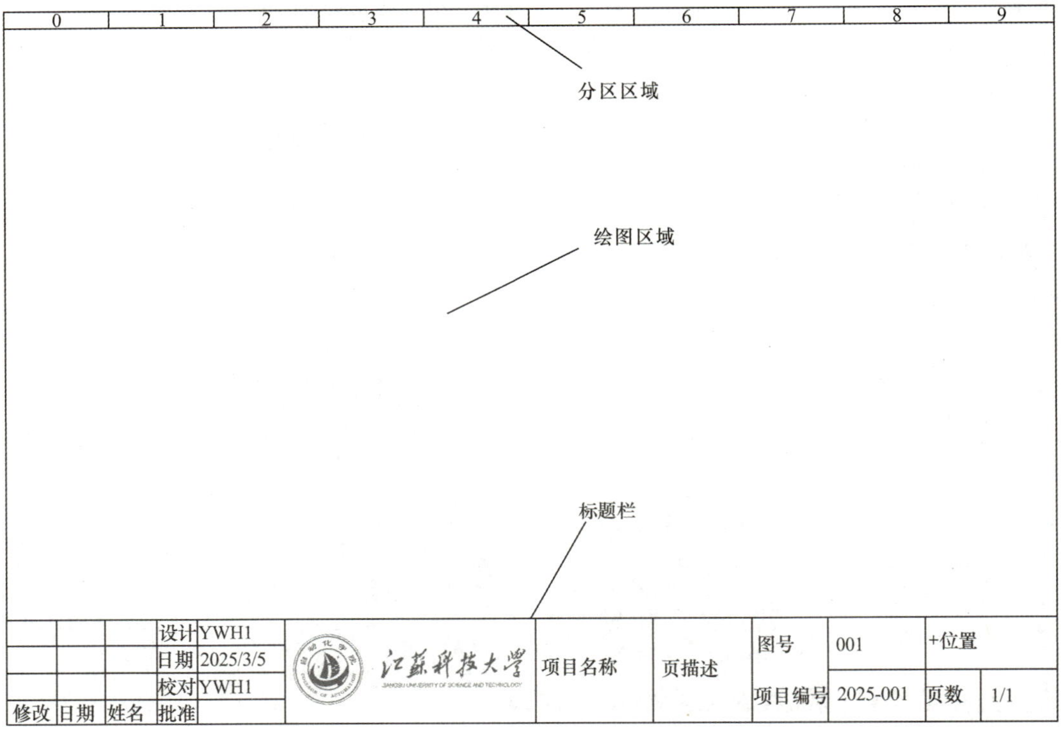

图 3-3　图纸分区

3.2.3　电气图纸实例

现以船舶中经常用到的液面控制进行举例说明，这个液面可以是船舶上水箱的液面，也可以是油船上燃油箱的液面。如图 3-4 所示是一个液面控制的电动机手动/自动控制系统示意图。虚线框里面的电器元件以及连线即为控制柜里的内容。

图中通过选择开关 SA，切换手动控制和自动控制。手动控制时，通过停止按钮 SB1 和启动按钮 SB2 控制接触器 KM 线圈的得电失电，进而控制水泵的启停，达到控制液面的目的。自动控制时，通过液位开关 SL 控制接触器线圈的得电失电。液面过低时，液位传感器下面的浮球动作，液面低位触点闭合，控制接触器线圈得电，水泵启动，液面上升；当液面上升一定高位，液位传感器高位触点断开，控制接触器线圈得电，水泵停止工作。

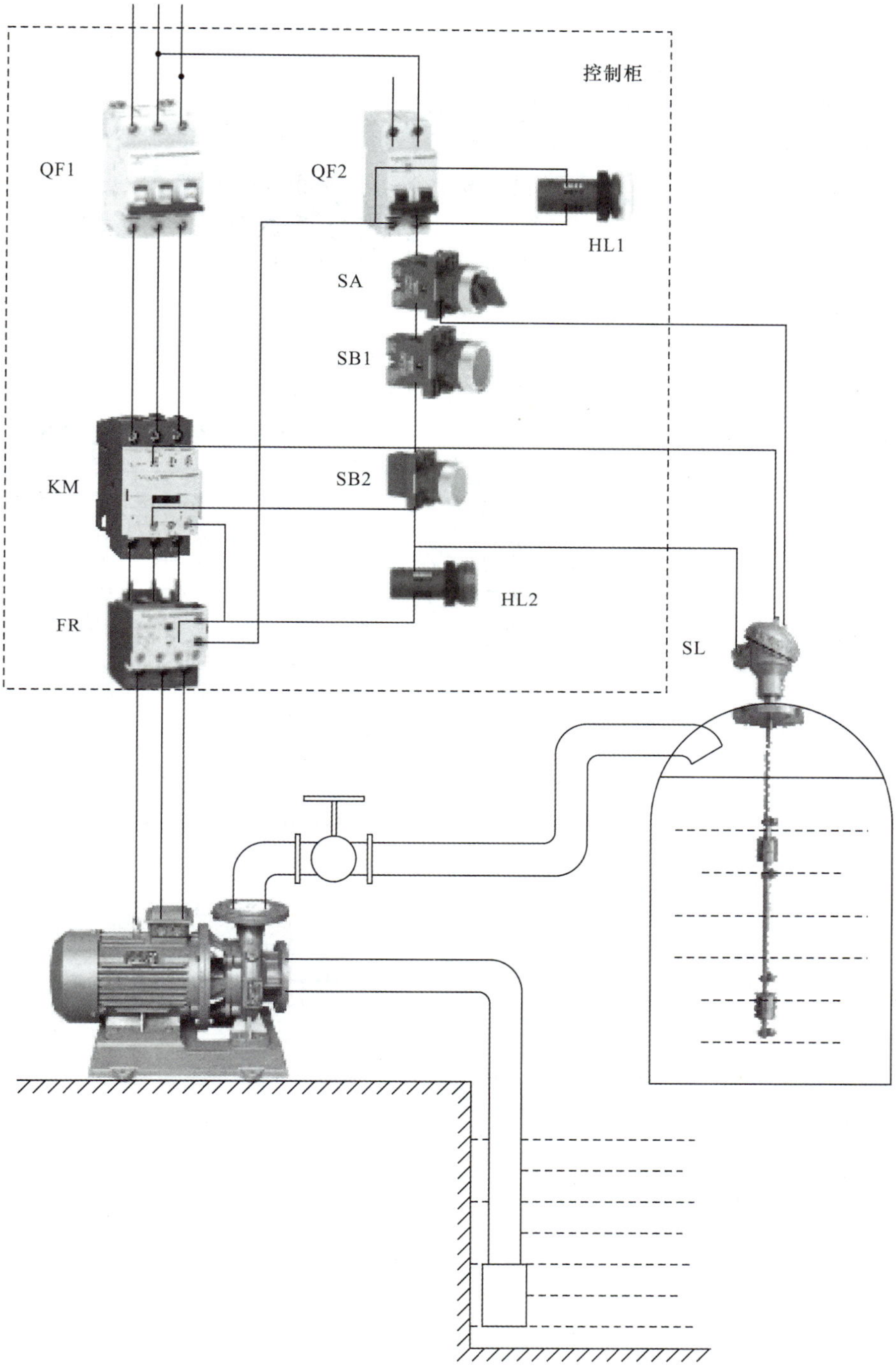

图 3-4　液面控制示意图

根据图 3-4 液面控制示意图，通过 EPLAN 画出的系统电气原理图、元器件选型表、安装布置图、端子接线图以及电缆规格图表如图 3-5、图 3-6、图 3-7、图 3-8 以及图 3-9 所示。图纸由公司或单位的电气工程师绘制，绘制后不同图纸交给不同部门进行生产加工，加工完成后图纸提交给客户，同时公司存档供售后服务使用。

电气原理图如图 3-5 所示，图中电线、元件、外部接线端子排都有标注习惯。比如线号 1-1 表示第 1 页图纸中第 1 根电线；元件 01QF1 表示第 1 页图纸中的第 1 个断路器；01X1 表示第 1 页图纸中的第 1 个端子排。控制箱中电线、元件、外部接线端子排都会贴上“1-1”“01QF1”“01X1”标签，在调试和维护时，看到标签就可以查到图纸中的对应位置，方便索引。

如果元件包含两部分，在原理图中需要交互索引，方便阅读理解图纸。例如图 3-5 所示图纸是第 1 页图纸，接触器“01KM1”的线圈下面画出了 5 对触点，其中 3 对主触点接在图中第 2 分区，即左边主电路，后面统一标识“/1.2”。而主电路接触器“01KM1”主触点线圈下面标注了“/1.4”，表示该触点对应的线圈在第 1 页图纸的第 4 分区。接触器的辅助触点、热继电器的交互索引类似，不再赘述。

图 3-5 所示电气原理图主要提供给公司或单位施工部门的接线施工人员进行生产。

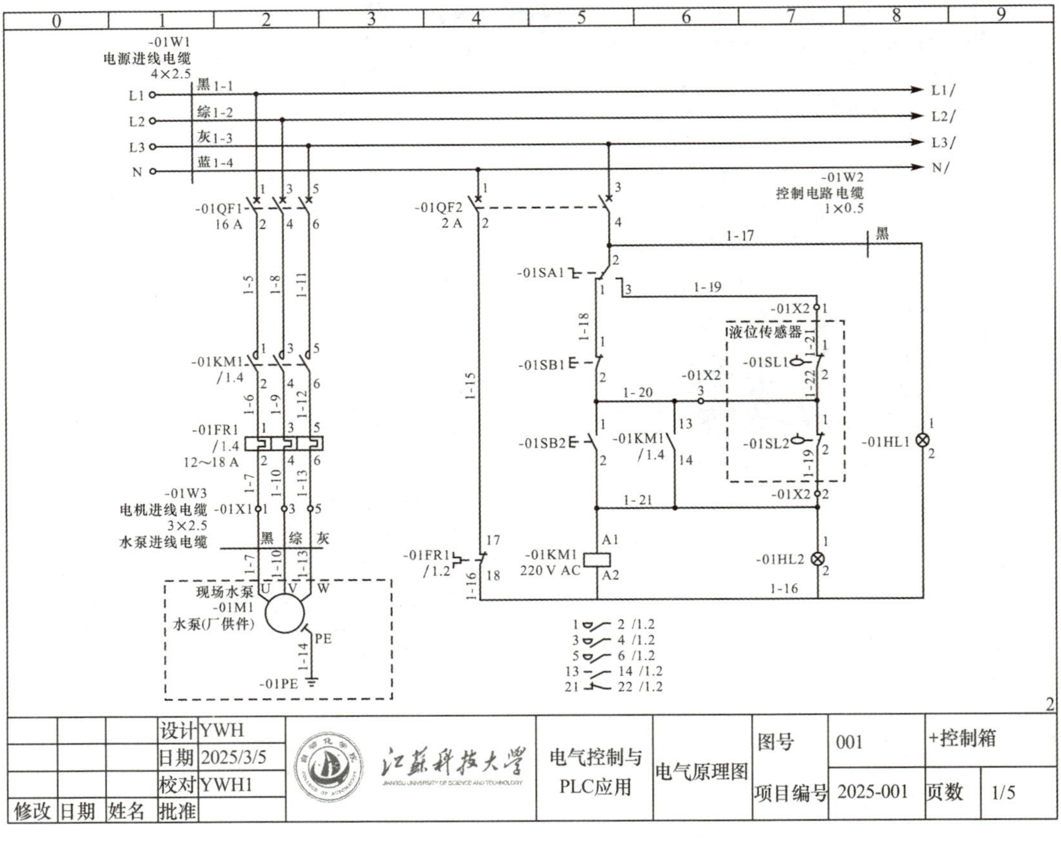

图 3-5　电气原理图

设定负载水泵的额定功率 6.3 kW、额定电流 12.07 A、额定电压 380 V，启动电流是额定电流的 4 倍。可以根据第 2 章中相关内容进行低压元件选型。

主电路中的低压元件选型过程如下。

断路器的选型依据主要是断路器额定电流大于或等于水泵的额定电流，即大于或等于 12.07 A。低压元件的额定电流是有固定等级的，不是所有数值都有对应的断路器。因此选择符合电压等级 380 V，额定电流为 16 A 的断路器。

从电路原理图中可以看出，断路器还需兼顾短路保护的功能，因此还需要判断磁脱扣器电流的大小，即

$$I_{Z} \geqslant 1.7 I_{ST} = 6.8 I_{N}$$

选择施耐德断路器的型号为 M9F11316，该型号断路器是海事专用三相断路器，额定绝缘电压是 500 V AC，磁脱扣电流 C 曲线电流是 8.5 倍的额定电流，额定电流是 16 A。

接触器的选型依据主要是：主触点的额定电流，可以根据电动机的功率计算接触器主触头的电流，即

$$I_{C} \geqslant P_{N} \times 10^{3}/(KU_{N}) = 16.58\ \text{A}(K\ \text{取}\ 1)$$

因此选择符合电压等级 380 V，额定电流大于 16.58 A 的接触器。

选择施耐德接触器的型号为 LC1D18-M7，该型号接触器主触点额定电压是 690 V，主触点额定电流是 18 A，接触器线圈的额定电压是 220 V。

热继电器的选型依据主要是：热继电器元件的额定电流 I_{RT} 接近或略大于电动机的额定电流 I_{N}，即

$$I_{RT} = (0.95 \sim 1.05) I_{N} = I_{N} = 12.07\ \text{A}$$

因此选择符合电压等级 380 V，额定电流大于 12.07 A 的热继电器。

选择施耐德热继电器的型号为 LRD21C，过载电流的整定范围为 12～18 A。

控制电路中的低压元件选型过程比较简单。由于控制电路中的负载只有接触器的线圈和两个指示灯，消耗电流很小，因此选择断路器的额定电流为 2 A 即可，选择普通断路器型号为 M9F10202。该型号断路器是海事专用二相断路器，额定绝缘电压是 500 V AC，额定电流是 2 A。

启动按钮选择绿色，额定电压为 220 V；停止按钮选择红色，额定电压为 220 V；电源指示灯选择白色，额定电压为 220 V；运行指示灯选择绿色，额定电压为 220 V。

电缆的选型主要依据电流，根据表 2-2，主电路正常运行的电流为 12.07 A，考虑一定余量，选择主电路电缆为 4 芯电缆，截面积为 2.5 mm^2。控制电路电流为单芯电缆，选择 0.5 mm^2。

以上为主要器件选型，当然还有其他器件，比如增加了一个继电器作为备件、接线端子等，不再一一说明。具体元器件选型表如图 3-6 所示。元器件选型表主要提供给公司或单位采购部门的采购人员进行器件购买。

图 3-7 是控制箱外部和内部器件的安装布置图，图中左边是控制箱外部器件布置，包括指示灯、开关按钮以及标牌等，布置主要考虑整齐美观。图中右边是控制箱内部器件布置，包括断路器、接触器、继电器以及接线端子等，布置主要考虑强、弱电器件分区，布线及进线方便，以及整齐美观。布置图主要提供给公司或单位施工部门的接线施工人员进行生产加工。

0 1 2 3 4 5 6 7 8 9

设备列表 F03_003

设备标识符	数量	名称	型号	制造商	页/路径	功能文本
-02AZ1	1	控制柜本体	TS. 8084500	RIT	=液面控制/2.0	控制柜门板
-02AZ2	1	控制柜安装板	KL. 1511510	RIT	=液面控制/2.5	控制柜安装板
-01FR1	1	热继电器-12~18 A	TESYS LRD	SE	=液面控制/1.2	过载保护
-01HL1	1	白灯	AD11-22/21-7GZ-AC220-W	长江	=液面控制/1.7	控制电路通电指示
-01HL2	1	绿灯	AD11-22/21-7GZ-AC220-G	长江	=液面控制/1.6	水泵运行指示
-01KA1	1	继电器 线圈 230 V AC 2 对触点10 A	DRM270730L	WEI	=液面控制/2.5	继电器
-01KM1	1	接触器 3P 440 18 A 线圈 220 V AC	LC1D1835M7	SE	=液面控制/1.4	控制水泵启停
-01M1	1	三相笼型异步电机 380 V,5 kW,50 Hz	厂供件	厂供件	=液面控制/1.2	水泵(厂供件)
-01PE					=液面控制/1.2	接地
-01QF1	1	小型断路器 C60N-AC,3P,16 A,C	iC60N	SE	=液面控制/1.2	主电路断路器
-01QF2	1	小型断路器 C60N-AC,2P,2 A,C	iC60N	SE	=液面控制/1.4	控制回路断路器
-01SA1	1	2 档旋转开关	LA38-11CX2/203	长江	=液面控制/1.4	手动自动切换
-01SB1	1	红按钮	LA38-11/203-R	长江	=液面控制/1.4	手动停止
-01SE2	1	绿按钮	LA38-11/203-G	长江	=液面控制/1.4	手动启动
-01SL1	1	高低液位开关 低闭高开	电气柜门板	定制	=液面控制/1.6	高液位开关
-01SL2	1	高低液位开关 低闭高开	电气柜门板	定制	=液面控制/1.6	低液位开关
-01X1	1	直通式接线端子	ST 2,5	PXC	=液面控制/1.2	连接现场水泵
-01X2	1	直通式接线端子	ST 2,5	PXC	=液面控制/1.6	连接液位传感器

3 9

			设计	YWH1	江苏科技大学	电气控制与PLC应用	设备列表	图号	001	+控制器	
			日期	2025/3/5				项目编号	2025-001	页数	5/5
			校对	YWH1							
修改	日期	姓名	批准								

图 3-6　元器件选型表

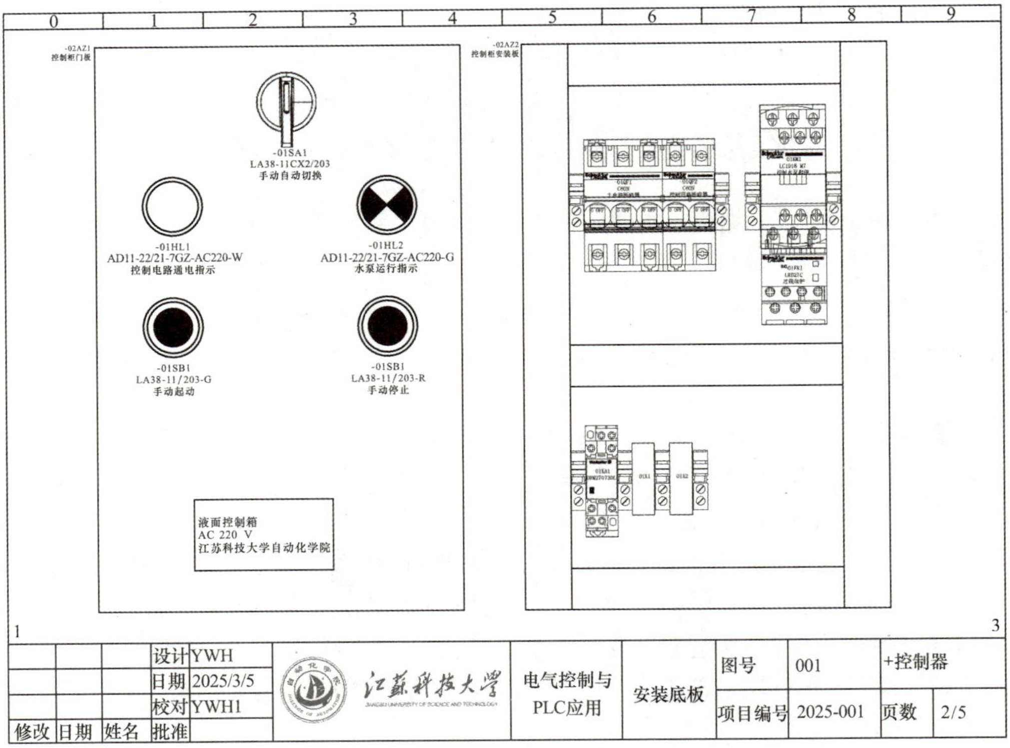

图 3-7　安装布置图

图 3-8 所示的端子接线图主要提供给客户的现场施工人员进行现场接线加工，主要包括电源连接和控制对象的连接。连接的电缆依据图 3-9 所示的电缆规格图表进行购买、放置以及连接。因此图 3-9 所示的电缆规格图表也是提供给客户的。

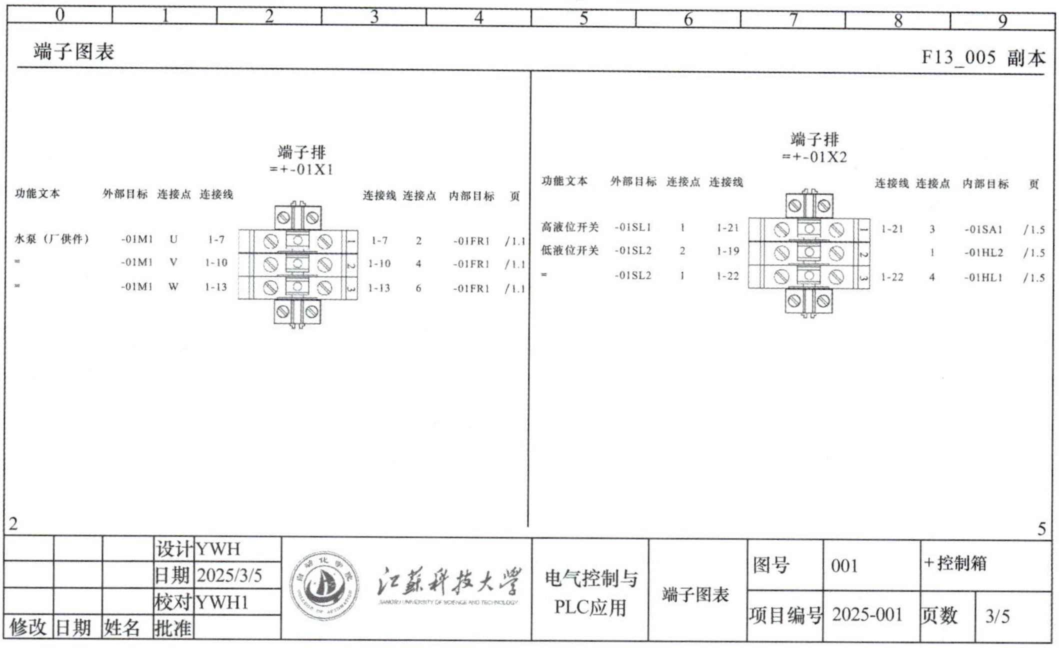

图 3-8　端子接线图

0	1	2	3	4	5	6	7	8	9

电缆总览　　F10_002

电缆型号	电缆描述	设备标识符	导线	截面积 (mm)	长度	功能文本
电源进线电缆		-01W1	4	2.5		电源进线电缆
控制电路电缆		-01W2	1	0.5		控制电路电缆
电机连接电缆		-01W3	3	2.5		水泵连接电缆

			设计 YWH	江苏科技大学	电气控制与PLC应用	电缆总表	图号 001	+控制箱
			日期 2025/3/5					
			校对 YWH1				项目编号 2025-001	页数 4/5
修改	日期	姓名	批准					

图 3-9　电缆规格图表

3.3 三相异步电动机启动控制

三相笼型异步电动机由于结构简单、价格便宜、坚固耐用等一系列优点获得了广泛应用。它的控制电路应用最广泛，也是最基本的控制电路。它的控制电路大都由继电器、接触器、按钮等有触头、触点的电器组成。启动控制有直接启动和减压启动两种方式。

3.3.1 直接启动

直接启动有两种方式：开关直接启动和接触器控制直接启动。直接启动控制方式适用于小容量（容量≤7.5 kW）的异步电动机启动控制。在日常应用中，小型台钻、砂轮机，在船舶应用中，机舱风机、消防泵、海水泵等常采用直接启动的控制方式。

如图 3-10（a）所示，电机 M1 的控制采用负荷开关 QS1 作为电源开关，不具有短路和过载保护，因此在主电路中要有熔断器 FU1 和热继电器 FR1，开关 SA1 控制电动机启停。如图 3-10（b）所示，电机 M2 的控制采用断路器 QF1 作为电源开关，如果选用的断路器具有短路和过载保护，那么就可以省掉熔断器和热继电器，开关 SA2 控制电动机启停。开关在主电路中直接控制电动机的方式适用于不频繁启动的小容量电动机，同时也不能远距离控制和自动控制。

如图 3-10（c）所示，电机 M3 的控制采用普通的断路器 QF2 作为主电路和控制电路的电源开关，因此在主电路中增加了热继电器 FR2，采用接触器直接控制 M3 的启动、停止。

如图 3-10（c）所示控制电路的工作原理：合上电源开关 QF2，按下启动按钮 SB2，接触器 KM1 的线圈得电，其主触点闭合使电动机通电启动；与此同时并联在 SB2 两端的自锁触点 KM1 也闭合给自身的线圈送电，使得即使松开 SB2 后接触器 KM1 的线圈仍能继续得电以保证电动机工作。要使电动机停止，按下停止按钮 SB1，接触器 KM1 线圈断电，其主触点断开使电动机停止工作，辅助触点断开。

电气控制基本环节：（1）自锁环节：SB2 按下后，KM1 线圈得电，KM1 辅助触点闭合；当 SB1 松开后，由于 KM1 辅助触点闭合，使得 KM1 线圈继续保持得电，即自锁。（2）启保停环节：如图 3-10（c）虚线部分所示，SB1 启动，KM1 辅助触点自锁保持导通，SB2 停止。凡是有电机启动停止的线路，这两个基本环节都会用到，是最基本的控制电路环节。

电路的保护功能：断路器实现主电路的短路保护和电动机的过载保护；熔断器 FU2 实现控制电路的短路保护；启保停线路实现失压/欠压保护，即当意外断电或电源电压跌落太大时，KM1 线圈失电，自锁解除。当电源电压恢复后，电动机不会自动投入工作，以防意外事故发生。后续章节的电气原理图中此类保护电路不再作介绍。

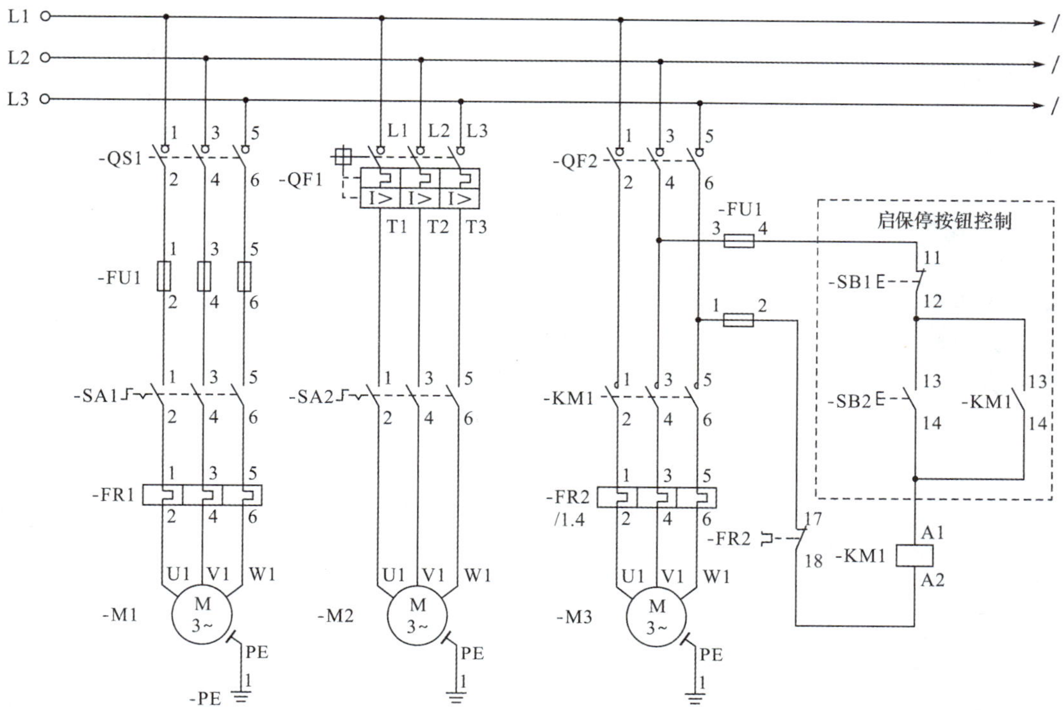

(a) 负荷开关+开关直接控制　(b) 断路器+开关直接控制　(c) 接触器控制直接启动

图 3-10　直接启动电气控制线路

3.3.2　减压启动

对于容量较大的三相异步电动机，为了避免启动电流对电网的冲击，可采用减压启动的方法，即在电动机启动时降低电动机定子绕组上的电压，电动机启动后再恢复至额定电压，使之在正常电压下运行。减压启动后，启动电流变小，此时启动转矩也会变小，因此减压启动适用于轻载启动。三相笼型异步电动机常用的减压启动方法有星形-三角形变换减压启动、定子绕组串电阻启动以及自耦变压器减压启动。本章主要介绍前两种。

1. 星形-三角形变换减压启动

星形-三角形变换减压启动电气控制线路图如图 3-11 所示。正常运行时，三相定子绕组三角形连接，启动时，三相定子绕组星形连接，启动完毕后三相定子绕组恢复至三角形连接。星形-三角形变换减压启动可以将启动电流减小到全压启动时的 1/3。图 3-11(a)是主电路，图 3-11(b)、图 3-11(c)是控制电路。

图 3-11(b)所示控制电路的工作原理：按下 SB2，KM1、KM3、KT1 线圈得电，KM1、KM3 主触点闭合，电动机星形启动，同时 KM1 辅助触点闭合→松开 SB2，KM1 辅助触点自锁，KM1、KM3、KT1 线圈继续得电→KT1 时间继电器的延时时间到，KM3 线圈失电，KM1、KM2、KT1 线圈得电，KM1、KM2 主触点闭合，电动机三角形运行→按下 SB1，KM1、KM2、KT1 线圈失电，KM1、KM2 主触点断开，电动机失电停止运行。

如图 3-11(b)所示控制电路的问题讨论：在控制过程中，主电路中的 KM2 与 KM3 的主触点不能同时闭合，否则会造成电源短路。因此控制电路必须能够避免这种情况发生。

图 3-11(b)的控制电路无论是从理论上还是从控制逻辑上都解决了这个问题，时间继电器 KT1 的延时闭合触点和延时断开触点不会使 KM3 和 KM2 的线圈同时得电。通常在分析电气控制电路的工作原理时，不用考虑元件的动作时间，认为只要有输入信号其触点即可完成动作(除时间继电器外)。这在绝大多数情况下是允许的，不影响分析的结果。但实际上，由于电磁时间常数和机械时间常数的存在，任何继电器和接触器从线圈得电或失电到其触点完成动作都需要一定时间，即吸合时间和释放时间。所谓吸合时间是指从线圈接收电信号到衔铁及触点(闭合触点)完全吸合时所需的时间；释放时间是指从线圈失电到衔铁及触点完全释放时所需的时间，它们的数量级对于继电器来说一般为十几到几十毫秒，对于接触器来说则为几十到数百毫秒，要随电器元件的型号和机械结构的磨损程度而定。因此有可能出现这种情况：KM2 的吸合时间是 15 ms，KM3 的释放时间是 25 ms，时间继电器 KT1 的延时动断触点和延时动合触点同时动作(忽略其时间差)，那么在进行星形-三角形变换时主电路中的 KM3 和 KM2 的主触点就将有约 10 ms 的时间是同时接通的，这就会造成电源短路，是绝对不允许的。

若将 KM3 的常闭辅助触点串联在 KM2 的线圈控制电路中，则只有当 KM3 的衔铁及触点释放完毕(常闭辅助触点接通)后才允许 KM2 得电，上述问题就可以得到解决。对 KM3 的线圈采用类似的方法，保证电路工作可靠。

另外，在启动完成后时间继电器 KT 已无得电的必要，但图 3-11(b)中 KT1 在工作期间一直得电，浪费能源，同时也降低了 KT1 的使用寿命。改进后相对应的实用控制电路如图 3-11(c)所示。

图 3-11(c)所示控制电路的工作原理：按下 SB2：KM1、KM3、KT1 线圈得电，KM1、KM3 主触点闭合，电动机星形启动，同时 KM1 辅助触点闭合→松开 SB2：KM1 辅助触点自锁闭合，KM1、KM3、KT1 线圈继续得电→KT1 时间继电器的延时时间到：KM3 线圈失电，KM3 常闭辅助触点闭合后，KM2 线圈得电；KM2 常闭辅助触点断开，KT1 线圈失电；KT1 的延时闭合触点断开，KM2 常开辅助触点的闭合自锁保证 KM2 线圈继续得电；KM1、KM2 主触点闭合，电动机三角形运行→按下 SB1：KM1、KM2、KT1 线圈失电，KM1、KM2 主触点断开，电动机失电停止运行。

电气控制基本环节：如图 3-11(c)所示虚线框内为互锁环节。在不能同时得电的两个线圈控制电路中，在对方的线路中串联接入己方的常闭触点，只有在己方线圈失电，对应的常闭触点闭合后，对方线圈才能得电；反之亦然。在生产机械的控制电路中，这种互锁关系应用极为广泛。

星形-三角形减压启动所需设备费用少、无额外功率损耗，但仅适用于正常运行时为三角形接法的笼型异步电动机。

2. 定子绕组串电阻减压启动

定子绕组串电阻减压启动电气控制线路如图 3-12 所示。电动机启动时在三相定子电路中串接电阻可降低绕组电压，以限制启动电流；启动后再将电阻短路，电动机即可在全压下运行。

图 3-12(b)所示控制电路的工作原理：按下 SB2：KM1、KT1 线圈得电，KM1 主触点闭合，电动机串电阻启动，同时 KM1 辅助触点闭合→松开 SB2：KM1 辅助触点自锁，KM1、KT1 线圈继续得电→KT1 时间继电器的延时时间到：KM2 线圈得电，KM2 主触

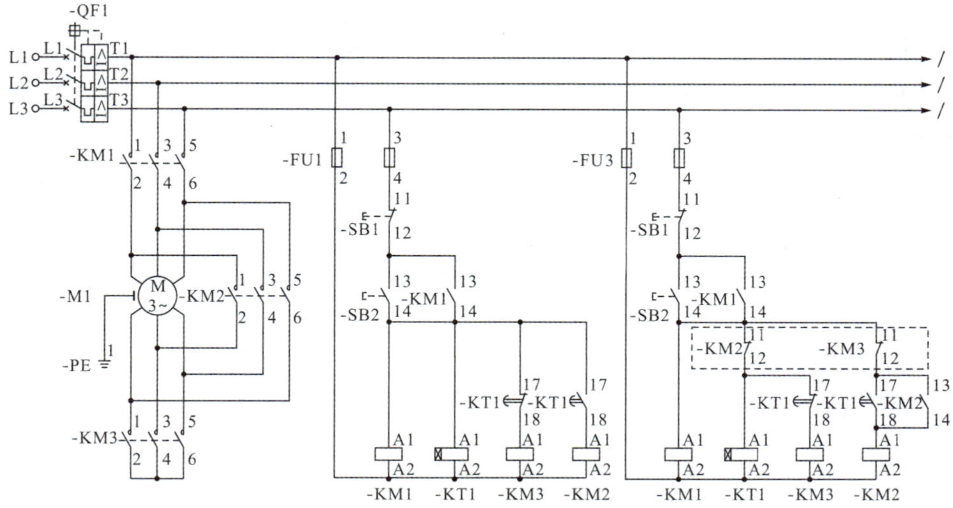

(a) 主电路　　(b) 控制电路1　　(c) 控制电路2

图 3-11　星形-三角形变换减压启动电气控制线路

点闭合，将启动电阻短路，电动机在正常电压下运行→按下 SB1：KM1、KM2、KT1 线圈失电，KM1、KM2 主触点断开，电动机失电停止运行。

问题：在图 3-12(b)控制电路的工作过程中，只要 KM2 得电就能使电动机正常运行。线路中的 KM1 与 KT1 在电动机启动后一直得电动作，这虽不妨碍电路工作，但浪费电能，影响器件的使用寿命。

图 3-12(c)控制电路解决了这个问题：KM2 得电后其常闭触点使 KM1 和 KT1 失电，KM2 的辅助触点形成自锁，保持 KM2 主触点继续闭合，电动机继续运行，既优化了线路又实现了控制要求的目的。

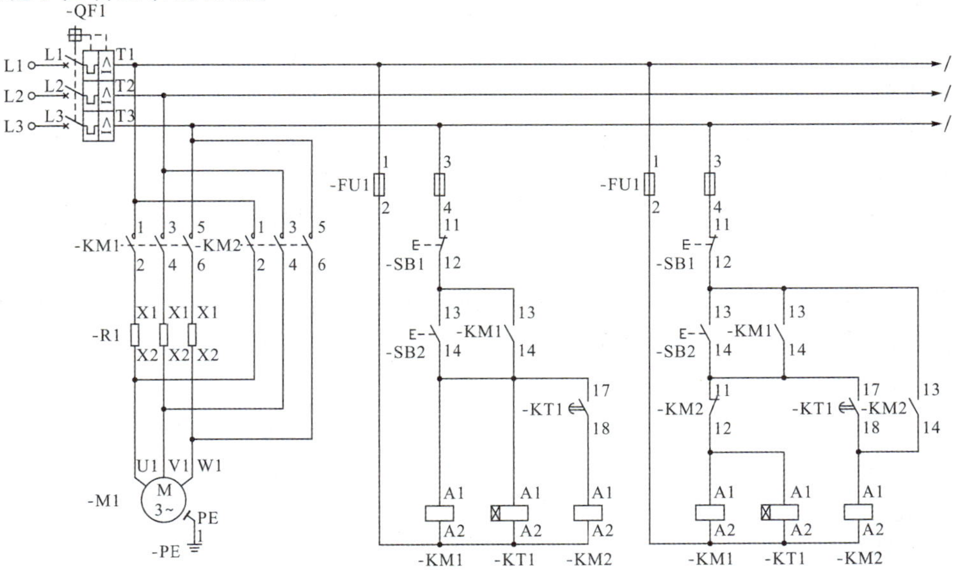

(a) 主电路　　(b) 控制电路1　　(c) 控制电路2

图 3-12　定子绕组串电阻减压启动电气控制线路

定子绕组串电阻减压启动控制线路的优点是电路及其设备简单，缺点是启动过程中启动电阻 R 上存在着有功能量的损耗。这种启动方式不受电动机接线形式的限制，设备简单，因此在中小型生产机械中应用广泛。在机械设备做点动调整时也常采用这种方式限制电流，减轻对电网的冲击。

3.4 三相异步电动机正、反转控制

在实际应用中，往往要求控制电路能对电动机进行正、反转控制。日常生活中，生产流水线工作台的前进和后退，电梯的上升和下降等；船舶应用中，锚机的起锚与抛锚作业，起货机提升货物与下降货物，机舱风机的送风与抽风等，都需要电动机能实现正、反转的运行。对于三相异步电动机来说，可通过改变电动机定子绕组所接电源任意两相相序来实现电动机正、反转控制。

如图 3-13 所示是异步电动机正、反转电气控制电路。图 3-13(a)是主电路，从图中可以看出，用两个接触器 KM1 和 KM2 主触点的导通和关断可以完成电动机定子相序的改变。

图 3-13(b)工作原理：按下 SB2：正向接触器 KM1 线圈得电，主触点闭合，使电动机正转→SB2 松开：KM1 辅助触点自锁，保持 KM1 线圈得电，电动机保持正转→按下 SB1，电动机停止；按下 SB3：反向接触器 KM2 得电动作，主触点闭合，使电动机定子绕组与正转时相比相序反了，则电动机反转→SB3 松开：KM2 辅助触点自锁，保持 KM2 线圈得电，电动机保持反转→按下 SB1，电动机停止。

问题：从主电路看，如果 KM1、KM2 同时通电动作，就会造成主电路短路。在电路图 3-13(b)中如果按了 SB2 又按 SB3，就会造成上述事故，因此这种电路是不能采用的。操作人员很容易误操作导致主电路短路。

图 3-13(c)工作原理：基本原理和图 3-13(b)工作原理相同，只是在正转和反转的控制回路中加入互锁环节，解决了两个回路能够同时导通的问题。当 KM1 得电时，由于 KM1 的常闭触点打开，使 KM2 不能通电，此时即使按下 SB2，也不能造成短路，反之也是一样。

问题：如果现在电动机正在正转，想要反转，则图 3-13(c)中必须先按停止按钮 SB1 后，再按反向按钮 SB3 才能实现，显然操作不方便。这种控制方式必须遵循“先断开后接通”的顺序，称为“正-停-反”控制。

图 3-13(d)工作原理：基本原理和图 3-13(c)工作原理相同，只是将 SB2、SB3 换成了复合按钮，利用复合按钮 SB2、SB3 就可实现由正转直接变成反转。当按下 SB2 时，只有 KM1 得电动作，同时 KM2 电路被切断；按下 SB3 时，只有 KM2 得电，同时 KM1 电路被切断。这种控制方式可以直接切换正、反运行状态，称为“正-反-停”控制。

那么取消两接触器间的互锁触点，只用按钮进行互锁，可不可行？不可行。在实际工作中可能出现这种情况，由于负载短路或大电流的长期作用接触器的主触点被强烈的电

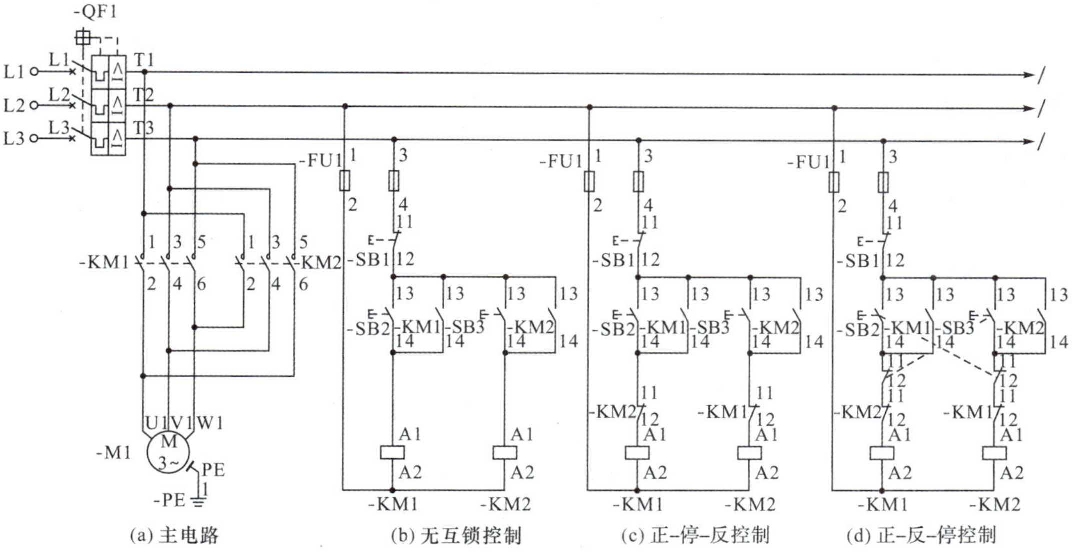

图 3-13　正、反转电气控制电路

弧“烧焊”在一起，或者接触器的动作机构失灵，使衔铁卡住总是处在吸合状态，这都可能使主触点不能断开，这时如果另一接触器线圈通电动作，其主触点正常闭合就会造成电源短路事故。采用接触器动断辅助触点进行互锁，不论什么原因，只要一个接触器的触点(主触点与辅助触点在机械上保证动作一致)是吸合状态，它的互锁常闭触点(此时处于断开状态)就必然将另一接触器线圈电路切断，这就能避免事故的发生。所以，采用复合按钮后，接触器辅助常闭触点的互锁仍是必不可少的。

有些类型的接触器备有机械联锁附件，将两只接触器用机械联锁附件连接起来，则当一只接触器的铁心吸合动作时，通过机械联锁附件顶住另一只接触器的铁心使之不能吸合，从而避免两只接触器同时动作。

3.5　正、反转自动循环控制

图 3-14(a)是工作台自动往返循环控制示意图，主要是通过行程开关来控制电动机的正、反转。SQ1、SQ2、SQ3、SQ4 为行程开关，按要求安装在固定的位置上。工作台运行到其位置时，撞块会压到行程开关，开关状态发生变化，代替人工按钮发出指令。工作台前进到位后，会碰到行程开关 SQ1，通过行程开关(相当于按了一个按钮)，将正转线路切断，同时接通反转线路，让工作台后退。后退到位后，动作和前面一样，不再赘述。

图 3-14(b)为主电路，图 3-14(c)是控制电路。按下正向启动按钮 SB2，接触器 KM1 得电动作并自锁，电动机正转使工作台前进。当运行到 SQ1 位置时，撞块压下 SQ1，SQ1 常闭触点使 KM1 断电，但 SQ1 的常开触点使 KM2 得电动作并自锁，电动机反转使工作台后退。当工作台运动到右端点撞块压下 SQ2 时，KM2 断电，KM1 又得电动作，电动机

又正转使工作台前进，这样可一直循环下去。

SB1 为停止按钮。SB2 与 SB3 为不同方向的复合启动按钮。之所以用复合按钮，是为了满足改变工作台方向时，不按停止按钮可直接操作。行程开关 SQ3 与 SQ4 安装在极限位置，当由于某种故障，工作台到达 SQ1（或 SQ2）位置，未能切断 KM1（或 KM2）时，工作台将继续移动到极限位置，压下 SQ3（或 SQ4），最终把控制电路断开，使电动机停止，避免工作台由于越出允许位置所导致的事故。因此 SQ3、SQ4 起限位保护作用。

上述这种用行程开关按照机械运动部件的位置或位置的变化所进行的控制，称作按行程原则的自动控制，或称行程控制。

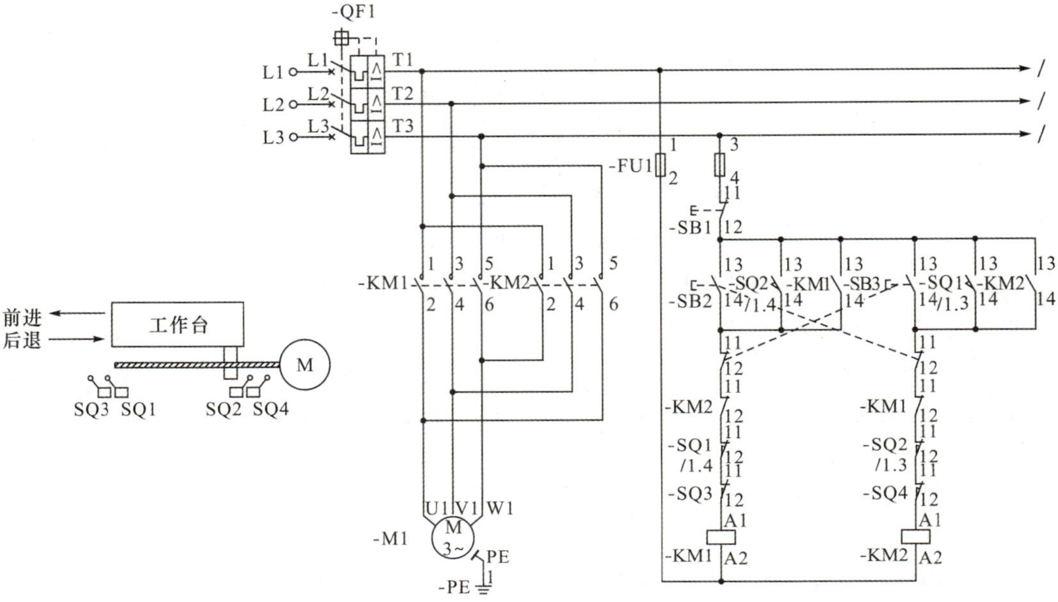

(a) 工作台运行示意图　(b) 主电路　(c) 控制电路

图 3-14　工作台往返循环控制

3.6　三相异步电动机高、低速控制

有些生产机械需要调速，在调速要求不高的情况下，比如不需要连续变速的情况，可采用笼型转子异步电动机进行变极调速，由于其转子的极对数能自动地与定子相对数相对应，所以常采用改变定子绕组极对数的方法来获得不同的转速。

图 3-15 中，若定子绕组每相由 2 匝绕组 1 和 2 组成，如采用图 3-15(a)所示顺序串接方法，形成了 2 对极的磁场，假如将图中每匝绕组的始端与末端改接成图 3-15(b)或(c)，则形成了 1 对极的磁场。由此可见，改变定子绕组的连接方式可获得磁极对数的成倍变化。

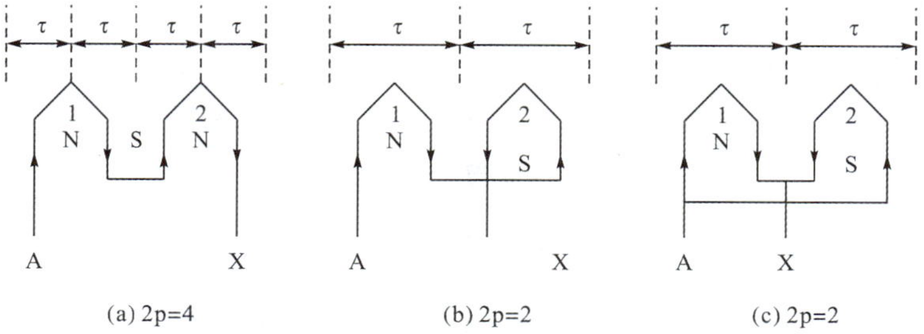

图 3-15　定子绕组改接改变定子极对数

三相定子绕组常采用两种改接方法。图 3-16(a)将一个三角形连接的三相绕组改接为双星形，其对应的极对数减小了一半，同步转速则增加了一倍，电机转速也就相应提高到高速运行。若变极前后电动机绕组内均流过额定电流，则变极前后电动机近似恒转矩。图 3-16(b)是将一个星形连接的三相绕组改变成两个星形的并联连接即双星形，其对应的极对数也减小了一半，同步转速也增加了一倍，电机转速同样也会相应提高到高速运行。同样若变极前后电动机绕组内均流过额定电流，则变极前后近似恒功率。因此从图 3-16 可以看出，在低速运行时，电动机三相绕组 1、2、3 端接入三相电源；在高速运行时，4、5、6 端接入三相电源。按照此顺序连接会使电动机因变极而改变旋转方向，因此变极后必须改变绕组的相序。

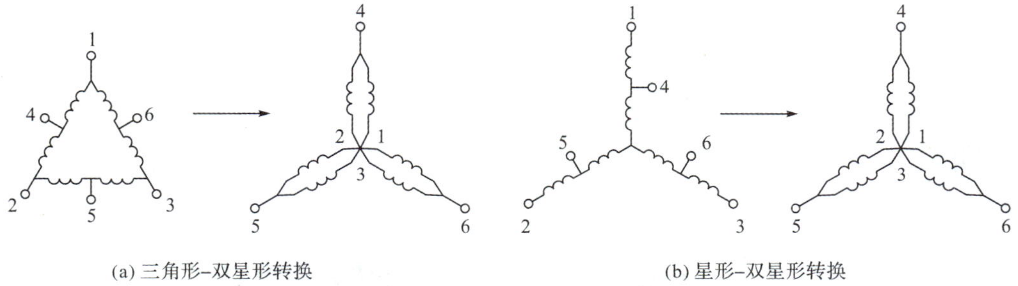

图 3-16　改变磁极对数原理图

如图 3-17 所示笼型异步电动机双速控制电路工作原理：

低速运行：按下 SB2，接触器 KM1 线圈得电，KM1 主触点闭合，电动机低速运行→松开 SB2，KM1 辅助触点闭合自锁，继续低速运行→按下 SB1，KM1 线圈失电，KM1 主触点断开，电动机停止。

高速运行：按下 SB3，接触器 KM1、KT1 线圈得电，KM1 主触点闭合，电动机低速运行，KT1 瞬动触点闭合→松开 SB2，KM1 辅助触点闭合自锁，继续低速运行；KT1 瞬动触点闭合自锁，KT1 继续得电计时→KT1 计时时间到，KT1 的延时断开触点断开，KM1 线圈失电，KM1 主触点断开；KT1 的延时闭合触点闭合，KM2、KM3 线圈得电，KM2、KM3 主触点闭合，电动机高速运行；KM3 的辅助常闭触点断开，KT1 线圈失电，KM2 的辅助常开触点闭合自锁，KM2、KM3 线圈继续得电，KM2、KM3 主触点继续闭合，电动机继续高速运行→按下 SB1，KM2、KM3 线圈失电，KM2、KM3 主触点断开，电动机停止。

电动机高速运转先低速后高速的控制，目的是限制启动电流。对容量较大的电动机适合采用这种控制方式。

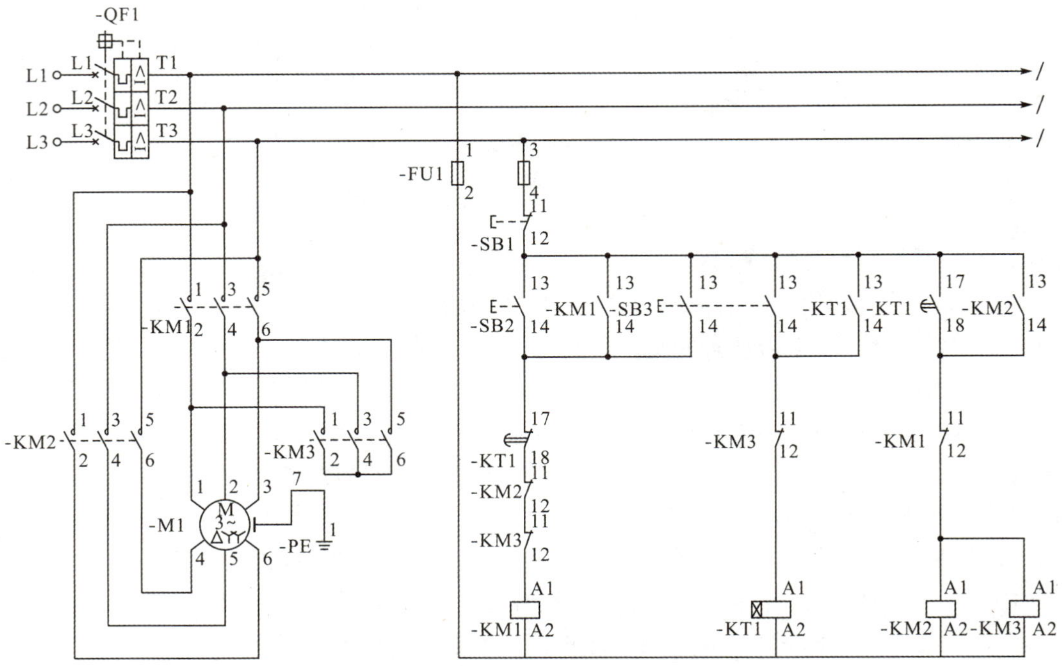

(a) 主电路　　(b) 控制电路

图 3-17　电动机双速控制电路

双速电动机调速的优点是可以适应不同负载性质的要求。如需要恒功率调速，可采用三角形-双星形连接；如需要恒转矩调速，用星形-双星形连接。双速电动机调速电路简单、维修方便；缺点是其调速方式为有级调速。

3.7　三相异步电动机制动控制

三相异步电动机从切断电源到完全停止旋转，由于惯性，总要经过一段时间，这样不能适应某些生产机械的工艺要求。某些生产机械要求从运行状态快速过渡到停车，因此需要制动控制环节。常用的制动控制方法有机械和电气两大类。前一种方法是通过电磁铁操纵机械装置实现制动的，类似抱闸；后一种方法是使电动机产生一个与原转向相反的力矩实现制动。常用的电气制动主要有能耗制动和反接制动。

3.7.1　能耗制动

当异步电动机从三相电源脱离后，给予定子绕组直流电源励磁，利用转子旋转动能产生电势并构成回路，则在电动机内形成一个与原旋转方向相反的力矩，使电动机迅速制动，在转速为零时，再将直流电源切除。这种制动方法，实质上是把转子原来储存的机械能转为电能，在制动的过程中这些电能又被消耗在转子电路的电阻上，所以称为能耗制动。

如图 3-18(a)所示为能耗制动主电路，通过变压器和二极管不控整流配合获得能耗制动所需的直流电源。

如图 3-18(b)所示为能耗制动控制电路原理：按下 SB2，接触器 KM1 线圈得电，KM1 主触点闭合，电动机直接启动运行→松开 SB2，KM1 辅助触点闭合自锁，电动机保持运行→按下 SB1，KM1 线圈失电，KM1 主触点断开，KM1 常闭辅助触点闭合；接触器 KM2 线圈得电，KM2 主触点闭合，电动机定子绕组通入直流电，开始能耗制动→松开 SB1，KM2 常开辅助触点闭合自锁，保持能耗制动状态；时间继电器 KT1 得电开始计时→KT1 定时时间到，其延时断开触点断开，KM2、KT1 线圈失电，KM2 主触点断开，能耗制动结束。

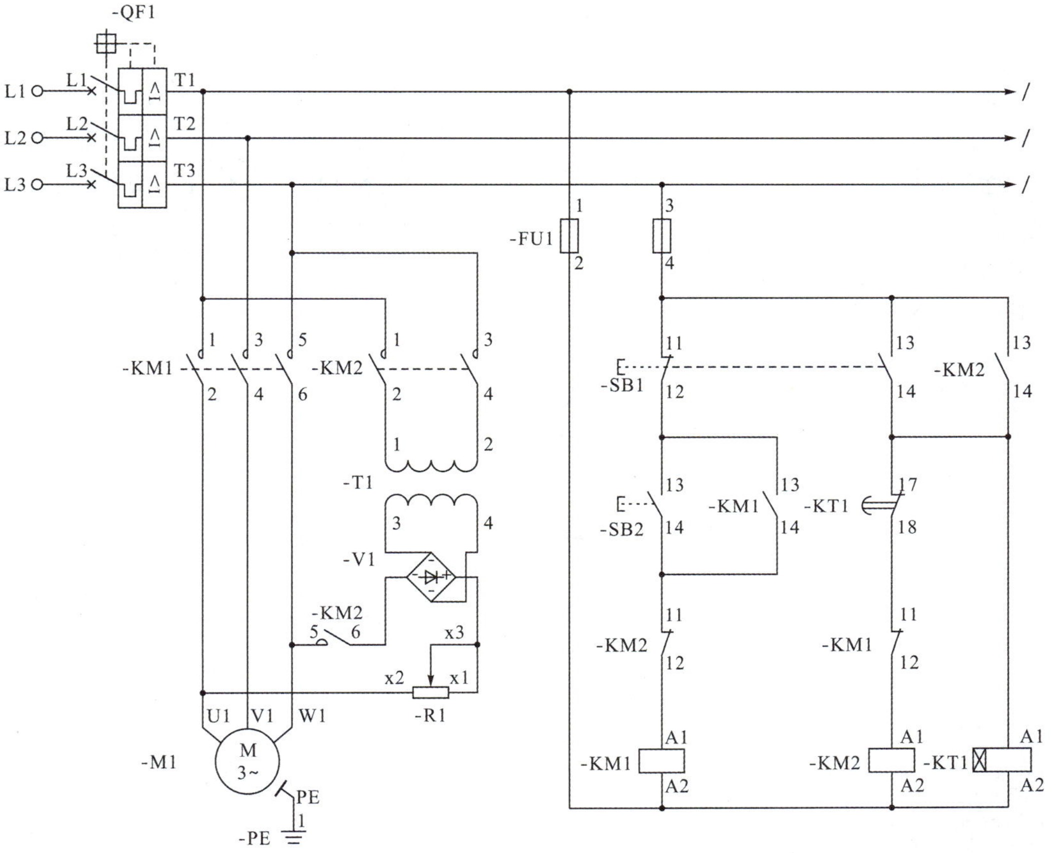

(a) 主电路　　　　(b) 控制电路

图 3-18　电动机能耗制动电气控制电路

能耗制动力矩的大小和通入的直流电流与电机的转速有关，直流磁场越强，产生的制动力矩就越大，但是通入的直流电流不能太大，一般限制在电动机空载电流的 3 至 5 倍，否则定子绕组过热，严重时将烧毁定子绕组。通过调节整流器输出端电位器 R，可以设定合适的制动电流。

3.7.2 反接制动

异步电动机通过改变定子绕组中的电源相序，产生与转子转动方向相反的转矩，即为反接制动。当电源相序改变时，定子绕组所产生的旋转磁场方向随之改变，若转子由于惯性仍按原方向旋转，转子电路中感应的电流及其产生的转矩为制动转矩，在制动转矩的作用下，电动机转速迅速下降。对于单方向旋转的电动机，当转速下降到零时，应迅速切断电动机电源，否则电动机将反向旋转。为此，在控制线路中应设置检测速度元件。

图 3-19(a)是由速度继电器 KS 进行测速控制的单向运行交流异步电动机反接线路，图中速度继电器 KS 与电动机同轴连接，用以检测电动机的速度。

图 3-19(b)所示为反接制动控制电路原理：按下 SB2，接触器 KM1 线圈得电，KM1 主触点闭合，电动机直接启动运行→松开 SB2，KM1 辅助触点闭合自锁，电动机保持运行，当速度高于速度继电器 KS 设定转速时，KS 常开触点闭合→按下 SB1，KM1 线圈失电，KM1 主触点断开，KM1 常闭辅助触点闭合；此时由于机械惯性作用，电动机仍然保持一定转速，转速继电器 KS 的常开触点闭合，接触器 KM2 线圈得电，KM2 主触点闭合，电动机定子绕组通入反序电源，开始反接制动→松开 SB1，KM2 常开辅助触点闭合自锁，保持反接制动状态；当电动机速度下降到速度继电器 KS 设定转速时，KS 常开触点断开，KM2 线圈失电，KM2 主触点断开，反接制动结束。

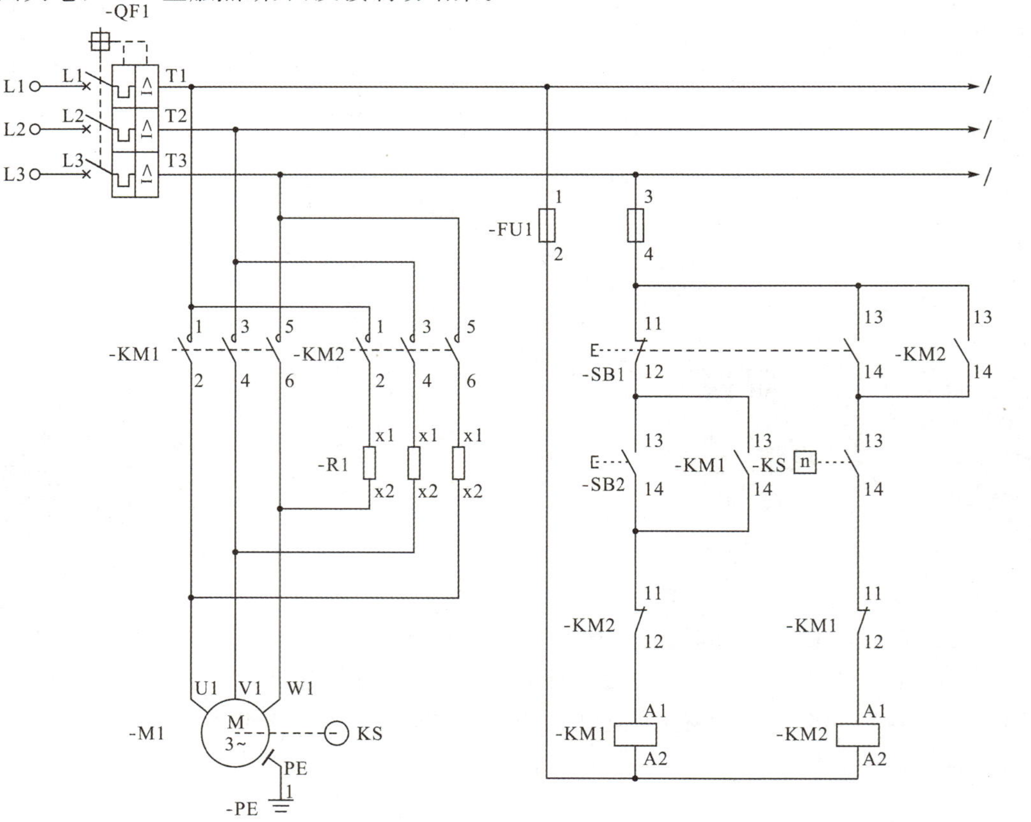

(a) 主电路　　　　(b) 控制电路

图 3-19　电动机反接制动电气控制电路

笼型转子异步电动机为了避免较大的反接制动电流，常采用能耗制动线路，反接制动线路仅限于小功率电动机。绕线转子异步电动机由于能在转子电路中串入反接制动电阻，常采用反接制动线路。电气制动除了上述介绍的能耗制动和反接制动控制线路外，还可采用回馈制动线路，回馈制动可将电动机的能量馈入电网，但它只能在电动机的转速大于它的临界转速时才能获得制动力矩，限制了它的使用范围。

3.8　继电接触器控制电路中的典型环节

生产机械对驱动电动机除了有启动、正反转、变速、制动等基本控制要求外，尚有其他一些控制要求，如试车调整时的点动控制，同一设备的多地点控制，多个设备的顺序启停控制、行程控制等，掌握这些典型控制环节连同前面各节介绍的基本电路，是分析和设计电气控制线路的基础。

3.8.1　长动和点动控制

长动控制是指按下启动按钮时，电动机运行，松开按钮后，电动机仍一直运行。点动控制是指按下按钮时，电动机驱动生产机械运行，松开按钮时，停止运行。

生产机械常需要试车或调整，此时在控制电路中不仅需要“长动”控制，还需要有“点动”控制。如图 3-20(a)所示，SB2 实现长动控制，复合按钮 SB1 实现点动控制。如图 3-20(b)所示，用选择开关 SA1 实现点动和长动控制。如图 3-20(c)所示，用 SB2 控制中间继电器实现长动控制，SB3 实现点动控制。

长动和点动的区别在于控制线路中是否有自锁环节。

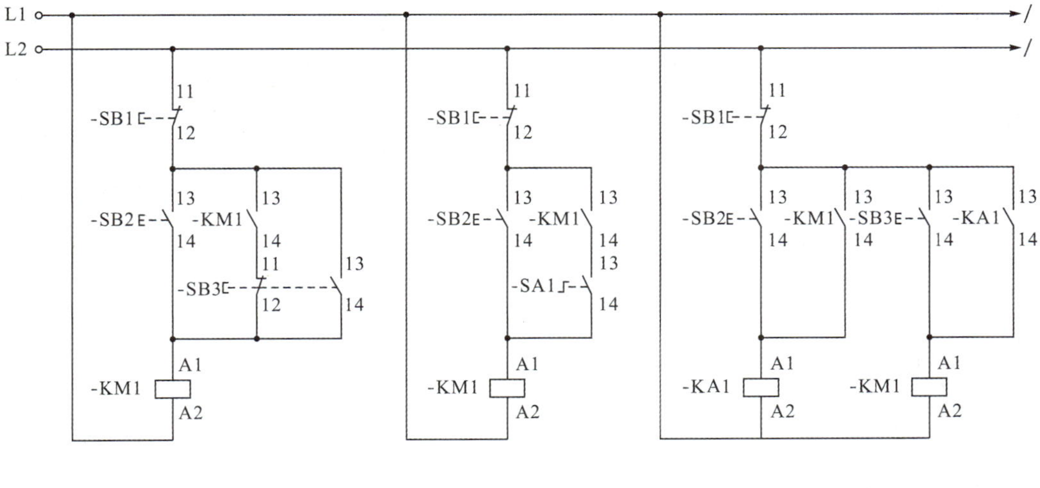

图 3-20　长动和点动的三种电气控制电路

3.8.2 联　锁

联锁控制是电气控制中的一种线路的联动控制方式，它不属于直接控制（比如按钮），而是通过线路中继电器或接触器的触点保持或限制自身及其他线路的控制环节。

在 3.3.1 直接启动章节中介绍的自锁控制环节就属于联锁控制的一种；在 3.3.2.1 星形-三角形减压启动中介绍的互锁控制环节也属于联锁控制的一种。下面再介绍一种在顺序控制中用到的联锁，如图 3-21 所示，电动机 M2 必须在电动机 M1 启动后才能运行，相当于给电动机 M2 启动加了一个限制条件。在控制接触器 KM2 控制电路中串联接入接触器 KM1 的常开触点，只有 KM1 线圈得电后，KM2 线圈才能得电。

在图 3-21 中可以看出，断路器换成了普通断路器，在主电路中增加了熔断器和热继电器。因为主电路中需要控制两台电动机，都需要过载保护和短路保护，不能用一个断路器保护两台电动机。

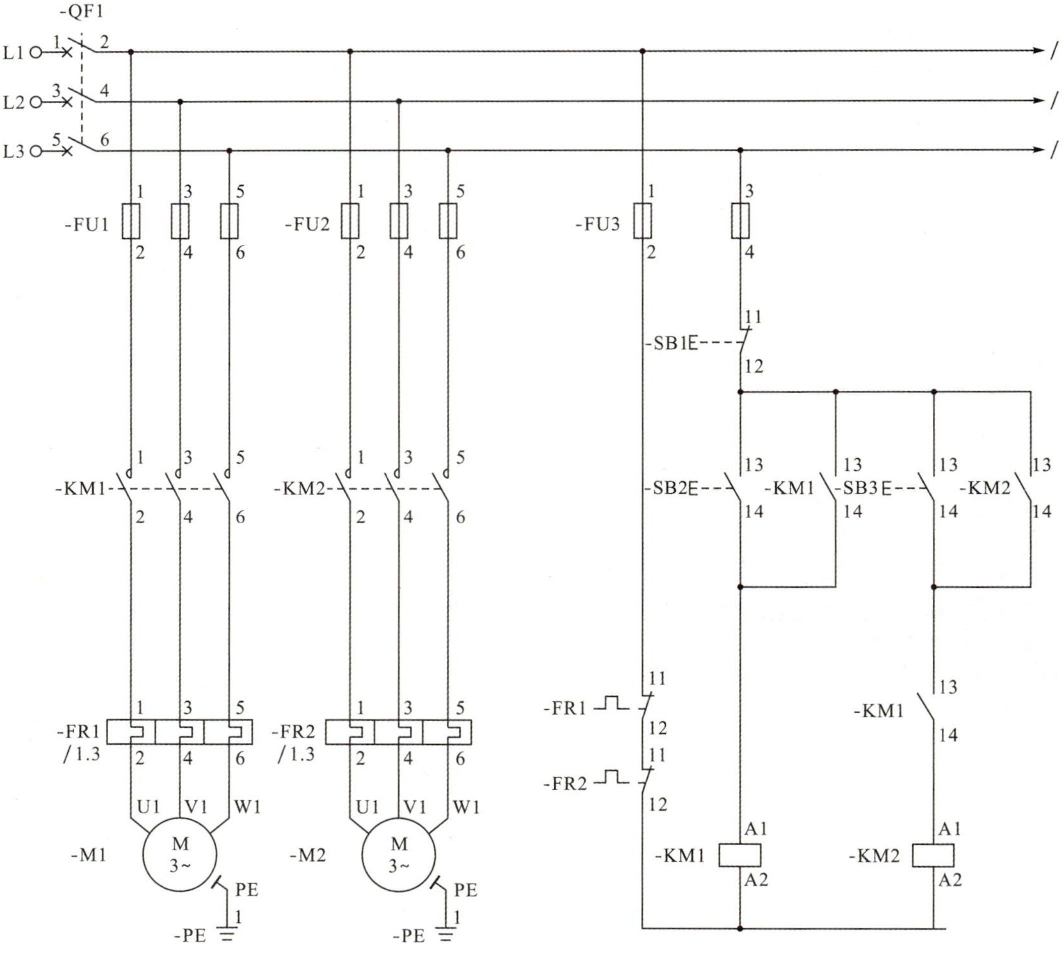

(a) 主电路　　　　(b) 控制电路

图 3-21　顺序控制中的联锁

3.8.3　多点控制

有些生产机械要求能在两个或两个以上地点进行控制，即所谓“多点”控制。例如，船内机舱许多水泵电动机不但要求能在泵的附近进行启停控制，而且要求能在集中控制室进行遥控操纵，为此可将多点启动按钮并接形成“或”逻辑关系，多点停止按钮串接形成“与”逻辑关系。如图 3-22 所示为可由两个地点控制电动机启停的控制电路。显然若按 SB3、SB4 中任一个启动按钮，接触器 KM1 均通电吸合；若按下 SB1、SB2 中任一个停止按钮，接触器 KM1 均断电释放，从而实现两地点控制。想要实现多点控制，即启动按钮并联，停止按钮串联。

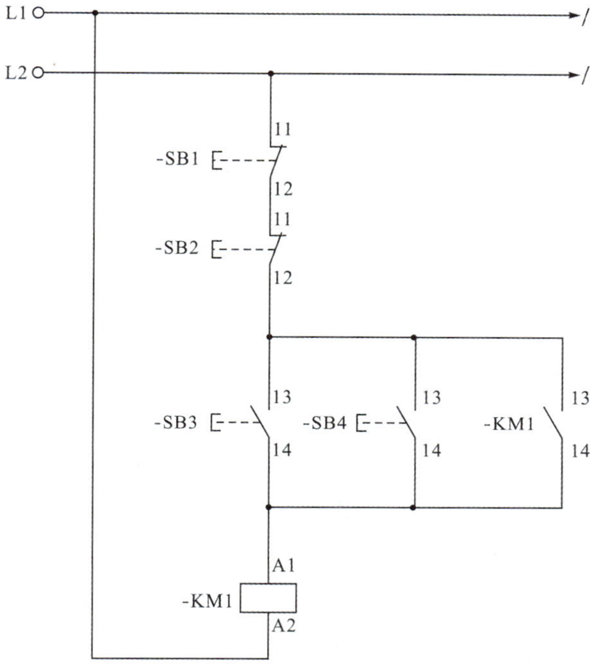

图 3-22　多点控制的电气控制电路

3.8.4　主令控制

船舶上的电动起货机、吊机、跳板等在工作时都需要频繁地启动、制动和反转，这时用主令控制器操作比按钮更为方便可靠，它具有操作形象化的特点，不用看着主令控制电器便能正确地进行正、反转及其变速操作。

主令控制器是一种主令电器，它可以有不同的手柄工作位置和控制电路数，以满足不同控制要求，如图 3-23(a)所示。主令控制器的接触系统、凸轮及其内部结构与万能转换开头有点类似，它借助了不同形状的凸轮随轴转动时构成不同触点闭合的规律。由于主令控制器需要换接控制电路，触点允许通过的持续电流、接通和断开电流都比万能转换开关要大，所以它的体积与外形和万能转换开关大不一样。又由于主令控制器大多安装于露天场合，如船舶甲板等现场，因此它有紧固的外壳及水密要求。

图 3-23(b)、图 3-23(c)所示为主令控制的主电路和控制电路，实现主令控制器控制电动机正、反转。其中主令控制器 SA1 有三对触点(1、2)、(3、4)、(5、6)，手柄有三个工作

位置，分别为零位、左、右各一位。

如图 3-23(c)所示控制电路原理：主电路和控制电路的电源开关合上后，主令控制器处于中间零位，触点 0 闭合，欠压保护中间继电器 KA1 线圈得电→主令控制器手柄离开零位向右扳动，触点(1、2)断开，KA1 常开触点闭合自锁；主令控制器的触点(3、4)闭合，接通正转接触器 KM1，使电动机正向运转→当手柄向左扳动时，主令控制器触点(5、6)闭合，电动机则反向运转。

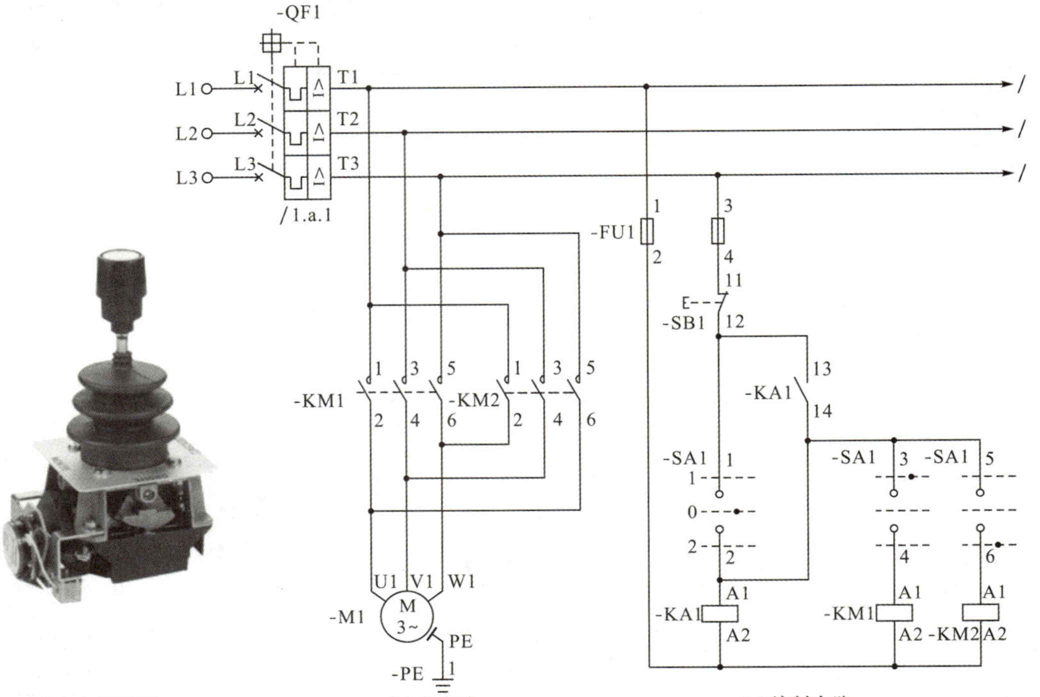

(a) 主令控制器　　(b) 主电路　　(c) 控制电路

图 3-23　主令控制的电气控制电路

在电动机运转时，若电源电压突然消失，则继电器 KA1 释放，当电压重新恢复时，不论主令控制器的手柄处于左或右位置，电动机均不会在无人过问的情况下自行启动。若需重新启动电动机，必须首先将主令控制器手柄扳回零位，待继电器 KA1 再次吸合后线路才能继续工作，这样就实现了欠压保护。

3.9　电气控制线路的分析和设计方法

通过上述对电动机基本控制电路及典型环节的分析，可以归纳阅读、分析控制线路的基本方法，并在此基础上研究控制线路的基本设计方法。

3.9.1　电气控制线路的分析方法

查线读图是分析电气控制线路的基本方法。如前所述，电气控制线路主要由信号元件，控制元件和执行器件组成。阅读控制线路时，一般可先从电动机主电路着手，查看有哪些主触点，根据其组合规律大致可知电动机是否具有正、反转控制、制动控制等。然后在控制电路中按主电路中控制元件主触点的文字符号找到相应的控制环节（启动、停止及调速主令电器）以及环节间的联系（联锁）。分析控制电路通常由上往下进行，并结合元件表进行查阅，一般通过操作主令电器查对应线路，分析操动主令电器时控制元件的动作顺序及开关触点信号的传递过程，并随时注意控制元件触点使执行器件有何运动或动作，进而拖动被控机械有何运动。若有自动循环控制，还要继续查阅执行器件带动机械运动时，将使哪些信号元件的开关状态发生变化，又将引起哪些控制元件开关状态的变化，又如何影响执行器件及其拖动机械。运用查线读图法阅读、分析控制线路直观性强，容易掌握，因而得到广泛的采用。

3.9.2　电气控制线路的设计方法

掌握控制线路的基本电路及其典型环节，能熟练地分析各种类型的电气控制线路，是掌握设计控制线路方法的基础。电气控制线路通常用经验设计法和分析设计法进行设计，不管采用何种方法，所设计的控制线路应能最大限度地满足拖动机械及生产工艺对控制线路的要求，并在此基础上，力求线路简单、可靠、经济。我们主要介绍经验设计法。

如前所述，电气控制线路是由一些基本控制环节构成的，所谓经验设计法就是根据拖动机械和生产工艺所提出的控制要求，参考同类机械和工艺的典型控制线路，选择适当的基本环节综合而成。在进行具体线路设计时，一般按控制要求先设计主电路，然后设计控制电路。初步设计完成后，尚需根据控制要求进一步完善和简化线路，最后按线路选择所用电器的规格型号。下面举例说明经验设计法设计控制电路。

某设备需要有左、右两个动力头，用以打磨加工，它们各由一台交流电动机拖动；另外有个安装加工工件的滑台，由另一台交流电动机拖动。加工工艺是在开始工作时，要求滑台先快速移动到加工位置，然后自动变为慢速进给加工到指定位置自动停止，再由操作者发出指令使滑台快速返回，回到原位后自动停车。要求两动力头电动机在滑台电动机正向启动后启动，而在滑台电动机正向停车时也停车。

1. 主电路设计

动力头拖动电动机只要求单方向旋转，为使两台电动机同步启动，可用接触器 KM3 控制。滑台拖动电动机需要正转、反转，可用两只接触器 KM1、KM2 控制。滑台的快速移动由电磁离合器 YK 改变机械齿轮传动比来实现，由接触器 KM4 来控制。主电路如图 3-24(a)所示。

2. 控制电路设计

滑台电动机的正转、反转分别用两个按钮 SB4 与 SB5 控制，停车则分别用 SB2 与

SB3 控制。由于动力头电动机在滑台电动机正转后启动,停车时也停车,故可用接触器 KM1 的常开辅助触点控制 KM3 的线圈,如图 3-24(b)所示。

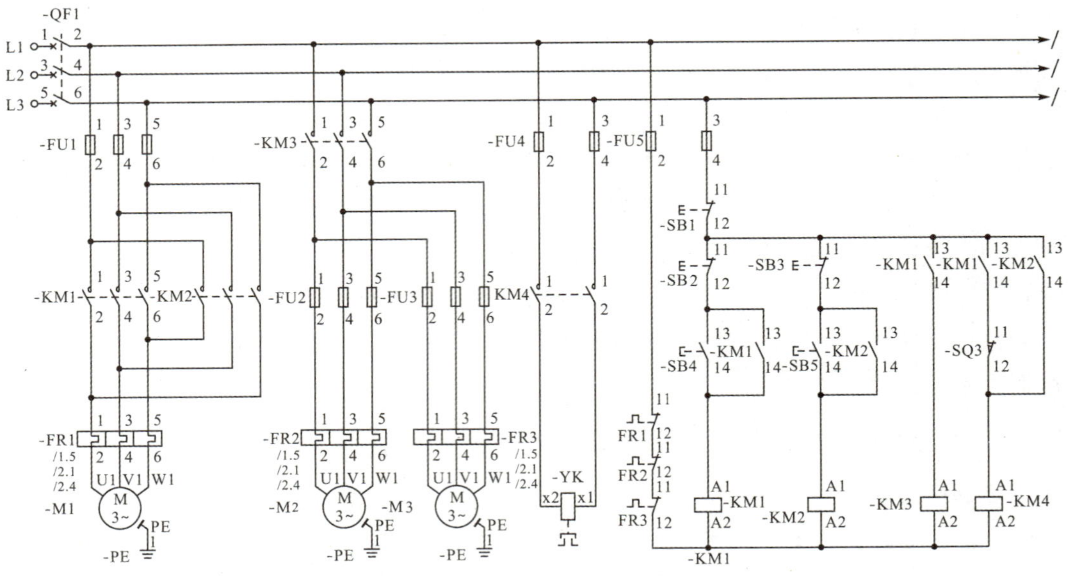

(a) 主电路　　(b) 初步控制电路

图 3-24　主电路和控制电路图

滑台的快速移动可采用电磁离合器 YK 通电时改变齿轮比来实现。滑台的快速前进与返回分别用 KM1 与 KM2 的辅助触点控制接通接触器 KM4 线圈,再由 KM4 触点去接通 YK,实现快速移动。滑台快速前进到加工位置时,要求慢速进给,因而在 KM1 触点控制 KM4 的支路上,串联限位开关 SQ3 的常闭触点断开 YK。此部分的初步控制电路如图 3-24(b)所示。

3. 联锁与保护环节设计

用限位开关 SQ1 的常闭触点控制滑台慢速进给到位时的停车;用限位开关 SQ2 的常闭触点控制滑台快速返回至原位时的自动停车。接触器 KM1 与 KM2 之间应互相联锁。其控制电路如图 3-25(a)所示。

4. 电路的完善

电路初步设计完毕后,可能还有不够合理的地方,因此需要仔细校核。图 3-25(a)中,一共用了三个 KM1 的常开辅助触点,而一般的接触器只有两个常开辅助触点。因此,必须进行修改。从电路的工作情况可以看出,KM3 的常开辅助触点完全可以代替 KM1 的常开辅助触点去控制电磁铁 YK,修改后的控制电路如图 3-25(b)所示。

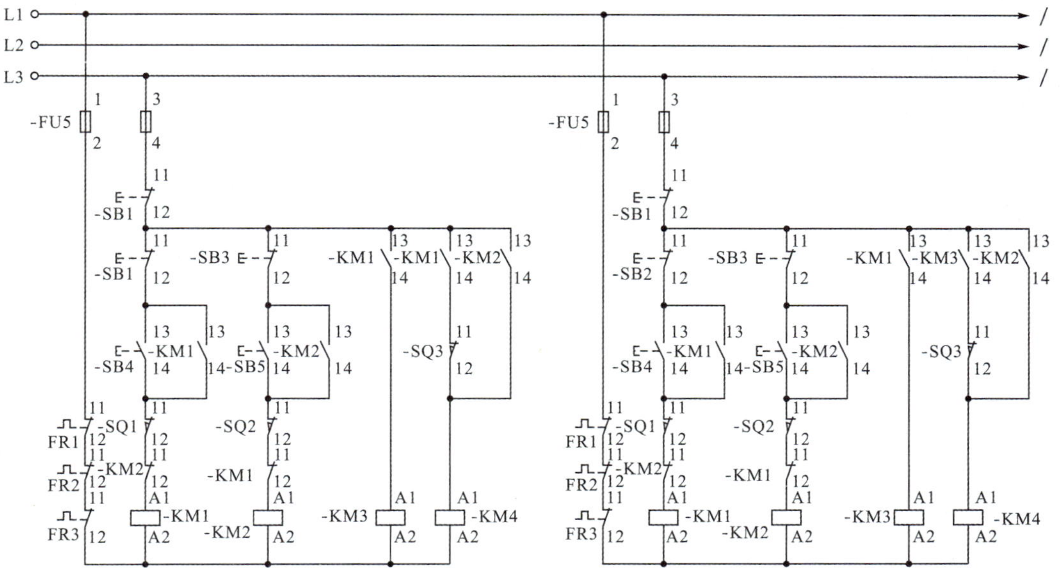

(a) 功能完整控制电路　　(b) 完善后控制电路

图 3-25　控制电路设计完善

3.9.3　设计控制电路时应注意的问题

设计具体电路时，为了使电路设计得简单且准确可靠，应注意以下几个问题。

1. 尽量减少连接导线

设计控制电路时，应考虑各电器元件的实际位置，尽可能地减少配线时的连接导线。如图 3-26(a)所示是不合理的。因为按钮一般装在操作台上，而接触器则是装在电气柜内，这样接线就需要由电气柜二次引出连接线到操作台上，所以一般都将启动按钮和停止按钮直接连接，就可以减少一次引出线，如图 3-26(b)所示。

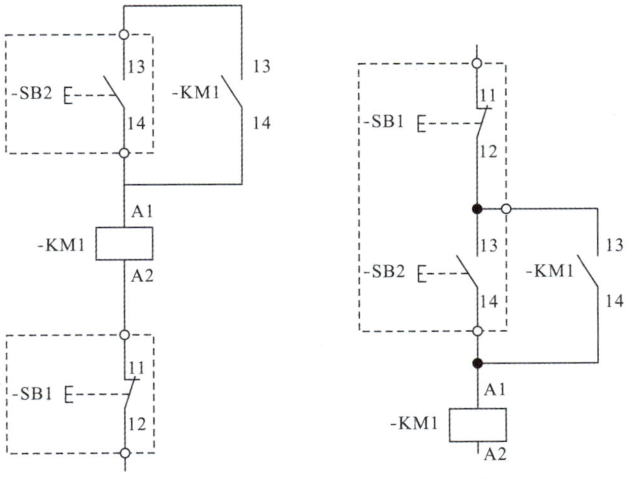

(a) 不合理　　(b) 合理

图 3-26　控制电路连接图

2. 正确连接电器的线圈

电压线圈不能串联使用，如图 3-27(a)所示。由于它们的阻抗不尽相同，会造成两个线圈上的电压分配不等。即使外加电压是同型号线圈电压的额定电压之和，也不允许。因为电器动作总有先后，当一个接触器先动作时，则其线圈阻抗增大，该线圈上的电压降增大，另一个接触器不能动作，导致控制系统出错。因此，当两个接触器线圈需要同时得电工作时，其线圈应采用并联，正确的连接方法如图 3-27(b)。

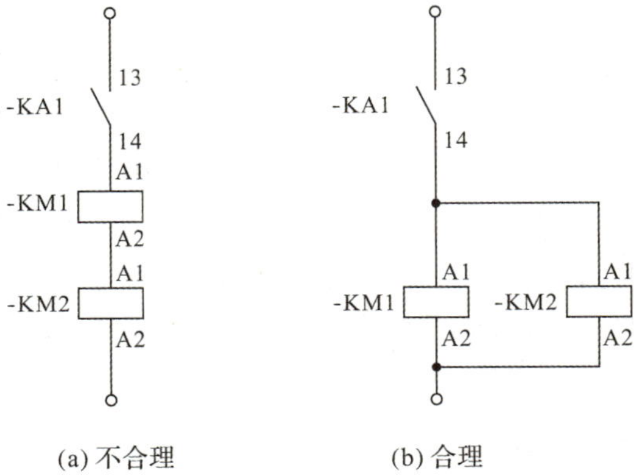

图 3-27 线圈连接

3. 控制电路中应避免出现寄生电路

寄生电路是电路动作过程中有其他不需要接通的电路接通。

4. 尽可能减少电器数量，采用标准件和相同型号的电器

电器越少，成本越低；型号越少，需要准备的电器越少；采用标准件，改动少，后期维护方便。

5. 可逆电路的联锁

在频繁操作的可逆电路中，正、反向接触器之间不仅要有电气联锁，而且还要有机械联锁。

6. 要有完善的保护措施

在电气控制电路中，为保证操作人员、电气设备及生产机械的安全，一定要有完善的保护措施。常用的保护环节有漏电流、短路、过载、过电流、过电压、欠电压等保护环节，有时还应设有合闸、断开、事故、安全等必需的指示信号。

习题和思考题

1. 自锁环节怎样组成？它起什么作用？具有什么功能？
2. 什么是互锁环节，它起到什么作用？
3. 为什么电动机要设零电压和欠电压保护？
4. 在有自动控制的机床上，电动机由于过载而自动停车后，有人立即按启动按钮，但

不能开车,试说明可能是什么原因。

5. 电动机控制的保护环节有哪些?

6. 设计三相异步电动机三地控制(三地均可启动、停止)的电气控制电路。

7. 一台三级带式运输机,分别由 M1、M2、M3 三台电动机拖动,其动作顺序如下:启动时,按下启动按钮后,要求按 M1→M2→M3 顺序启动;每台电动机顺序启动的时间间隔为 30 s;停车时按下停止按钮后,M3 立即停车,再按 M3→M2→M1 顺序停车,每台电动机逆序停止的时间间隔为 10 s。电机的额定功率是 6.3 kW,额定电压是 440 V,额定电流是 12 A。试设计主电路,进行断路器、接触器等器件的选型;设计控制电路。

8. 两台三相笼型异步电动机 M1 与 M2,其电气控制要求如下,试设计出完整的电气控制电路图。

(1)M1 容量较大,采用星形转三角减压启动,停车有能耗制动。

(2)M1 启动 10 s 后方允许 M2 直接启动。

(3)M2 停车后方允许 M1 停车制动。

(4)M1、M2 的启动、停止均要求两地操作。

(5)设置必要的电气保护环节。

9. 控制两台潜污泵的原理如下:在一个机舱污水池中放置有两台潜污泵,积水池不停地汇集各处的渗沥水后,水位在缓慢地上升,当升到某一高度后就要将积水池中的水排出。此时线缆浮球开关闭合并保持闭合,系统启动其中的一台泵将水排出,直到水位降到低水位时线缆浮球开关断开并保持断开,水泵停止。当下一次积水池的水位又上升到高水位时,线缆浮球开关再次闭合,这时启动另一台水泵工作,直到液面降到低水位时停止。当然,如果某一台泵工作时出现故障,要能自动切换到另一台泵工作,一主一备轮换工作。该系统还设有一个超高水位浮球,用来确保安全工作,当正常工作所用的浮球出现故障时,到达超高水位会启动水泵并发出报警声音。试设计出完整的电气控制电路图,包括主电路和控制电路。

第4章 可编程序控制器概述

第4章微课

“一人踏织自成，不用提花之人，闲住花楼，亦不设衢盘与衢脚也。”这段《天工开物》中对提花机的描述，记载了我国最早通过程序(手工)实现自动控制，能够储存花纹信息的织机。对于生产制造而言，自动控制永远是工厂里的焦点。而PLC作为工厂、车间的底层控制核心，从1969年诞生之初便在自动控制系统中占据着牢不可破的地位。本章将从PLC的发展历史、软硬件架构以及相比于其他过程控制和自动化装置的独特优势等方面来介绍PLC。

4.1 PLC的概念

假设在一个开关闭合的情况下，我们想启动一个LED灯并保持15 s，然后停止。这个任务可以通过一个简单的外部定时器来完成。但是如果开关和LED灯的数量都增加到100个，那么将需要100个定时器来完成控制任务。如果在定时的同时需要对开关的操作次数进行计数，则需要同样数量的计数器。这些定时器和计数器需要外部接线、电源供电，还需要足够的安装空间以及昂贵的维护成本。这时如果有一个控制器，本身可以进行数字定时和计数，那么只需要知道开关时刻(输入)，然后控制器计时计数，最后输出控制LED灯，这样就简单方便多了。LED灯的定时控制和开关操作次数就可以通过PLC轻松实现。系统越大，采用PLC的优势就越明显。

因此PLC本质上是一种工业数字控制器，其功能是完成从输入设备接收信号，根据逻辑编程以及计算结果，输出信号控制外围设备的整个控制流程。如图4-1所示为PLC的功能结构图，输入设备的状态会被PLC周期扫描并实时更新到输入映像表中。通过编程器下载到PLC存储器中的用户程序将以当前的输入状态为基础进行计算，并将计算结果更新到输出映像表中。输出设备将根据输出映像表中的值实时刷新输出状态。

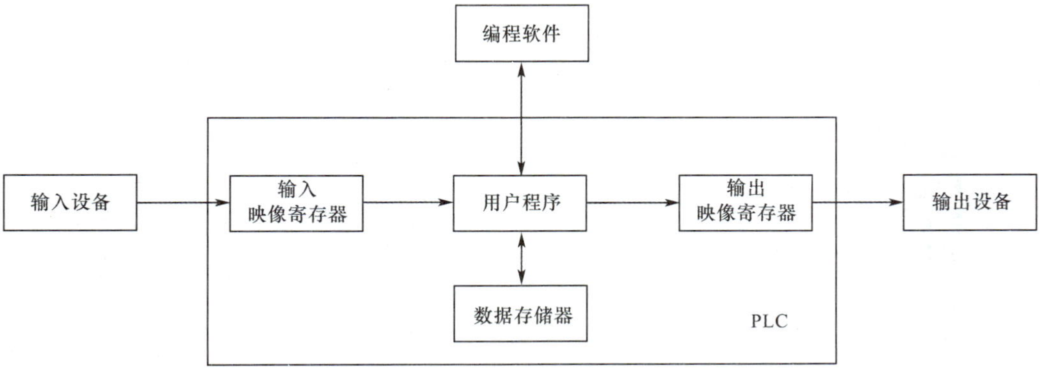

图 4-1　PLC 的功能结构图

现今，已存在的或新的自动化项目中的输入/输出设备都具有标准接口。因此，这些输入/输出设备可以与任何品牌的 PLC 配套使用。通过诸如数字 I/O 模块、模数（A/D）转换模块、数模（D/A）转换模块以及适当的隔离电路把各种模拟量或开关量的传感器和执行器与 PLC 联系起来。除了 PLC 电源部分和 I/O 接口部分，PLC 内部的所有信号都是低电压的数字量信号。

自 1969 年 PLC 首次应用以来，老牌和新兴制造商竞相开发更加高端而易用 PLC 系统，还包括配套的程序开发和调试工具。如图 4-2 所示为一些工业常用的国内外 PLC 系统。应该注意到 PLC 具备多种尺寸和多等级处理能力，不仅可以实现成本优化，还允许设计实施复杂的分布式控制系统。许多厂商的 PLC 系统允许使用其他品牌 PLC 系统作为整个分布式控制系统中的一部分。另外，超大型控制系统可以通过在一个 PLC 系统基础上扩展大量互联功能模块来实现。

国际电工委员会对可编程控制器的定义是："可编程控制器是一种数字运算操作的电子系统，专为在工业环境下应用而设计，它采用可编程序的存储器，用来在其内部存储执行逻辑运算、顺序控制、定时、计数和算术运算等操作命令，并通过数字式或模拟式的输入和输出，控制各种类型的机械或生产过程。可编程控制器及其有关的设备，都应按照易于与工业控制系统联成一个整体，易于扩充功能的原则而设计"。维基百科的定义是："可编程逻辑控制器或者可编程控制器是用于机电过程自动化控制的数字计算机系统，例如工厂装配线上自动化装置的控制、游乐设置控制、灯光控制等"。大多数工业过程和大部分机电装置中都要用到 PLC。不同于一般的通用计算机，PLC 是专门设计成具有多输入多输出、工作温度范围大、抗干扰以及抗冲击振动能力的高可靠性的特殊工业计算机。PLC 的控制程序通常存储于非易失性存储器中。自从有了 PLC，需要使用大量电磁装置的继电器接触器控制系统就可被完全替代，由此极大地节省了所占空间，降低了电量消耗，减少了设备维护工作量。

PLC 在现实中的各种场合得到了广泛应用。全球经济的竞争促使工业企业和组织增加成本投入，从而在过程控制和自动化应用中使用 PLC。船舶设备控制、污水处理、机械加工、包装、机器人、材料加工、自动化装配等工业领域正广泛地使用 PLC。因此可以说几乎在所有的电气、机械及水利应用领域都需要使用 PLC。

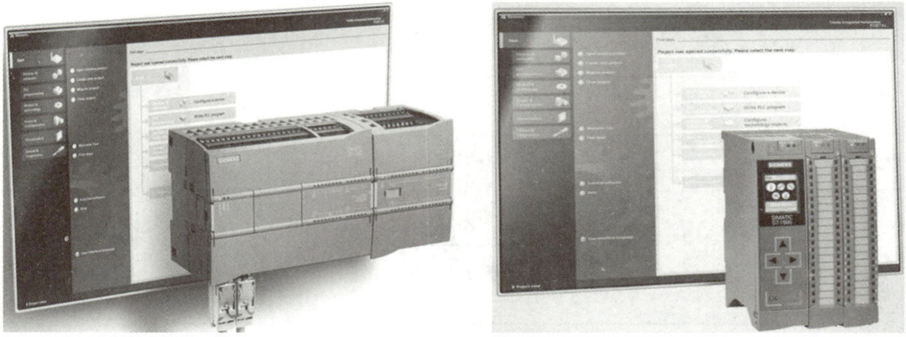

(a)西门子 PLC 系统

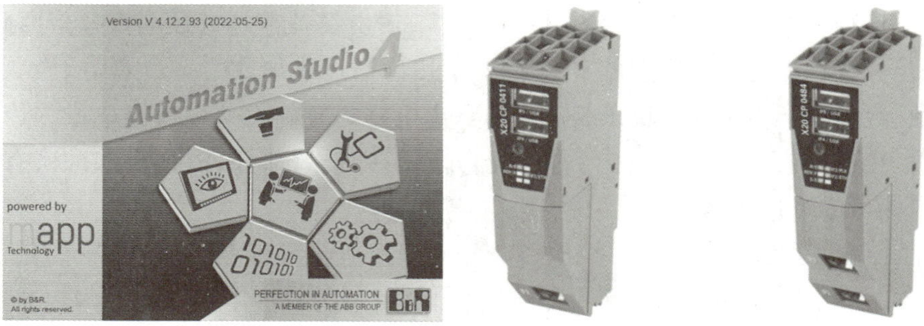

(b)ABB 贝加莱 PLC 系统

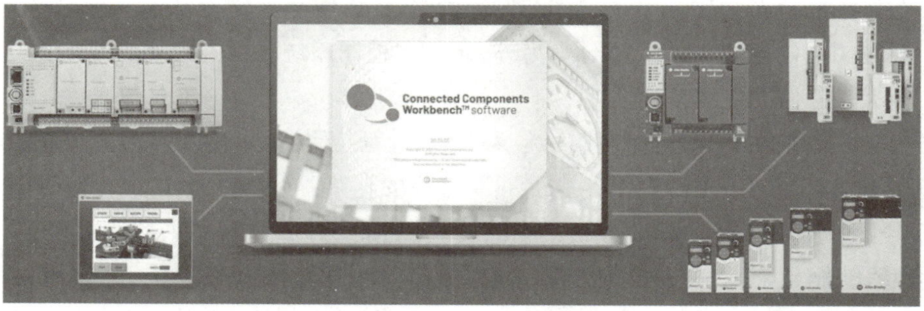

(c)罗克韦尔 A-B(Allen-Bradley)PLC 系统

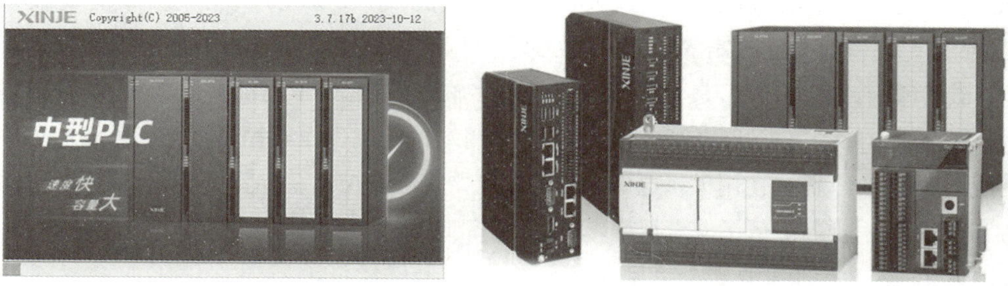

(d)无锡信捷 PLC 系统

图 4-2　常用的工业 PLC

4.2　PLC 的历史

PLC 是面向实际工程被广泛应用的数字控制器，同学们没有实际的应用接触经验，对它的产生及用途还不是很清楚。因此为了能更好地学习和了解 PLC，为了激发同学们学习的兴趣，本教材将详细介绍 PLC 在国内外的发展历史。

4.2.1　起　步

与大部分来自实验室或军用转化民用产品不同，PLC 的诞生源自美国通用汽车(General Motors Company，GM)的一个实际项目需求。在 20 世纪 60 年代，全球半导体产业的快速发展拉开了信息时代的序幕，领先的汽车企业已经采取了流水线生产模式。以通用汽车为例，到 1967 年已经下线了 1 亿辆汽车。当时通用汽车有一个位于美国密歇根州伊普西兰蒂(Ypsilanti)名为 Hydra-Matic 的部门，该部门每年生产超过 200 万个变速器。作为闻名全美国的技术领导部门，Hydra-Matic 部门设计了诸多长而复杂的生产线用于加工和组装零件，例如一条将生铸件变为汽车成品变速箱的生产线长 420 英尺(约 128 米)，其中包括 58 个工作站和 329 个切削工具。

在每次针对不同车型进行生产线调整时，Hydra-Matic 部门都饱受继电器接触器控制系统修改难、体积大、维护不方便以及可靠性差等问题困扰，于是 Hydra-Matic 部门在 1968 年 6 月对外界发布了一份仅有 4 页纸的设计规范招标书，如图 4-3 所示，希望通过一个全新的控制系统取代继电器接触器控制系统工作，这份招标要求就是后来被人们所熟知的“通用十条”。

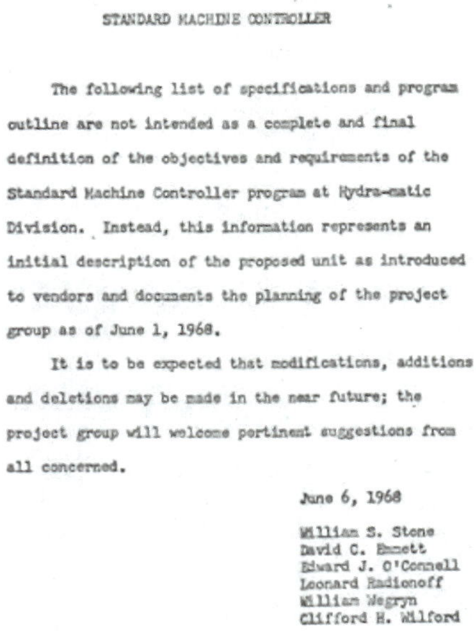

STANDARD MACHINE CONTROLLER

The following list of specifications and program outline are not intended as a complete and final definition of the objectives and requirements of the Standard Machine Controller program at Hydra-matic Division. Instead, this information represents an initial description of the proposed unit as introduced to vendors and documents the planning of the project group as of June 1, 1968.

It is to be expected that modifications, additions and deletions may be made in the near future; the project group will welcome pertinent suggestions from all concerned.

June 6, 1968

William S. Stone
David C. Emmett
Edward J. O'Connell
Leonard Radionoff
William Wegryn
Clifford H. Wilford

图 4-3　通用汽车发布的设计规范招标书

通用汽车的这份招标书很快吸引了 7 家公司应标，但最后只有 3 家公司提供了实际原型机进行项目测试，它们分别是数字设备公司(Digital Equipment Corporation，DEC)、信息仪表公司(3-I)和贝德福德协会(Bedford Associates)，这些原型机也被认为是可编程逻辑控制器的雏形。

第一位竞争者 DEC 公司，成立于 1957 年，专注于开发小型计算机系统，因此在控制计算方面有着更多的技术优势。针对通用汽车的要求，DEC 公司在 1969 年 6 月率先开发并交付了第一台原型机 PDP-14，如图 4-4 所示，由一个控制单元和几个外部接口盒组成。其控制单元包括一个可调节大小的 ROM，最多容纳 4 K 的 12 位指令用于输出控制。然而当 Hydra-Matic 部门修改 PDP-14 程序时，不仅需要将应用程序发回 DEC 公司，还需要将修改好的内存板返还给工厂，这个往返处理过程需要消耗约一周的时间，这个缺点也成为 PDP-14 后来被通用汽车替换掉的主要原因。此外，DEC 是不提供布线程序列表的公司(当时提供布线程序列表可以加速机器安装和检修)。

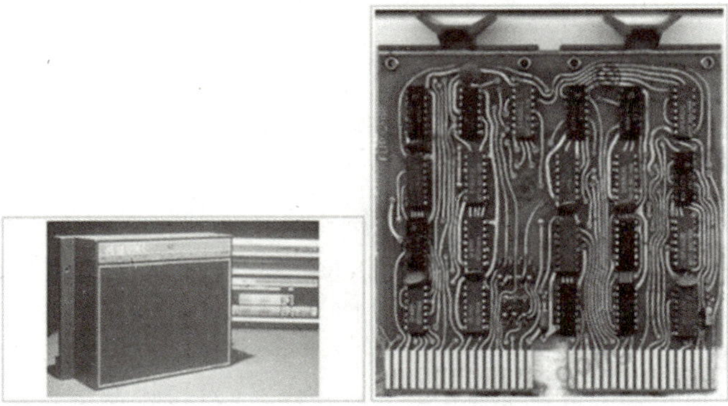

图 4-4　PDP-14 原型机

第二位竞争者 3-I 一直和 Hydra-Matic 的计算机部门保持着业务往来，其推出的控制设备 PDQ-Ⅱ具有高级逻辑运算功能的明显优势，如图 4-5 所示。然而与当时的其他计算机一样，当 PDQ-Ⅱ重新编写程序时，用户必须借助一个布尔程序，然后使用微型计算机接口以电传打字机打孔纸带方式，使用特殊的加载器加载处理。虽然这种方式相比 DEC 的 PDP-14“打回原厂”效率高很多，但当时除了计算部门可以高效完成指令修改外，Hydra-Matic 其他电气部门照样难以修改程序，因此 PDQ-II 同样无法被通用汽车接受。

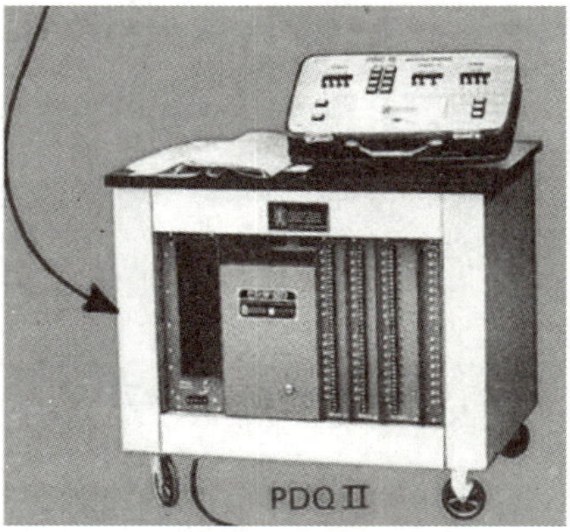

图 4-5　PDQ-II 原型机

最后一位竞争者贝德福德协会则是由迪克·莫利(图 4-6)和乔治·施文克于 1964 年联合成立的一家新英格兰控制系统工程公司。早在还身为操作工时,迪克·莫利就对机床操作中的重复性工作不厌其烦,一直构思发明一个将所有功能都集于一个编辑器的一劳永逸"神器"。面对通用汽车的招标文件,迪克·莫利和乔治·施文克成立了贝德福德协会的第七家控制公司,命名为莫迪康(Modular Digital Controller,Modicon),并在 1969 年底研发推出了"084"型号 PLC,如图 4-7 所示,因为它是贝德福德协会的第 84 个项目。

图 4-6　迪克·莫利先生被誉为 PLC 之父

由于 Modicon 084 编程相对简单,用户只要插入编程单元并选择适当的软件模块,然后键入梯形图即可快速进行编程,并且梯形图中关于逻辑编程的相关符号,基本来源于电气工程中描述顺序操作的功能指令,这使广大的电气工程师和电工能够非常快速地上手,因此 Modicon 084 获得了 Hydra-Matic 部门电路系统小组的青睐。此外,Modicon 084 安装在硬质外壳内,提高了安全等级,这也是 DEC 的 PDP-14、3-I 的 PDQ-Ⅱ所无法比拟的,很快 Modicon 084 就替代 PDP-14 和 PDQ-Ⅱ,成了通用汽车的唯一选择,并在后续服役了超过 10 年时间。

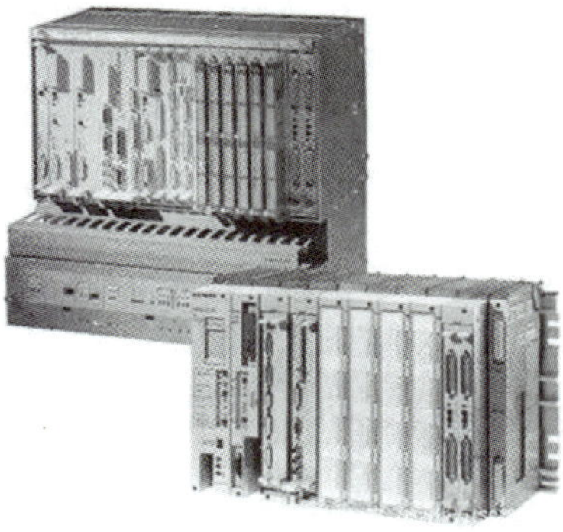

图 4-7　Modicon 084 原型机

可以看到,DEC 的 PDP-14 作为第一台用于现场测试的原型机,一直被业界公认为世界上第一台 PLC,而 3-I 的 PDQ-Ⅱ虽然速度和运算能力很强,但还是与 DEC 类似,在编程转换方面存在明显缺陷。Modicon 084 虽然不是第一个安装的测试原型机,但另辟蹊径推出了梯形图的编程方式,获得了当时所有电气工程师的认可,成功替代前两者取得竞标胜利,也牢牢地奠定了其在自动化界的地位。1970 年 6 月通用汽车发布针对三家竞争者的设计要素比较文件如图 4-8 所示。

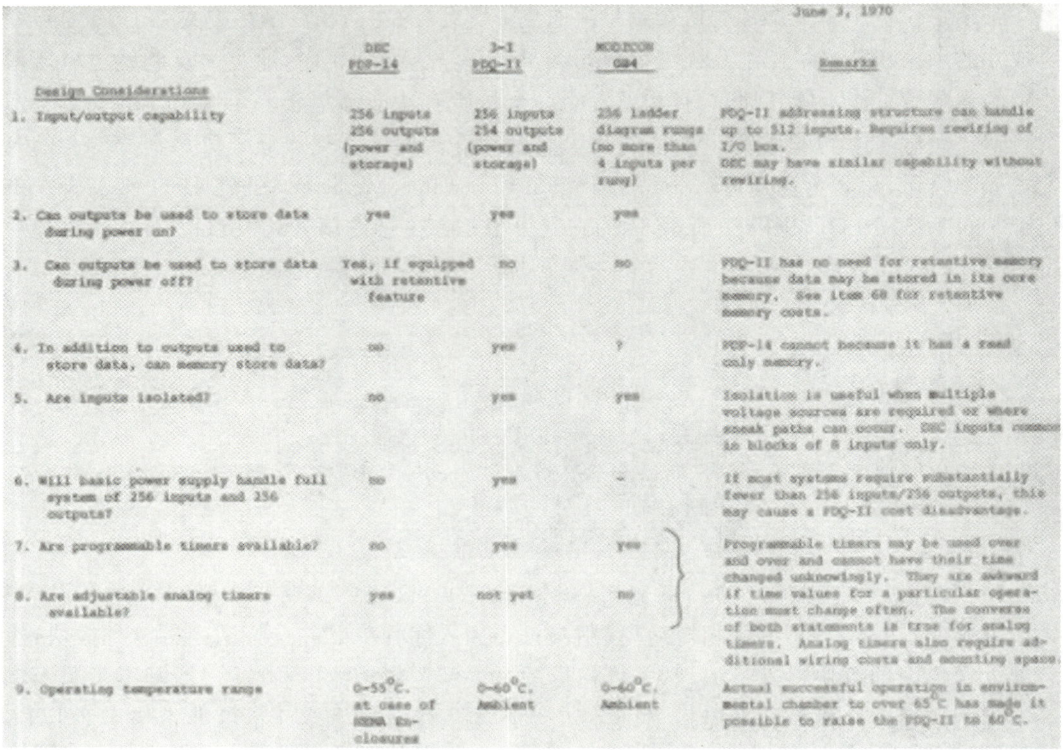

June 3, 1970

Design Considerations	DEC PDP-14	3-I PDQ-II	MODICON 084	Remarks
1. Input/output capability	256 inputs 256 outputs (power and storage)	256 inputs 254 outputs (power and storage)	256 ladder diagram rungs (no more than 4 inputs per rung)	PDQ-II addressing structure can handle up to 512 inputs. Requires rewiring of I/O box. DEC may have similar capability without rewiring.
2. Can outputs be used to store data during power on?	yes	yes	yes	
3. Can outputs be used to store data during power off?	Yes, if equipped with retentive feature	no	no	PDQ-II has no need for retentive memory because data may be stored in its core memory. See item 68 for retentive memory costs.
4. In addition to outputs used to store data, can memory store data?	no	yes	?	PDP-14 cannot because it has a read only memory.
5. Are inputs isolated?	no	yes	yes	Isolation is useful when multiple voltage sources are required or where sneak paths can occur. DEC inputs common in blocks of 8 inputs only.
6. Will basic power supply handle full system of 256 inputs and 256 outputs?	no	yes	-	If most systems require substantially fewer than 256 inputs/256 outputs, this may cause a PDQ-II cost disadvantage.
7. Are programmable timers available?	no	yes	yes	Programmable timers may be used over and over and cannot have their time changed unknowingly. They are awkward if time values for a particular operation must change often. The converse of both statements is true for analog timers. Analog timers also require additional wiring costs and mounting space.
8. Are adjustable analog timers available?	yes	not yet	no	
9. Operating temperature range	0-55°C. at case of NEMA Enclosures	0-60°C. Ambient	0-60°C. Ambient	Actual successful operation in environmental chamber to over 65°C has made it possible to raise the PDQ-II to 60°C.

图 4-8　1970 年 6 月通用汽车发布针对三家竞争者的设计要素比较文件

对于当时的自动化控制市场而言，PLC 是一个划时代的产品，如果按照德国工业 4.0 的演进路径，PLC 的应用是工业 3.0 启动的标志。从功能上看，无论是 PDP-14、PDQ-II 还是 Modicon 084，开发的初衷主要还是继电器控制装置的替代物，用于实现原先由继电器完成的顺序控制、定时、计数等功能，其优点是简单易懂、便于安装、体积小、能耗低、能重复使用等。虽然在硬件形态上当时 PLC 仍被归类于“计算机家族”，但在材质和 I/O 接口等方面做了改进以适应工控现场要求。在软件编程上，当时的 PLC 首创了特有编程语言——梯形图语言，并一直沿用至今。

4.2.2　发　展

“一枝独秀不是春，百花齐放春满园。”Modicon 084 的胜出使这一场持续两年的招标竞争落下了帷幕，而属于 PLC 的高速发展时代才刚刚开始。其后莫迪康一直在自动化行业不断突破，1973 年“084”PLC 被升级为“184”PLC 重新推出，1975 年推出了“284”PLC，1979 年推出了工业通信网络 Modbus，1994 年推出了 Quantum(昆腾)系列 PLC，1997 年被施耐德电气公司收购后，成为旗下第 4 个主要品牌。

竞争失利的 3-I 公司，被当时以变阻器、继电器和电机控制闻名的 Allen-Bradley(A-B，艾伦-布拉德利)收购，开始转向生产固态控制设备，推出了基于 AMD 芯片的 PLC-3 等产品。1985 年，A-B 被罗克韦尔国际集团(Rockwell International)收购，随之推出了基于摩托罗拉 MC68000 芯片的 PLC-5 等产品，MC68000 是当时一款经典的复杂指令集处理器(Complex Instruction Set Computing，CISC)，其协处理器可以支持浮点运算，可访问

16 MB 存储空间。最终罗克韦尔形成了针对不同 I/O 点数的 MicroLogix、CompactLogix 和 ControlLogix 系列 PLC 产品。值得一提的是，可编程逻辑控制器的命名方式最早是被 A-B 采用的，并将"PLC"作为其产品的注册商标。

作为一个新兴产物，当时美国除了 Modicon（施耐德电气）、A-B（罗克韦尔）外，还有 SquareD（实快电力，后被施耐德电气收购）以及后来的 TI（德州仪器）等投身 PLC 市场中。

这股浪潮很快就刮向了日本，1970 年后正是日本企业机械大发展的时代，机械与电子的融合应用成了日本自动化市场快速发展的导火索，以加强自身生产控制为契机，包括日本欧姆龙、富士、三菱电机、日立、松下等自动化厂商都推出了 PLC 产品。欧姆龙在 20 世纪 80 年代初期，推出了 C 系列、H 系列 PLC，相比同类产品具有明显体积缩小、结构紧凑的特点，风靡当时的小型机市场。90 年代初期，欧姆龙在小型机市场推出了无底板模块式结构的 COM1 产品，此时的执行指令已超过 100 种，基本指令执行时间可低于 0.5 μs，并包括 A/D（模拟信号与数字信号）转换、温度控制等特殊控制单元和基本通信模块。三菱电机也在 20 世纪 80 年代推出了 MELSEC F 系列小型 PLC，如图 4-9 所示。对于日本的 PLC，中国的工程师们更熟悉三菱 PLC，因为在 20 世纪 90 年代到 21 世纪前十年，很多高校实验室配置的都是日本三菱电机公司捐赠的三菱 PLC。

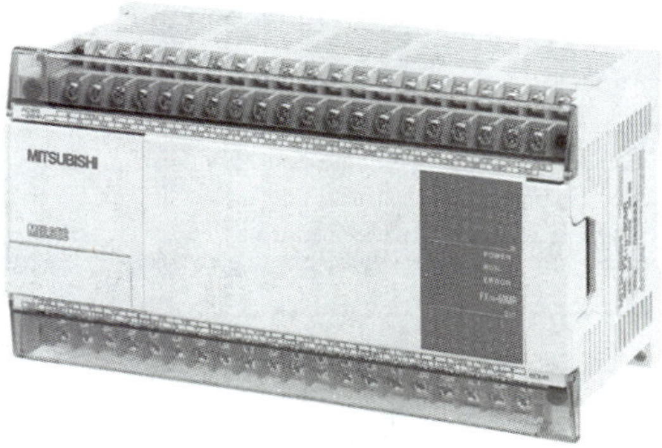

图 4-9　三菱 MELSEC F 系列小型 PLC

在德国，PLC 市场被西门子独占鳌头，路斯特（LTI-Motion）、菲尼克斯电气（Phoenix Contact）等竞争者则紧随其后。西门子最早一代数字 PLC 产品是 1975 年投放市场的 SIMATIC S3，它实际上是带有简单操作接口的二进制控制器。1979 年微处理器技术被应用到可编程序控制器中，西门子研发创新的 PLC S5 取代了 S3 系列，该系统广泛地使用了微处理器。S5 系列 PLC 使用 STEP 5 进行编程，STEP 5 是最早的基于计算机的高级 PLC 编程工具之一。它首先在 MS-DOS 操作系统上运行，后来在 Windows 上使用。

1994 年 4 月，西门子 S7 系列 PLC 诞生，它具有高度的兼容性、更高性能等级、更小安装空间和更友好的 Windows 用户界面等优势，深受广大用户喜爱，其机型包括 S7-200/300/400 等。S7-200 使用 STEP 7 Micro/WIN 软件进行编程，S7-300/400 使用 STEP7 软件编程。这些机型在中国得到了广泛使用，中国市场占有率一度达到 50%。

1996 年，西门子公司推出了全集成自动化（Totally Integrated Automation，TIA）概念，开始设计解决方案，以实现整个生产链的自动化。随着 TIA Portal 平台的发布。西门子公司在 2009 年 5 月发布了 SIMATIC S7-1200 小型 PLC，全面取代 S7-200。S7-1200 集成了 PROFINET 接口，使得编程、调试过程以及控制器和人机界面的通信可以全面地使用 PROFINET 工业以太网技术，并对现有的 PROFIBUS 系统的升级提供了很好的支持。2013 年 3 月，西门子发布了最新一代 SIMATIC S7-1500 PLC，该系列专为中高端设备和工厂自动化设计，它将逐渐取代 S7-300/400。S7-1200/1500 统一采用 TIA Portal（博途）软件编程。

奥地利自动化厂商贝加莱（Bernecker& Rainer）在 80 年代推出了"黑色系列"PLC，如图 4-10 所示，也被称为"PCC（可编程计算机控制器）"。它采用了计算机的硬件架构，同样使用了摩托罗拉 MC68000 芯片组。通过采用分时多任务操作系统 OS9，贝加莱 PLC 可集成解释器，能够采用 BASIC 高级语言编程，实现复杂算法。在 1994 年前后，贝加莱又推出了"蓝色系列"PLC，采用了 pSOS＋的定性分时多任务操作系统，进一步增强了编程能力，pSOS＋的开发企业后来被风河公司收购成了 VxWorks 的核心架构。2017 年 4 月，贝加莱正式被 ABB 公司收购。

图 4-10　贝加莱"黑色系列"PLC

根据 I/O 点数不同，当时不同自动化厂商在小型机（小于 256 个 I/O 点数）、中型机（256～2 048 个 I/O 点数）和大型机（超过 2 048 个 I/O 点数）市场占有率虽偶有交替起伏，但微型、小型 PLC 应用仍占据市场的绝对主流。这也促使西门子、罗克韦尔、施耐德电气、欧姆龙、三菱等在小型机市场具有先发优势和代表产品的玩家成为无可争议的行业巨头，其中西门子、罗克韦尔、施耐德电气更是长期把持全球前三的位置。

从 PLC 的发展历程可以看到，整个 PLC 市场很大，竞争也非常激烈。由于微处理器的出现，PLC 在功能方面大大增强，被快速应用到钢铁、石油、化工、电力、建材、机械制造、汽车、制药、食品饮料、轻纺、交通运输等各个领域。在硬件方面，除了保持原有的开关模块以外，还增加了模拟量模块、远程 I/O 模块、各种特殊功能模块，并扩大了存储器的容量，提供了一定数量的数据寄存器。在软件方面，除了保持原有的逻辑运算、计时计数外，还增加了算术运算、过程控制、数据处理、网络通信等功能，适用包括 IEC 61131-3 规范（国际电工委员会于 1993 年 12 月所制定）的梯形图、顺序功能图、功能块图、结构文本语言和指令表这五种汇编语言。

各厂商在后续推出的中、大型 PLC 中均配备了 PID 控制模块，可进行闭环过程控制。

PLC市场的激烈竞争一方面刺激了各家厂商PLC产品的快速迭代升级。另一方面为了构筑“护城河”(核心技术),各家厂商所采用的PLC编程和通信交互方式也不尽相同,衍生出不同类型的通信协议,并在后期推出了不同的现场总线,目前在IEC的现场总线标准里已经达到了28个,虽然极大地增强了自身PLC向上层的数据传输能力,但彼此之间却并不兼容。

4.2.3 竞 争

1991年后,PLC在处理速度、控制功能、通信能力等方面均有新的突破,并向电气控制、仪表控制、计算机控制一体化方向发展,性价比不断提高,不知不觉中成了工业自动化的支柱之一。此时PLC向下可以连接各类型传感器、数控设备和仪器仪表,完成逻辑判断、定时、计数、记忆和算术运算、数据处理等动作,实现自动控制与数据采集;向上可与SCADA(Supervisory Control And Data Acquisition)等系统互联互通,将采集的数据进一步向上层生产执行层传递,担当了衔接设备层与信息层的重任,成为工厂与车间的控制中枢。

特别是各种各样的特殊功能单元、各种人机界面单元、通信单元的融合应用,使PLC的工业控制设备配套也变得更加容易。在迈向21世纪的过程中,PLC已从开关量逻辑控制扩展到数字控制等领域,并逐渐进入运动控制、过程控制领域,在某些应用上取代了过程控制领域中处于主导地位的集散控制系统(Distributed Control System,DCS)。

在早期的大部分流程型行业中,PLC和DCS泾渭分明。当时如石油、化工等生产过程中,一台计算机控制着几十个或数百个控制电路,控制的高度集中也增加了安全风险。为了集中管理、分散控制,即尽量将控制所造成的危险性分散,而将管理和显示功能集中,企业多采用DCS系统实现过程控制与管理。而伴随着PLC功能的不断完善,其基于PLC的控制功能与DCS控制系统基本相似,在部分小型的DCS控制场景中PLC+SCADA的替代方式逐渐成为主流。

但PLC和DCS在数据源、控制方式、程序修改方式上仍存在着较大区别。由于PLC属于嵌入式系统,其运行的目标机和工程开发环境是分离的;而DCS通常的开发环境、运行环境都在Unix、Windows或Linux上。虽然在现场执行层,原本属于DCS回路调节器的任务可以被PLC取代,但DCS在工程开发、数据库等方面的功能和应用积累都是PLC无法企及的。例如DCS的双机热备、CPU冗余、网络冗余和I/O冗余等功能,都不是PLC所擅长的。简单而言,DCS更适合复杂流程型行业生产过程,如石化、造纸、化纤、制药等工业领域,PLC则适用于离散型生产的场合,如汽车制造、钢铁、包装等生产线控制。

此外,PLC的边界也在扩展,随着芯片技术的进一步发展,PLC存储能力、浮点运算能力等也在不断地增强。同时,对于复杂任务的处理,先进的机器开始有一些如高速温度闭环、压力闭环的回路调节任务,以及在运动控制、通信任务方面的处理需求。当然,在PLC功能模块不断拓展,应用范围不断提升,挤占DCS市场份额的同时,自身也受到了来自PC-based和PAC等竞争者的挑战。由于传统狭义的PC指的是硬件+Windows操作系统,这种情况下可以将PC-based看成一种基于PC技术的控制系统。最早的PC-based控制系统是以工控机为核心,通过扩展带PCI接口的专用板卡组成。例如1986年倍福自动化(Beckhoff)推出首款 PC-based 设备控制器，如图 4-11 所示，完成了对于木材加工设备的实时自动控制。相较于 PLC 而言，PC-based 借助于 IT 技术在运算、存储、组网和软件开放性等方面具有优势。但自身较为“敏感”的硬件条件使其难以适应当时恶劣的生产环境，并且抗干扰性差，稳定性不足，这对于某些要求高可靠的生产现场是难以继任的，因此 PC-based 最初更多地用于设备运行状态的监控，并没有完全融入底层生产控制环境中。

图 4-11　倍福自动化在 1986 年推出了首款 PC-based 控制器

PAC(可编程自动化控制系统)是 2001 年美国自动化咨询公司提出来的全新概念，它是一个基于 PLC 控制和 PC 控制的混合体。意在通过开放的自动化控制标准，既有 PLC 编程简单成本低廉的特点，又有 PC 强大的计算能力。由于 PAC 的出现本身更倾向于复杂和大规模的自动化架构，因此从价格上难以做到 PLC 般的“亲民”。而在提供的应用软件集成方面，PAC 的开发企业主要聚焦在流程领域的测量、分析、回路任务，与 PLC 聚焦的离散制造业对于实时性、高速响应的任务并不相同。面对早已成熟的 PLC 应用环境，以 PAC 进行替代的价值难以体现。

如今，PLC 在经过多年的发展创新之后，已经深深扎根于生产车间现场，并与下层传感器、上层 SCADA 等其他系统协作完成了整个生态的数据融合，虽然从功能性的角度来看，PC-based 和 PAC 可以实现 PLC 替代，但实际生产的高可靠性要求并不允许企业冒险一试，更何况从性价比的角度而言，PLC 一直是最具有成本效益的选择。

可以看到，迈入 21 世纪后，以 PLC 为代表的自动化行业发展主要是在两个维度融合创新。首先是用户需求，这是产生行业发展拉动力的主要因素。随着机器变得越来越复杂，更多的对象被集成到系统，使 PLC 需要处理更多的任务，因此 PLC 需要更强的处理能力和信息集成能力。其次站在横向科技发展的角度，即技术推动力的维度，包括处理器的算力提升，实时操作系统、传感器、软件等快速发展都带来了自动化领域的推力。如何有效地结合两者的力量，深耕用户场景解决行业问题，是所有 PLC 厂商技术创新的重要方向。

4.2.4　国产 PLC

如果将 PLC 半个多世纪的发展史分为上下半场，那整个上半场几乎找不到国产 PLC 厂商的踪影。1974 年我国才开始仿制美国第二代 PLC 产品，但因质量和技术问题等原因并未推广。在随后的“七五”和“八五”期间，国内部分研究机构在 PLC 研发上进行了科技攻关，取得了一定的成果，也基本具备了自主研发 PLC 的能力，但由于缺乏持续研发和产品化能力，最终并没有形成规模化生产经营。

国产 PLC 真正的发展，要数下半场的汇川技术、信捷电气等。汇川技术创立于 2003 年，通过在工控变频器和伺服系统积累的优势，以轴承的运动控制入手，汇川技术确定了“一轴一网一生态”的发展战略，开发了 Easy 系列全场景小型 PLC、多种 H 系列多功能小型 PLC 以及率先应用 EtherCAT 总线的小型 PLC。可以看到汇川技术专注在高功能的中小型及微型 PLC 市场领域，产品采用了 CoDeSys 的通用编程方式，具有组合灵活、功能强大的特点。根据汇川技术发布的 2023 年年度报告显示，其小型 PLC 产品在中国市场的份额约占 15%，位列国内市场第二，在国内厂商中位列第一。

信捷电气也属于较早进入 PLC 市场的国产厂商之一，其前身是信捷科技，成立于 2000 年。信捷电气在 2008 年正式创立后，开始以 PLC 为基础积极向伺服驱动、机器视觉等领域拓展。信捷电气在初期开发了 FC 系列小型 PLC，后又陆续推出了功能更强大的 XC 系列 PLC、集 PLC 和 TP 功能于一体的 XD 系列 PLC，并在 2016 年推出了 XG 系列中型 PLC，完成了从小型 PLC 向中、大型 PLC 拓展的布局。2024 年信捷小型 PLC 不断从 XD 系列发展到 XL 薄型系列再到 XF 超薄型系列，同时推出了基于 CoDeSys 的通用编程方式的 XS 系列 PLC。从产品结构看，PLC 是信捷电气的核心和优势产品，尤其是在小型 PLC 市场的占比逐年提升，其发布的数据显示信捷电气 2013 年—2023 年 PLC 营收规模复合增速约 20%。2023 年信捷小型 PLC 的市场占有率为 7%，位列国内市场第四，在国内厂商中位列第二。

此外，国产 PLC 品牌还有和利时、中控、禾川、南大傲拓、英威腾、宝信、欧辰等，台湾由于在自动化市场起步较早，如台达、永宏等 PLC 产品也得到了国内外市场的广泛认可，其中台达曾一度杀进全球 PLC 排行榜前 20。但从整体表现看，虽然国产 PLC 在中小型产品方面已经占有一席之地，尤其是某些单一、细分应用市场甚至超越了国外品牌，但在高端产品方面则严重不足，国内整体 PLC 市场份额国产 PLC 占比仅为 20%～30%。PLC 之所以能够在自动化控制领域诸多产品中长盛不衰，最主要的还是满足生产环境的高可靠、高稳定性要求。与国外历经几十年的 PLC 迭代周期相比，国内 PLC 普遍缺乏市场使用-检验-反馈-功能不断优化的迭代过程，这也导致了大部分用户对国产 PLC 的可靠性持有怀疑态度。

首先，PLC 发展和应用中非常重要的一环是“软硬结合”。PLC 是个硬件产品，但要想发展得好，软件已成了决定性因素。因为用户采用 PLC 来实现机器的控制，如何应对复杂的逻辑、工艺（温度、压力、张力等控制）、运动控制、CNC、机器人、液压等控制，以及在选型、配置、编程、仿真测试、运营维护整个生命周期里对项目进行管理，都需要强大的软件平台支持。包括像对 IEC 61131-3 的编程支持、对 OPC UA 通信的支持能力等，这方面像西门子的 Portal、罗克韦尔的 Logix 5000、贝加莱的 Automation Studio 等都是积累了超过 20 年底蕴的平台，方便用户开发、升级维护系统，这些软件平台构建了国内 PLC 厂商发展的壁垒。

其次，国内中、大型 PLC 市场不如小型 PLC 市场的发展态势，是因为小型 PLC 侧重于单一对象的控制，相对比较独立。但中、大型 PLC 主要面对复杂控制场景，不仅具有较高的技术实现难度，还涉及应用端、数据端和控制端的生态协同，需要将 PLC 与 SCADA、HMI、CNC、机器人、网络通信、上层软件进行联动，部分国产 PLC 厂商并不具备这种完整解决方案的能力。

最后，在用户和生态培养方面，许多国外头部 PLC 厂商采取校企联合的方式，提前一步将触手延伸至各大院校，通过免费修建实验室、开展培训课程和知识竞赛等方式，吸引大量在校学生使用旗下的 PLC 品牌，例如西门子、罗克韦尔、三菱、欧姆龙、贝加莱等编写了大量 PLC 教材并建立了相关应用场景的实验室。这也导致了国外 PLC 从源头就拥有了大量“用户”，完成了潜在用户的提前布局。当然部分国内 PLC 厂商已经开始进行校企联合模式的探索。信捷电气和江苏科技大学从 2023 年开始进行校企合作。通过合作，企业可以进一步扩大品牌在高校中的知名度，便于后期的市场推广与人才招聘；学校则可以培养出更多适合行业发展、企业需求的学生，同时也大大提升了老师在实践应用方面的能力。

4.2.5 启　示

自动化是数字化、智能化发展的前期阶段，是企业推进智能制造的前提和基础。在 2021 年底国家八部委联合印发的《“十四五”智能制造发展规划》中，专门制订了智能制造示范工厂建设行动计划，提出推进设备联网和生产环节数字化连接，强化标准作业、可视化管控、精准配送、最优库存，致力于打造一批智能车间。PLC 基于其稳定性、可靠性、工作精度、性能一致性等优越性，对于企业来说，在生产线自动化改造、生产效率提升、产品质量改进和资源利用率提高等方面发挥着重要作用。

随着国内企业下游领域的多样化发展，与下游行业深度适配的 PLC 应用范围和深度也大幅拓展。例如近年来新能源汽车、3C 产业和半导体等行业转型升级幅度加快，PLC 在整个市场应用中的占比也在持续提升。

回顾 PLC 超过半个世纪的发展和应用历程，可以得到以下启示：

(1)PLC 在最初代替继电器执行逻辑、计时、计数等顺序控制功能的基础上，逐渐引入了微电子技术、计算机技术、自动控制技术和通信技术，形成了新一代的智能编程控制器。除了高可靠性和适应满足多种生产控制需求外，PLC 还具有性价比高、编程简单和易于拓展等特点，这些优势也奠定了其半个多世纪在自动化领域长盛不衰的地位。目前 PLC 与许多智能设备相同，包括 CPU、I/O、电源、底板、外设以及通信联网等模块，采用了可编程的存储器对逻辑运算、顺序控制、计时计数和算数运算进行存储，通过数字的、模拟的输入、输出指令控制各种类型的工业生产过程。目前 PLC 可处理任务从传统的逻辑任务，延伸到了运动控制、机器人、机器视觉、高速实时以太网通信等方面。

(2)在超过半个世纪的 PLC 发展历程中，国外自动化头部厂商如西门子、施耐德电气、罗克韦尔、欧姆龙、三菱具有先发优势，通过在自动化领域的积累进行 PLC 产品的不断更新迭代，这些国外自动化巨头形成覆盖小、中、大型机市场的完整产品线，通过“品牌+技术+应用开发生态”的方式构成了较高的“护城河”，占据市场的主导地位。国内 PLC 厂商如汇川技术、信捷电气等虽奋起直追，但多集中于中、小型机的行业应用，整体市场份额不高。

(3)目前中、大型 PLC 侧重于复杂场景的应用，包括重资产设备、整条生产线乃至整个工厂的过程自动化控制，强调软、硬件结合。在项目应用中涉及应用端、数据端和控制端的协同运作，因此在数据采集与分析、通信和网络安全等方面相比小型 PLC 要求更高、覆盖面更广。中、大型 PLC 不仅需要发挥硬件端的技术和功能优势，还需要丰富的软件生态以及协同 SCADA、HMI 等信息系统发挥聚合效应，提升效率以应对快速变化的市场。

经过半个多世纪的发展，PLC 从一颗破土而出的幼苗已经长成参天大树，其应用范围越来越广，智能化程度越来越高，并且整体 PLC 市场也进入稳定的发展期，市场增长趋缓，用户需求逐渐成熟，各个行业和领域的细分市场竞争格局相对稳定。一直以来，PLC 坚持稳定可靠作为繁衍生息的根基，加上适配多种生产环境的简单务实风格，相信这也是 PLC 能够长盛不衰、历久弥新，被称为自动化领域“常青树”的重要原因。

4.3　PLC 的结构

一个典型的 PLC 主要由中央处理器(CPU)、供电电源、存储器、通信接口、I/O 接口和扩展接口等组成。PLC 可以看成是一个包含成百上千独立的继电器、计数器、定时器以及数据存储单元的智能盒子，但这些继电器、计数器、定时器并不存在，而是 PLC 内部通过软件模拟的数字功能模块。例如，继电器就是通过存储器中一个 bit(位)的状态来模拟的。如图 4-12 所示为典型 PLC 硬件结构的简单框图。

PLC 内部的输入接口从与其相连的外部开关触点(开关量 DI)或传感器(模拟量 AI)接收信号，并将其信息放置到输入映像寄存器中，从而感知外界系统的各个输入量。PLC 提取输入映像寄存器中的输入信息，并经过 CPU 的程序处理后，将输出的信号包括通断信号(开关量 DO)或电压电流信号(模拟量 AO)，送到输出映像寄存器中，再通过输出锁存器将输出信息送到输出接口，进而控制外部连接的指示灯、线圈以及仪表等设备。I/O 接口和外界的器件和设备都没有直接电的联系，都是隔离的，这也是 PLC 可靠性高的一个方面。控制系统中用到的计数器和定时器在 PLC 中都没有对应的硬件实体，而是通过软件编程数字化实现的。

PLC 使用高速存储器/寄存器来提高数据存储效率，这些存储器/寄存器一般作为数

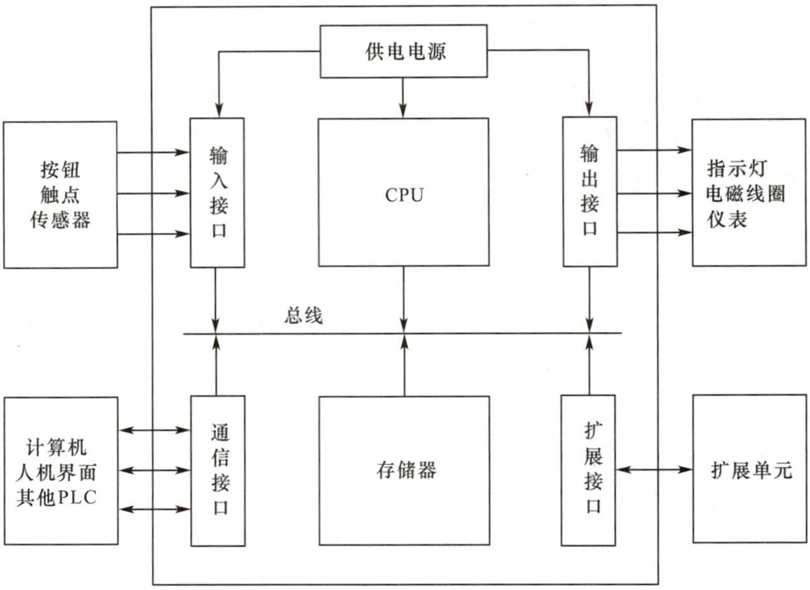

图 4-12　PLC 硬件结构

据操作或者数学运算中的暂存器使用。它们也用于存储定时器、计数器、I/O 接口以及用户接口等的暂存数据，同时还可用于 PLC 失电后的数据和程序保存，PLC 再次上电后可重新读取失电前的数据和程序段。

通信接口主要用于 PLC 与 PLC 之间、PLC 与上位计算机以及其他智能设备之间的信息交换，形成一个统一的整体，实现程序下载/上传、分散/集中控制、远程监控、人机界面等功能。PLC 一般都带有多种类型的接口，也可根据需要进行扩展。PLC 之间的通信网络是各厂家专用的，PLC 与计算机之间的通信，一些生产厂家采用工业标准总线，并向标准通信协议靠拢，这将使不同机型的 PLC 之间、PLC 与计算机之间可以方便地进行通信与联网。

扩展接口是在当 PLC 的 CPU 模块所带的接口不能满足控制需要时，通过 PLC 内部总线扩展的 I/O 模块接口、通信模块接口、PID 模块以及其他智能模块接口等。

4.4　PLC 与继电器接触器系统

4.4.1　软、硬件连接方式

如前几节所述，PLC 的应用是为了完全替换硬连接的继电器系统。本节将介绍用 PLC 替换继电器逻辑控制系统的具体过程。以下介绍的 PLC 替换实例可能是不经济的，但其目的在于说明替换的概念和基本原理。如前所述，第一步是要建立过程控制的梯形图逻辑。PLC 本身并不能直接执行这样的梯形图逻辑，但 PLC 厂商都提供了将梯形图翻译成机器码的软件，从而避免了 PLC 使用者学习 PLC 控制器中处理器硬件语言的需要。但是，使用标准的 PLC 符号来表达逻辑过程还是必不可少的，因为 PLC 不认识诸如开关、螺线管、继电器、蜂鸣器、电机等术语。相应地，PLC 梯形图编程还需要使用诸如输入、输出、线圈、触点、定时器、计数器等术语。

PLC 梯形图逻辑使用带地址标志的标准符号来表示不同的元件。贯穿整个梯形图的两条竖直线称为电源/电压母线 LI、L2，每一行的梯级程序都是从左侧的 L1 开始，最后到右侧的 L2 结束，电源从左侧经过中间的程序电路到右侧形成闭合回路。如图 4-13 所示是一行梯形图程序，触点符号“‖”表示输入的“常开触点”，而线圈符号“()”表示输出的继电器的线圈，外部电路中的交流/直流电源是不在梯形图中标识的。

西门子 S7-1200 PLC 系列 1214CPU 的外形图和接线结构图如图 4-14 所示，在图 4-14(b)上面圈中所示的输入接口位置接入了一个开关，对应(a)图中箭头所指的接口，PLC 将此输入接口通道命名为 DIa.0，“D”表示开关量，Portal(博途)软件中对通道字节序号“a”是自定义的，默认情况下 CPU 上的第一个输入字节通道序号为“0”，表示此通道即为 PLC 输入映像寄存器中 I0.0 对应的输入接口。该输入接口上开关的状态就决定了 PLC 中 CPU 输入映像寄存器中 I0.0 的状态(接通表示“1”，断开表示“0”)。

因此，图 4-13 中 I0.0 表示的“常开触点”根据输入开关的状态执行程序就可以得到输出 Q0.0 的激励状态(得电为“1”，失电为“0”)，并将此状态保存到输出映像寄存器 Q0.0 中，通过输出接口控制所连接的外部元件的通电失电。Q0.0 控制的元件即为图 4-14(b)图下面圈中 DQa.0 对应的输出接口通道上连接的元件。

在 PLC 编写和运行时，必须要知道程序中每个输入、输出以及其他元件的确切位置，比如外部的开关或者蜂鸣器到底连在 PLC 的哪个输出接口。为了满足与各种元件接口的需要，PLC 预先为各种形式的 I/O 分配了一定数量的地址。图 4-14 中分配的输入开关对应的地址为 I0.0，输出的元件(比如：指示灯)对应的地址为 Q0.0。最后要将梯形图转化为微处理器的硬件语言，告诉 PLC 当满足预定的状态时该如何动作。在该例子中，我们想实现开关按下时指示灯就点亮这一简单控制，即当开关闭合时需要接通指示灯的电源，开关打开时需要断开电源。要实现这个小的控制系统，只需要将开关接到 PLC 的输入接口 DIa.0，并将指示灯回路串入 PLC 的输出接口 DQa.0。图 4-13 所示为这个简单例子的梯形图。后续章节中的工业控制实例及相应讨论将更多地展示这种替换概念和原理。

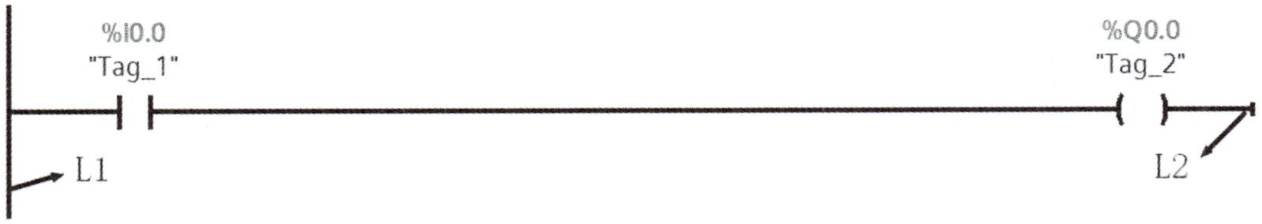

图 4-13　PLC 梯形图程序中触点符号和线圈符号

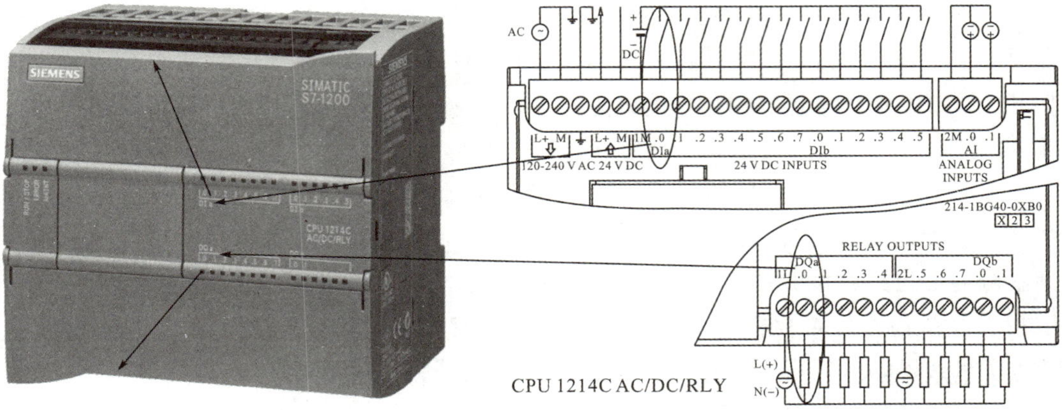

(a) 模块外形图　　(b) 接线结构图

图 4-14　西门子 1214 CPU

4.4.2 原理图和 PLC 程序

将第 3 章中图 3-10 的纵向原理图画成横向原理图如图 4-15 所示(逻辑一致,元件符号有区别)。图中 SB1 为启动按钮,SB2 为停止按钮,FR1 为过载保护触点,KM1 为接触器。

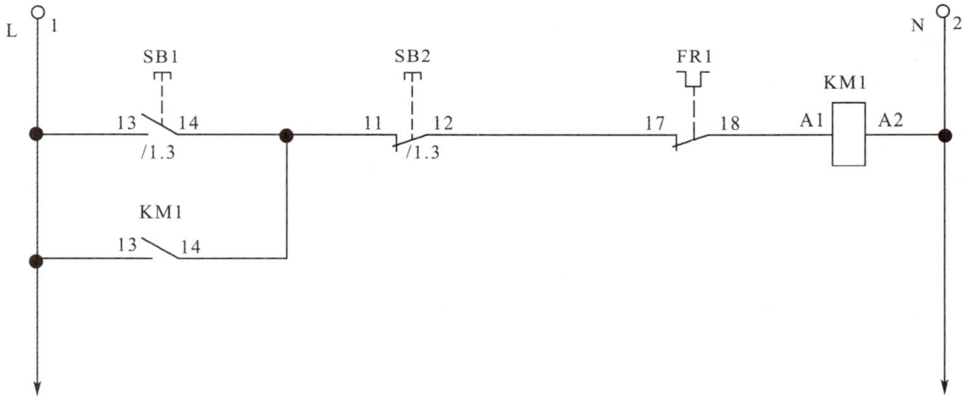

图 4-15　电机控制原理图

不考虑经济因素,采用 PLC 进行控制时,需要将输入、输出元件连接到 PLC 的输入、输出接口上,并确定对应输入、输出地址,其连接图如图 4-16 所示。根据确定的输入、输出地址编写的电机控制的 PLC 梯形图程序如图 4-17 所示。可以看出图 4-15 所示,通过硬线连接元件的控制原理图逻辑,与图 4-17 所示,通过 PLC 编写的梯形图程序逻辑,两者完全一样。不同的是,两者实现的方式不一样,前者通过实实在在的元件硬线连接实现,后者通过软件语言编写程序实现。

值得注意的是,逻辑图不变,将图 4-15 中实际元件的图形符号和字母符号换成 PLC 软件元件图形,并在软件元件图形上标注实际元件连接到 PLC 上输入、输出点对应的地址,原理图就转换为 PLC 梯形图程序了。

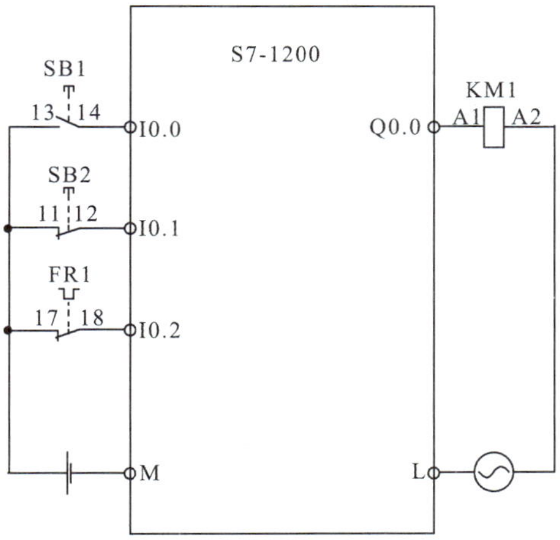

图 4-16　电机控制的 PLC 控制输入、输出连接图

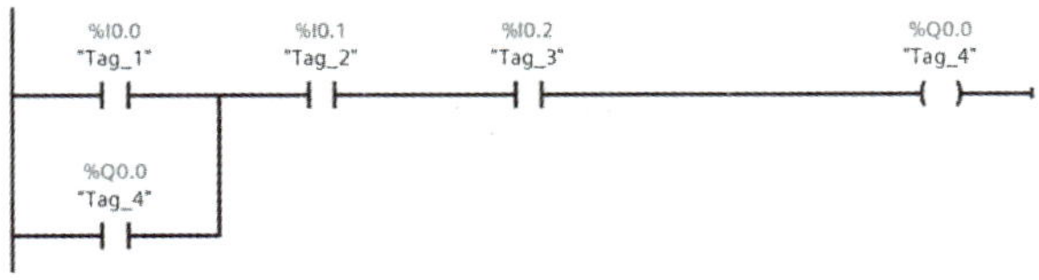

图 4-17　电机 PLC 控制梯形图程序

4.4.3 比　较

PLC 控制系统与继电器接触器控制系统的区别主要有以下几点：

(1)功能多样。传统的继电接触器控制系统采用硬接线方式安装而成，只能进行开关量的控制；而 PLC 采用软件编程来实现各种控制功能，可以实现开关量、模拟量以及通信数据的控制。

(2)可靠性高。传统的继电接触器控制系统在长期使用的过程中，受接触不良和触点寿命的影响，可靠性低；PLC 由于采用了微电子和计算机技术，可靠性比较高，抗干扰能力强。

(3)灵活性高。传统的继电接触器控制系统是针对一定的生产机械、固定的生产工艺而设计的，随着控制对象以及控制逻辑的增多，扩充和改装都必须重新设计、重新配置；而对于 PLC，在 I/O 点数及内存允许范围内，可自由扩充，只要改变程序，就可适应生产工艺的改变。

(4)维护方便。与传统继电接触器控制系统相比，PLC 体积小、重量轻、结构紧凑、开发周期短、安装和维护工作量小，PLC 还有完善的监控和自诊断功能，可以及时发现和排除故障。

因此，PLC 在性能上比继电接触器逻辑控制优异，在改造传统产业或产业升级的过程中，传统的继电接触器控制系统大多数将被 PLC 控制系统所取代。

4.5 PLC 的工作过程

4.5.1 循环扫描过程

PLC 程序运行时采用周期性循环处理的顺序扫描工作方式。每一次扫描所用的时间称为扫描周期或工作周期。扫描周期的长短与 CPU 的运算速度、I/O 点的情况、用户应用程序的长短及编程情况等有关。

当 PLC 上电或从 STOP 模式切换到 RUN 模式时，CPU 执行启动操作，对 PLC 系统进行初始化操作，清除非保持位的存储器、定时器、计数器、中断堆栈和块堆栈，复位所有硬件中断和诊断中断等。此外，还要执行一次用户编写的“系统启动组织块”OB100，完成用户指定的初始化操作。然后进入主循环组织块 OB1，进行周期性循环操作。

PLC 在启动完成后，不断地循环扫描 OB1，OB1 是用户程序中的主程序，需要时可调用逻辑块 FB、FC、SFB、SFC 和事件处理(时间中断、硬件中断等)，以及其他 OB。

循环扫描工作过程可以被某些事件中断。如果中断事件出现，当前程序暂停执行，并自动调用分配给该事件对应的中断程序。该中断程序执行完成后，被暂停执行的程序块将从被中断的地方开始继续执行。

PLC 程序运行时的循环扫描工作过程分为三个阶段，即输入采样阶段、程序执行阶段和输出刷新阶段。循环扫描工作过程如图 4-18 所示。

1. 输入采样阶段

PLC 在输入采样阶段，首先扫描所有输入端子，并将各输入端子状态存入内存中各对应的输入映像寄存器。此时，输入映像寄存器被刷新。这些状态保持到下一次的输入采样，在程序执行、输出刷新时状态不会发生改变，这也是 PLC 提高可靠性的措施之一。

2. 程序执行阶段

根据 PLC 的程序扫描原则，PLC 按先左后右，先上后下的顺序对每条指令进行扫描。当指令涉及输入、输出状态时，PLC 从输入映像寄存器中“读入”对应输入映像寄存器的当前状态，然后进行相应的运算，将运算结果再存入内部映像寄存器中。

3. 输出刷新阶段

在所有指令执行完毕后，输出映像寄存器中所有输出继电器的状态在输出刷新阶段转存到输出锁存寄存器中，通过一定方式输出，驱动外部负载。

注意：在扫描周期的任何阶段处理中断和通信。

下面通过图 4-18 中所示的例子进一步说明 PLC 的循环工作过程。梯形图中 I0.0 是输入变量，与输入映像寄存器位 I0.0 对应；Q0.0 是输出变量，与输出映像寄存器的位 Q0.0 对应；M0.0 是中间变量，与内部映像寄存器位 M0.0 对应。在输入采样阶段，CPU

将输入端子 I0.0 的状态读入对应的输入映像寄存器，外部触点接通时存入 1，反之存入 0。执行第 1 条指令时，从输入映像寄存器的位 I0.0 读出状态写入到输出映像寄存器的位 Q0.0。执行第 2 条指令时，从输出映像寄存器的位 Q0.0 读出状态写入到内部映像寄存器的位 M0.0。执行第 3 条指令时，从内部映像寄存器的位 M0.0 读出状态写入到输出映像寄存器的位 Q0.1。在输出刷新阶段，CPU 将各输出映像寄存器中的状态通过输出锁存器传送给输出端子，并将数据锁存起来，以驱动输出设备。

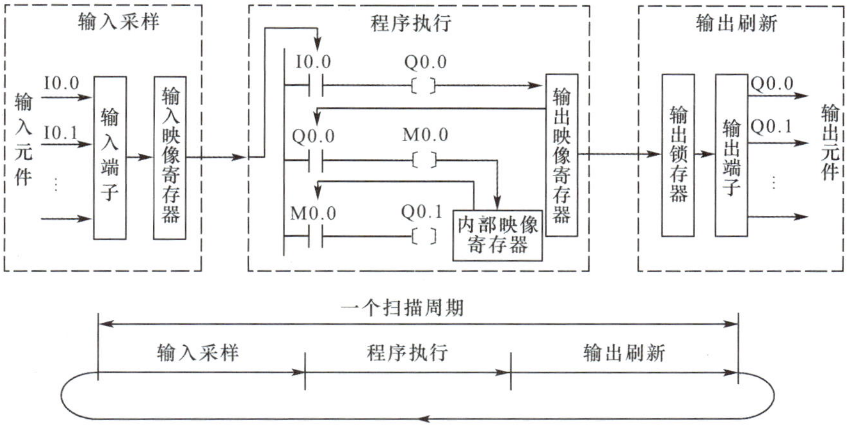

图 4-18　PLC 循环扫描工作过程

4.5.2　循环扫描工作过程的优缺点

根据工作过程可以看出，PLC 采用集中采样，集中输出工作方式。在执行程序时，采用输入、输出映像区对输入、输出进行处理，具有显著的优点：

(1)在采样周期中，将所有输入信号一起读入，此后在整个程序处理过程中 PLC 系统与外界隔绝，直到输出控制信号到下一个工作周期再与外界交涉，从根本上提高了系统的抗干扰能力，提高了工作的可靠性。

(2)访问映像寄存器的速度比直接访问 I/O 点要快，有利于程序快速运行。

(3)I/O 点是“位”实体(开关量)，只能按位或者字节来访问，而映像寄存器可以按位、字节、字或者双字的形式来访问，也就是说，使用映像寄存器更为灵活。

当然也有明显的问题：

1. 不允许双重输出

在执行程序时，采用的是集中输出刷新的工作方式，也就是在程序扫描的过程中，先将输出结果保存在对应的输出映像寄存器中，程序运行结束后，统一输出刷新。因此在编写程序时不能有两个同样的输出写入输出映像寄存器中。

如图 4-19(a)所示，按照程序表达的意思，I0.0 和 I0.1 都可以直接控制输出 Q0.0。但是第一行程序中 I0.0 决定输出映像寄存器 Q0.0 的状态并保存，此时并不直接输出刷新。程序接着向下扫描，当程序执行到 I0.1 这一行时，PLC 同样会根据 I0.1 决定输出映像寄存器 Q0.0 的状态并保存，此时 PLC 就会将第一行程序执行时保存在输出映像寄存器 Q0.0 的状态覆盖，而存入最新的状态。最后集中输出刷新的就是最后一个 Q0.0 的状态，而之前第一行控制 Q0.0 的程序就变得毫无意义。所以 PLC 程序不允许双重输出。

因此要实现 I0.0 和 I0.1 都可以直接控制输出 Q0.0，可以参照图 4-19(b)的程序，只有一个 Q0.0 输出。

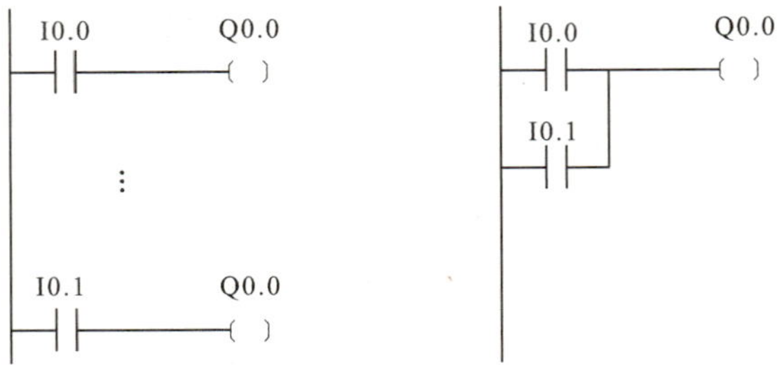

(a)错误的　　(b)正确的

图 4-19　双重输出处理

2. 输入、输出滞后

PLC 的输入、输出存在滞后现象，输入、输出滞后时间又称系统响应时间，是指 PLC 外部输入信号发生变化的时刻至它控制的有关外部输出信号发生变化的时刻之间的时间间隔。它被称作 PLC 的输入、输出滞后现象，造成此现象的原因有三个：

(1)输入模块的滤波时间

输入模块的 RC 滤波电路用来滤除由输入端引入的干扰噪声，消除因外接输入触点动作时产生的抖动引起的不良影响，滤波电路的时间常数决定了输入滤波时间的长短，其典型值为 10 ms 左右。可以在编程软件中设置输入滤波时间。

(2)输出模块的滞后时间

输出模块的滞后时间与模块的类型有关，继电器型输出电路的滞后时间由触点的机械运动产生，一般在 10 ms 左右；双向晶闸管型输出电路在负载通电时的滞后时间约为 1 ms，负载由通电到断电时的最大滞后时间为 10 ms；晶体管型输出电路的滞后时间一般在 1 ms 以下。

(3)因扫描工作方式产生的输入、输出滞后时间

除了 PLC 的扫描工作方式会引起输入、输出时间滞后，用户程序编制的不合理也会加重输入、输出时间滞后，最长可达两个多扫描周期。图 4-20、图 4-21 是典型的例子。

图 4-20 中，开关 SA 输入信号在第一个扫描周期的程序执行阶段动作，该输入信号到第二个扫描周期的输入采样阶段才被读入，存入输入映像寄存器 I0.0。而后进入程序执行阶段，由于 I0.0=1，Q0.1 被激励为“1”，Q0.1=1 的状态存入输出映像寄存器 Q0.1，同时执行到第三行程序时 Q0.2=1。最后进入输出刷新阶段，将输出映像寄存器 Q0.1=1、Q0.2=1 的状态转存到输出锁存器，直至输出端子 Q0.1、Q0.2 通道接通，指示灯 HL2、HL3 点亮，这是 PLC 的实际控制结果。而 Q0.0 要到第三个扫描周期才会被激

励，这是由于 PLC 执行程序时是按顺序扫描的，而触点的状态只有在对应线圈扫描后才会更改。如果将把程序的第一行与第二行调换位置，则 Q0.0 在第二个扫描周期也能激励，可消除由于程序编制不合理造成的输入、输出的时间滞后。可见，程序语句的安排影响了响应时间。

S7-1200 PLC 默认进行输入、输出映像寄存器访问，此时就会出现以上滞后问题。但 S7-1200 PLC 还提供了 I/O 物理直接访问，可以解决扫描工作方式产生的输入、输出滞后问题。

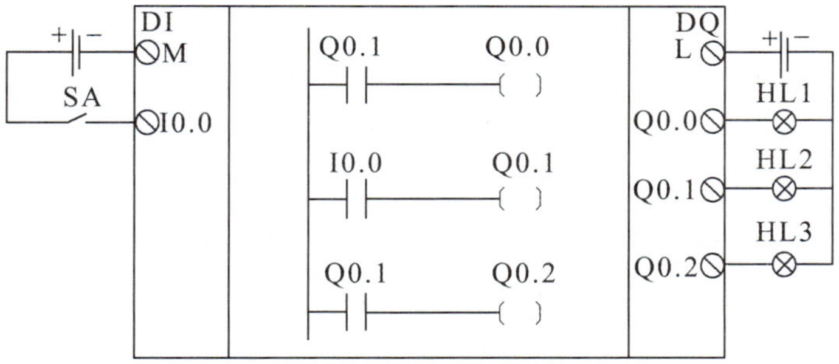

图 4-20　输入、输出举例

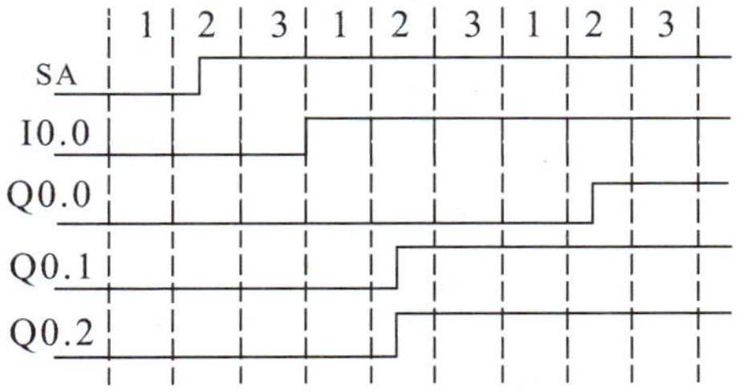

图 4-21　输入、输出波形

如今，由于半导体以及微处理器技术的发展，PLC 程序运行的速度越来越快，集中输入、输出以及语句编排的滞后时间基本可以忽略不计（除了实时要求很高的场合）。S7-1200 执行一条逻辑语句的时间仅为 0.08 μs。因此在和传统继电接触器控制系统进行比较时，并没有考虑 PLC 的时间滞后问题。

4.6　PLC 的特点

1. 重要的特点“可编程”，开发和改造周期短，维护方便

以 PLC 为核心构成的控制系统，其中控制逻辑的改变不取决于硬件电路，而是取决于软件程序。即控制系统硬件软件化，其软件化的结果使控制系统可靠性提高，这给控制系统带来了一系列好处：系统便于维护、节点利用率提高、计数器、定时器、继电器等器件

在 PLC 之中融为一体使得系统配置灵活方便。PLC 用程序逻辑代替接线逻辑，大大减少了控制设备外部的接线，使控制系统开发和改造的周期大大缩短，同时维护也变得容易起来。更重要的是使同一设备经过改变程序而改变生产过程成为可能。这很适合多品种、小批量的生产场合。

2. 可靠性高，抗干扰能力强

可靠性是电气控制设备的关键性能。PLC 由于采用现代大规模集成电路技术，采用严格的生产工艺制造，内部电路采取了先进的抗干扰技术，具有很高的可靠性。PLC 平均无故障时间高达几十万小时。

（1）硬件（Hardware）方面：光电隔离，提高抗干扰能力；采用电磁屏蔽、防辐射措施；I/O 线路考虑硬件滤波；模块有联锁保护以及自诊断电路；模块式结构，易修复。

（2）软件（Software）方面：对程序、重要参数进行检查；对程序及动态数据进行备份；有自诊断、报警、数字滤波功能，最新技术可做到对传感器、执行器进行在线诊断；采用了具有抗干扰功能的扫描工作方式（此种工作方式会使干扰入侵机会小、错误得到及时纠正）。

3. 配套齐全，功能完善，适用性强

PLC 发展到今天，已经形成了大、中、小各种规模的系列化产品，可以用于各种规模的工业控制场合。除了逻辑处理功能外，现代 PLC 大多具有完善的数据运算能力，可用于各种数字控制领域。近年来 PLC 的功能单元大量涌现，使 PLC 渗透到了位置控制、温度控制等各种工业控制中。加上 PLC 通信能力的增强及人机界面技术的发展，使用 PLC 组成各种控制系统变得非常容易。

4. 易学易用，深受工程技术人员欢迎

PLC 作为通用工业控制计算机，是面向工矿企业的工控设备。它接口容易，编程语言易于为工程技术人员所接受。梯形图语言的图形符号与表达方式和继电器电路图相当接近，只用 PLC 的少量开关量逻辑控制指令就可以方便地实现继电器电路功能。为不熟悉电子电路、不懂计算机原理和汇编语言的人使用计算机从事工业控制打开了方便之门。

5. 体积小，重量轻，能耗低

以小型 PLC 为例，功耗仅数瓦，由于体积小，很容易装入机械内部，是实现机电一体化的理想控制设备。

习题和思考题

1. 可编程控制器的特点有哪些？
2. 可编程控制器与传统的继电器控制系统相比有哪些优点？

3. 从软、硬件两个角度说明 PLC 的高抗干扰性能。

4. PLC 的工作原理是什么？说明 PLC 的扫描工作过程。

5. 如果数字量输入的脉冲宽度小于 PLC 的循环周期，是否能够保证 PLC 检测到该脉冲？为什么？

思政2

第5章 S7-1200 PLC硬件与配置

第5章微课

SIMATIC S7-1200 是西门子公司的新一代小型 PLC，S7-1200 控制器使用灵活、功能强大，可用于控制各种各样的设备以满足自动化需求。S7-1200 结构紧凑、组态灵活且具有功能强大的指令集，这些特点的组合使它成为控制各种应用的完美解决方案。S7-1200 和基于 Windows 的编程工具 TIA Portal（博途）提供了解决自动化问题时需要的灵活性，同时具有直观的处理特性。S7-1200 PLC 与 HMI 的配合确保自动化任务高效完成，易于开发和调试。

S7-1200 系列 PLC，具有 CE、UL 和 FM 等各种行业认证并具有美国（ABS）、德国（GL）、法国（BV）、英国（LR）、挪威（DNV）、日本（NK）、俄罗斯（RMRS）及中国（CCS）等各国船级社认证。在各个国家以及各个行业都得到了认可，应用范围极广，近几年在中国的小型 PLC 市场份额一直高居 45%左右。

5.1 S7-1200 PLC 概述

5.1.1 S7-1200 PLC 的特点

SIMATIC S7-1200 具有集成 PROFINET 接口、强大的集成工艺功能和灵活的可扩展性等特点，为各种工艺任务提供了简单的通信和有效的解决方案，尤其满足多种应用中完全不同的自动化需求。S7-1200 PLC 的主要特点如下：

（1）设计新颖，易于使用

结构紧凑，具有集成 I/O 和模块化扩展选件，可根据具体自动化任务进行高度定制；集成的 PROFINET 接口可以和 TIA Portal 工程组态框架高度配合；通过模块化板卡设计，无须改变物理尺寸，即可扩展控制器。

（2）系统诊断

错误消息以普通文本形式显示在 TIA Portal 中、HMI 或 Web 服务器上，可进行高效故障排除和快速故障定位，缩短了调试时间，并大幅缩短了停产时间。SIMATIC S7-1200 提供了已集成在系统中的诊断功能，无须额外编程。

(3)信息安全

针对未授权的代码或过程值修改提供保护,需要在运行期间提供较高可用性。专有技术保护、复制保护和访问保护可防止各方未经授权而打开或复制模块,为算法和过程提供保护。这些安全功能已集成在 S7-1200 和 TIA Portal 中。

(4)安全型 CPU

提供了故障安全 CPU,适用于机器和工厂自动化中的标准及故障安全应用。集成的安全功能通过 PROFINET 提供与 PROFIsafe 设备的连接。在工程组态工具 STEP 7 Safety Basic 中,用户通过对于标准任务和安全相关任务都相同的组态和操作方式来创建其程序。

(5)集成工艺功能

用于执行计数和测量、调节和运动控制任务的集成工艺功能使得 SIMATIC S7-1200 成为一个功能多样的系统,非常适合完成众多自动化任务。集成的 PID 控制器,可根据具体目标值,精确而高效地调整物理变量。所有 CPU 都支持跟踪功能,这样就能精确诊断和优化用户程序和运动应用。

(6)TIA Portal

在 TIA Portal 中可以进行高效组态,通过 TIA Portal(博途)可以全面访问整个数字化的自动化系统,从数字化规划到集成工程组态直至透明运行。新版本 TIA Portal 通过各种措施(包括使用模拟工具)来缩短产品上市时间,通过附加诊断及能源管理功能提高工厂的生产力,并通过连接到管理层来提高灵活性。TIA Portal 提供灵活的云解决方案,通过数字孪生(Digital Twin)进行虚拟调试,使不同领域团队之间开展协调的团队工作,提高了透明度,实现了一体化能源管理。

5.1.2　S7-1200 PLC 的硬件模块

SIMATIC S7-1200 是一种小型通用型 PLC,满足中、小规模的控制要求,适用于自动化工程中的各种场合,尤其是在生产制造工程中的应用。模块化设计、无风扇结构、易于实现分布式的配置以及用户易于掌握等特点,使得 S7-1200 在很多工业行业中实施各种控制任务时,成为一种既经济又切合实际的解决方案。S7-1200 的防护等级为 IP20,非常适合安装在控制柜内。S7-1200 PLC 作为与机器设备之间的接口,提供了各种各样的模块:

控制器模块(Central Processing Unit,CPU),带有集成 PROFINET 接口,用于编程设备、HMI 或其他 SIMATIC 控制器之间通信。

信号模块(Signal Module,SM),用于扩展控制器的输入和输出通道,在控制器的右边连接。

通信模块(Communication Module,CM),用于扩展控制器通信接口,在控制器的左边连接。

信号板(Signal Board,SB),直接插入控制器。

S7-1200 各种模块的外形和接口如图 5-1 所示。

所有的 S7-1200 PLC 硬件都具有内置安装夹,能够方便地安装在一个标准的 35 mm

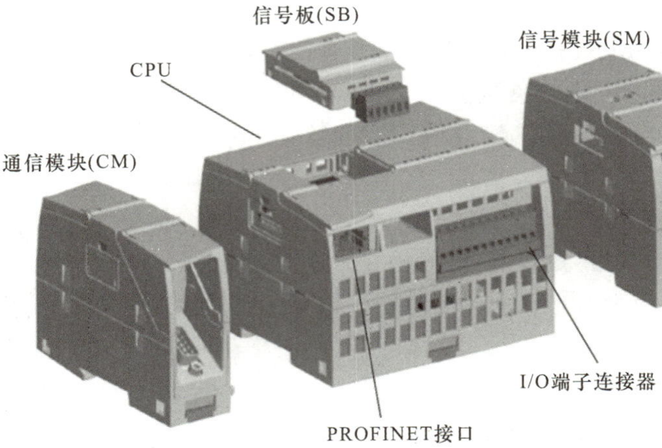

图 5-1　S7-1200 模块的外形和接口

导轨上，如图 5-2 所示。这些内置的安装夹可以咬合到某个伸出位置，以便在需要进行背板悬挂安装时提供安装孔。S7-1200 PLC 可进行竖直安装或水平安装。这些特性为用户安装 PLC 提供了灵活性，同时也使得 S7-1200 PLC 成为众多应用场合的理想选择。

所有的 S7-1200 PLC 硬件都配备了可拆卸的端子板。因此只需要进行一次接线即可，从而在项目的启动和调试阶段节省了宝贵的时间。除此之外，它还简化了硬件组件的更换过程。

所有的 S7-1200 PLC 硬件在设计时都力求紧凑，以节省在控制柜中的安装占用空间。例如，CPU 1215C 的宽度仅有 130 mm，CPU 1214C 的宽度仅有 110 mm，CPU 1212C 和 CPU 1211C 的宽度也仅有 90 mm。通信模块和信号模块的体积也十分小巧，使得这个紧凑的模块化系统大大节省了空间，从而在安装过程中提供了更高的效率和灵活性。

S7-1200 背板总线集成在各模块上，通过将总线连接器插在模块机壳的左侧或右侧，使背板总线联成一体。背板总线由两类总线组成：用于快速交换信号的信号模块(SM)总线，连接在 CPU 模块的右侧；用于较大数据量交换的通信模块(CM)总线，连接在 CPU 模块的左侧，如图 5-2 所示。通过与 CPU 接口之间的连线使得那些具有通信总线接口的 SM 和 CM 模块可以通过总线系统进行通信，这样，通过 CPU 的编程设备接口就可以对这些模块进行编程。

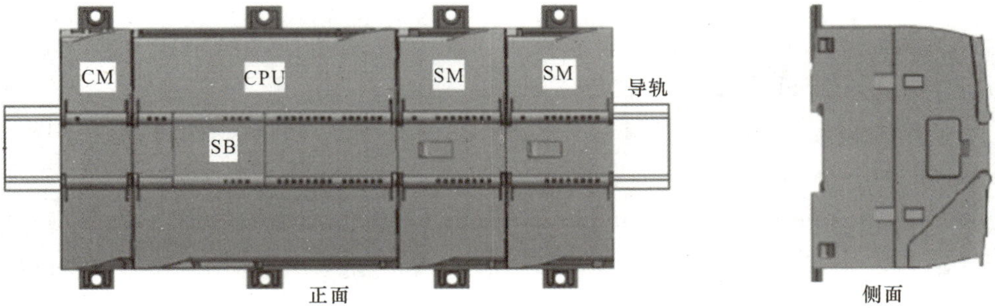

图 5-2　S7-1200 安装布置图

5.2　S7-1200 PLC 控制系统的基本构成

一个最基本的 S7-1200 PLC 控制系统由基本单元(S7-1200 CPU 模块)、计算机、TIA Portal 编程软件构成。在需要进行系统扩展时,系统组成中还可包括信号模块(数字量/模拟量扩展模块)、技术模块、通信模块、智能 I/O 设备、人机界面及相应的上位机软件等,如图 5-3 所示。

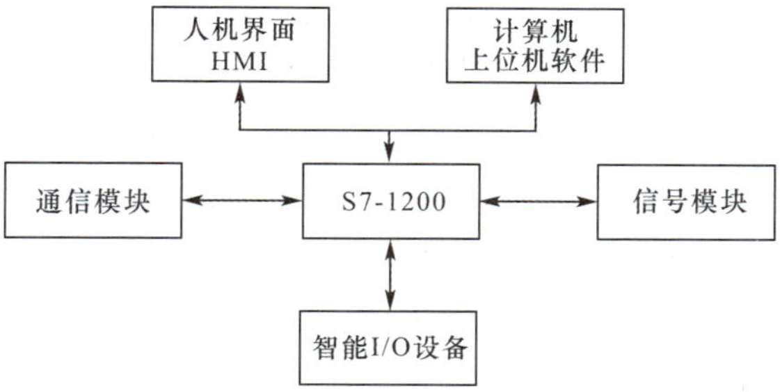

图 5-3　S7-1200 PLC 控制系统组成基本单元

5.2.1　基本单元

S7-1200 CPU 模块也称为主机。由中央处理器(CPU)、电源、PROFINET 接口、信号板(SB)接口、存储器接口、数字量输入/输出接口以及模拟量输入/输出接口组成,它们都被紧凑地安装在一个独立的装置中。基本单元可以构成一个独立的控制系统。

目前 S7-1200 PLC 主要有 CPU 1221、CPU 1222、CPU 1224、CPU 1225、CPU 1227 这五种规格。虽然其外形略有区别,但基本结构相同或相似。

1. S7-1200 CPU 的外形

S7-1200 CPU 的外形结构及接口位置如图 5-4 所示。

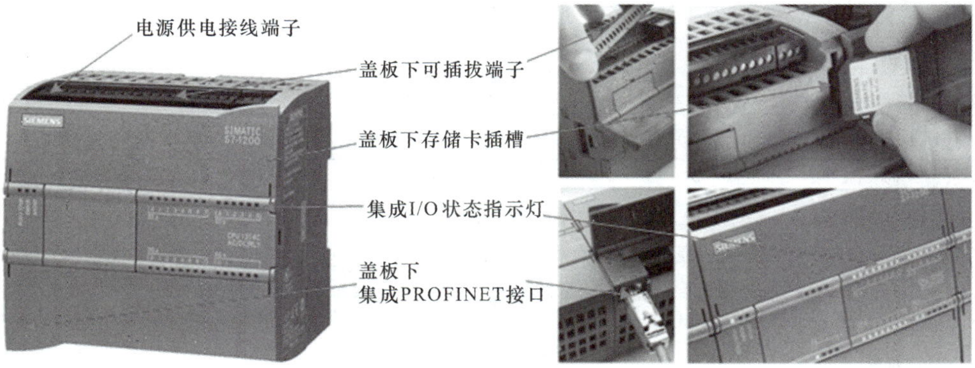

图 5-4　CPU 模块外形结构及接口位置

状态指示灯(LED)指示 CPU 的运行状态、故障状态、通信状态。

存储器卡接口可以插入存储卡。

PROFINET 接口用于编程、HMI 通信和 PLC 间的通信，此外通过开放的以太网协议支持与第三方设备的通信。该接口带一个具有自动交叉网线(auto-cross-over)功能的 RJ45 连接器，提供 10/100 Mbit/s 的数据传输速率，支持以下协议：TCP/IP native、ISO-on-TCP、S7、UDP、Modbus TCP、Profinet IO、OPC UA 通信等。最大的连接数为 68，具体分配可以查询《S7-1200 选型手册》，具有双端口的 CPU，支持 MRP 环网客户端与管理员功能。

顶部端子盖下面是输入端子和 PLC 供电电源端子。输入端子的运行状态可以由顶部端子盖下方的一排指示灯显示，ON 状态对应的指示灯亮。

底部端子盖下面是输出端子和传感器电源端子。输出端子的运行状态可以由底部端子盖下方的一排指示灯显示，ON 状态对应的指示灯亮。

在 CPU 模块的左侧有一个用于扩展通信模块的接口，右侧有一个用于扩展信号模块的接口，上方还有一个扩展信号板的接口。

2. S7-1200 CPU 的性能参数

S7-1200 PLC 的 CPU 1221、CPU 1222、CPU 1224、CPU 1225、CPU 1227 五种规格中，其性能依次提高，特别是用户程序存储器容量、I/O 数量、高速计数/脉冲功能等方面有明显区别。PLC 的 CPU、存储器、电源、基本 I/O 接口、通信接口等都安装于基本单元上，基本单元带有集成的 I/O 点，I/O 扩展模块以及网络通信功能通过 PLC 的扩展接口与基本单元连接。

S7-1200 CPU 的主要技术参数见表 5-1。

表 5-1　S7-1200 系列 CPU 的主要技术参数

<table>
<tr><th>型号</th><th>CPU 1211C</th><th>CPU 1212C</th><th>CPU 1212FC</th><th>CPU 1214C</th><th>CPU 1214FC</th><th>CPU 1215C</th><th>CPU 1215FC</th><th>CPU 1217C</th></tr>
<tr><td>标准 CPU</td><td colspan="7">DC/DC/DC，AC/DC/RLY，DC/DC/RLY</td><td>DC/DC/DC</td></tr>
<tr><td>故障安全 CPU</td><td>—</td><td colspan="6">DC/DC/DC，DC/DC/RLY</td><td>—</td></tr>
<tr><td>总线电流 DC 5 V</td><td>750 mA</td><td colspan="2">1 000 mA</td><td colspan="5">1 600 mA</td></tr>
<tr><td>传感器电源 DC 24 V</td><td colspan="3">300 mA</td><td colspan="5">400 mA</td></tr>
<tr><td>工作存储器</td><td>75 KB</td><td>100 KB</td><td>150 KB</td><td>150 KB</td><td>200 KB</td><td>200 KB</td><td>250 KB</td><td>250 KB</td></tr>
<tr><td>装载存储器</td><td>1 MB</td><td colspan="2">2 MB</td><td colspan="5">4 MB</td></tr>
<tr><td>保持存储器</td><td colspan="8">14 KB</td></tr>
<tr><td>集成数字 I/O</td><td>6/4</td><td colspan="2">8/6</td><td colspan="5">14/10</td></tr>
<tr><td>集成模拟 I/O</td><td colspan="5">2/-</td><td colspan="3">2/2</td></tr>
<tr><td>过程映像 I/O</td><td colspan="8">1 024/1 024 B</td></tr>
<tr><td>位存储器(M)</td><td colspan="3">4 096 B</td><td colspan="5">8 192 B</td></tr>
<tr><td>单个 DB 块容量</td><td colspan="8">64 KB</td></tr>
<tr><td>DB 块数量</td><td colspan="8">65 535</td></tr>
<tr><td>临时区域</td><td colspan="8">16 KB</td></tr>
</table>

（续表）

型号	CPU 1211C	CPU 1212C	CPU 1212FC	CPU 1214C	CPU 1214FC	CPU 1215C	CPU 1215FC	CPU 1217C
高速计数器	6							
高速脉冲输出	4							
信号板扩展	1							
通信模块扩展	3							
信号模块扩展	—	2		8				
脉冲捕捉输入	6	8		14				
延时中断	4							
循环中断	4							
上升/下降沿中断	6/6	8/8		12/12				
实时时钟保持	20 d							
布尔运算速度	0.08 μs							

标准 CPU 的类型除 CPU 1217C 仅有 DC/DC/DC 一种类型，其他 CPU 均有三种类型：DC/DC/DC；AC/DC/RLY；DC/DC/RLY。CPU 类型的三组字母符号，第一组代表 CPU 的供电电源类型，DC 表示直流 24V 供电，AC 表示交流 220 V 供电；第二组代表输入接口需要串接的电源，只有 DC，表示需要串接直流 24V 电源；第三组代表输出接口类型，DC 表示晶体管输出，是有源输出，RLY 表示继电器输出，是无源输出。

总线电流是 CPU 提供给每个扩展 I/O 所消耗的 DC 5 V 总线电流能力，当模块选择之后，需要验证每个模块消耗的总线电流是否小于 CPU 提供的总线电流。

传感器电源是 CPU 提供向外供电 DC 24 V 电源能力，如果用到此电源，同样需要验证消耗的电流是否小于 CPU 向外提供 DC 24 V 的总电流。

工作存储器存放运行代码及处理用户程序，不可扩展；装载存储器存放代码块、程序块，可用 MMC 卡扩展；保持性存储器存放永久保持性数据。

集成数字 I/O 接口的所有输入均支持源型/漏型，晶体管输出仅支持源型；集成模拟 I/O 接口所有输入仅支持 0～10 V，所有输出仅支持 0～20 mA。

临时区域是执行程序块期间使用的临时或本地存储器（L），程序块执行完成后，CPU 将重新分配本地存储器。

高速计数器不受 PLC 扫描周期的限制，每款 CPU 可支持的总数为 6，具体数量及硬件点数与被测对象信号类型相关；高速脉冲输出也不受 PLC 扫描周期的限制每款 CPU 可支持的总数为 4，具体数量与硬件点数与控制对象信号类型相关。

信号板在 CPU 正面面板扩展；通信模块在 CPU 左侧模块扩展；信号模块在 CPU 右侧模块扩展。

输入点启用脉冲捕捉时，输入状态的改变被锁定，并保持至下一次输入循环更新这样可确保捕捉到持续时间很短的脉冲。

延时中断是指延时中断事件在经过一个指定的延时后发生；循环中断以指定的时间间隔执行；上升/下降沿中断是指输入发生变化时触发硬件中断事件，例如输入点上的上升沿/下降沿事件。

实时时钟保持指无电池卡 20 d，有电池卡则和电池寿命相关。

3. S7-1200 CPU 外部端子接线图(以 1214C DC/DC/DC 为例)

图 5-5 为 CPU 1214C DC/DC/DC 模块的外部端子接线图。图中“A”为 CPU 模块的供电电源接口；“B”为 CPU 模块提供的 DC 24 V 传感器电源接口。在图中有“1”“2”“3”共三个 DC 24 V，其中“1”为外部的 DC 24 V 电源，必须接到“A”接口上；而“2”和“3”可以是外部的 DC 24 V 电源，也可以是 CPU 模块提供的 DC 24 V 电源(连接“B”接口)。如果“2”和“3”的 DC 24 V 连接的是“B”接口，那么需要考虑“2”和“3”消耗的电流是否小于“B”接口提供的电流。如果“2”和“3”的 DC 24 V 连接的是外部的 DC 24 V 电源，那么就不需要考虑“2”和“3”消耗的电流大小问题。这个问题在硬件选型的时候需要考虑。

CPU 1214C DC/DC/DC 模块共有 14 个数字量输入点，由输入端子 DIa. 0～a. 7、b. 0～b. 5 组成，每个外部输入的开关信号均由各输入端子接入，串接一个直流电源“2”至公共端 1M。CPU 模块共有 10 个数字量输出点，由输出端子 DQa. 0～a. 7、b. 0～b. 1 组成，每个负载的一端与输出点相连，另一端串接一个直流电源“3”与公共端 3L＋相连。由于是晶体管输出方式，所以只能带直流负载。一般工程应用中，会将开关量的输出口直接连接一个继电器的线圈，然后通过该继电器的触点连接负载。这样做一方面是维护方便，另一方面触点回路可以接直流也可以接交流，根据负载的电源性质决定。CPU 模块共有 2 个模拟量输入点 AI0 和 AI1，只能接电压信号，连接方式如图 5-5 所示。如果模拟量传感器输出的是 4～20 mA 电流信号，同时还要用 CPU 模块上的电压通道，那么可以在 AI0 和公共端 2M 之间连接一个 500 Ω 的电阻，当 4～20 mA 电流信号流过电阻，在电阻两端就有 2～10 V 的电压。

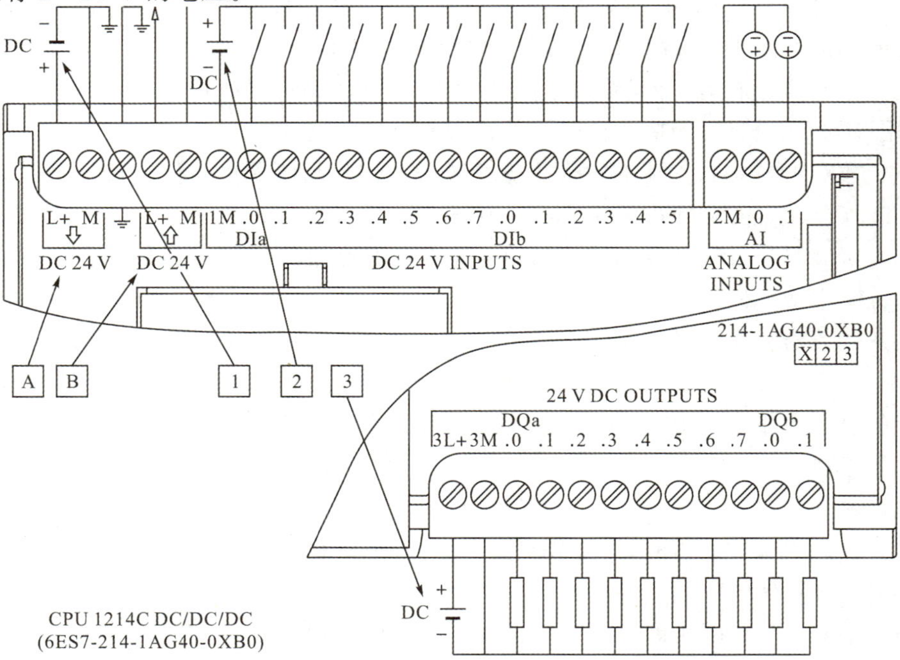

图 5-5　CPU1214CDC/DC/DC 外部端子接线图

5.2.2 编程设备(计算机)

编程设备的功能是编制程序、修改程序、测试程序，并将测试合格的程序下载到 PLC 系统中。为了降低编程设备的成本，目前广泛采用计算机作为编程设备，但需配置西门子提供的专用编程软件。S7-1200 PLC 的编程软件是 TIA Portal(博途)，该软件在 Windows 平台上运行。TIA Portal 软件提供了非常简便、灵活的项目创建、编辑和下载方式。不需要购买专用编程电缆，仅使用以太网卡和以太网线即可实现对 S7-1200 CPU 的监控和下载。

5.2.3 人机界面(HMI)

西门子 HMI(Human Machine Interface)定义为人机界面，是一种交互和信息交换的媒介，允许人类与机器、系统或设备进行交互。它通常包括处理器、显示单元、输入单元等硬件部分，以及系统软件和画面组态软件。

SIMATIC HMI 面板产品线为每种应用提供了恰当的解决方案。从简单的按键式面板到移动面板，直至高性能多功能面板，提供了坚固、紧凑的多种人机界面。与工程软件 WinCC 相结合，SIMATIC HMI 面板和面板式 PC 保证了机器级 HMI 的突出效率。这些面板作为人机交互设备，已被成功应用于各行各业。

西门子不同型号 HMI 面板如图 5-6 所示。上面两个为增强型 HMI，下面三个为基础型 HMI。

图 5-6　西门子 SIMATIC HMI 面板

5.2.4 智能 I/O 模块

SIMATIC S7-1200 PLC 集成的 PROFINET 接口可以支持 8 个连接用于 Open IE (TCP,ISO-on-TCP、UDP、Modbus TCP)的编程通信;支持 34 个动态连接,用于连接 OPC UA 客户端。因此当 S7-1200 PLC 支持的扩展模块不够使用时或需要特殊的定制功能时,可以借助 PROFINET 接口和其他厂家支持 Open IE 协议或 OPC UA 协议的满足需要的智能 I/O 模块连接,达到扩展功能和接口数量的效果。比如,一个 S7-1200 CPU 最多只能提供 4 个 RS485 串口,当系统需要 8 个 RS485 串口时,一个 CPU 肯定不够用,再增加一个 CPU,成本较高。此时就可以用串口服务器这样的智能 I/O 模块来增加串口,满足系统需要。如图 5-7 所示列举了两款国产串口服务器,宇泰和三旺。

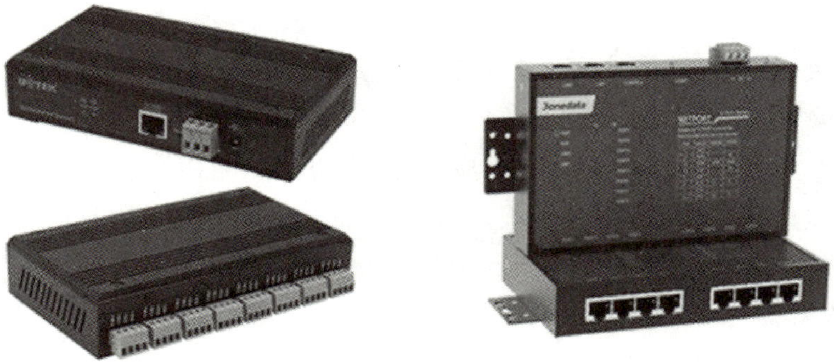

(a)宇泰　　(b)三旺

图 5-7　串口服务器

5.3 S7-1200 PLC 的信号扩展模块

当 S7-1200 PLC 主机的输入/输出接口不能满足控制要求时,可以选配各种信号模块来扩展。通常,信号模块扩展包括 I/O 点数扩展和功能扩展两类。S7-1200 PLC 的信号模块有数字量模块、模拟量模块、智能模块以及信号板等。

5.3.1 数字量模块

数字量模块/信号板有数字量输入、数字量输出、数字量输入/输出三种,见表 5-2 和表 5-3。

表 5-2　　S7-1200 PLC 数字量模块一览表

类型	型号	总线电流(DC 5 V)消耗	模块电流(DC 24 V)消耗
数字量输入	SM1221 DI8×DC 24 V	105 mA	所用的每点输入 4 mA
	SM1221 DI16 ×DC 24 V	130 mA	所用的每点输入 4 mA

（续表）

类型	型号	总线电流(DC 5 V)消耗	模块电流(DC 24 V)消耗
数字量输出	SM 1222 DQ8×RLY	120 mA	所用的每个继电器线圈 11 mA
	SM 1222 DQ8×RLY(双态)	140 mA	所用的每个继电器线圈 16.7 mA
	SM 1222 DQ16×RLY	135 mA	所用的每个继电器线圈 11 mA
	SM 1222 DQ8×DC 24 V	120 mA	50 mA
	SM 1222 DQ16×DC 24 V	140 mA	100 mA
	SM 1222 DQ16×DC 24 V (漏型)	140 mA	40 mA
数字量输入/输出	SM 1223 DI8×DC 24 V,DQ8×RLY	145 mA	所用的每点输入 4 mA 所用的每个继电器线圈 11 mA
	SM 1223 DI16×DC 24 V,DQ16×RLY	180 mA	
	SM 1223 DI8×DC 24 V,DQ8×DC 24 V	145 mA	150 mA
	SM 1223 DI16×DC 24 V,DQ16×DC 24 V	185 mA	200 mA
	SM 1223 DI16×DC 24 V,DQ16 ×DC 24 V(漏型)	185 mA	40 mA
	SM 1223 DI8×120/230 V AC,DQ8×RLY	120 mA	所用的每个继电器线圈 11 mA

表 5-3　S7-1200 PLC 数字量信号板一览表

类型	型号	总线电流(DC 5 V)消耗	模块电流(DC 24 V)消耗
数字量输入	SB 1221 DI4×DC 5 V,200 kHz	40 mA	15 mA /每通道+15 mA
	SB 1221 DI4×DC 24 V,200 kHz	40 mA	7 mA /每通道+20 mA
数字量输出	SB 1222 DQ4×DC 24 V,200 kHz	35 mA	15 mA
	SB 1222 DQ4×DC 5 V,200 kHz	35 mA	15 mA
数字量输入/输出	SB 1223 DI2×DC 24 V,DQ2×DC 24 V,200 kHz	35 mA	15 mA /每通道+15 mA
	SB 1223 DI2×DC 5 V,DQ2×DC 5 V,200 kHz	35 mA	7 mA /每通道+20 mA

1. 数字量模块特性

数字量输入模块(SM 1221)、数字量信号板(SB 1221)的每一个输入点可接收一个来自用户设备的开关量信号(ON/OFF)，典型的输入设备有按钮、限位开关、选择开关、继电器触点等。每个输入点与一个且仅与一个输入电路相连，通过输入接口电路把现场开关信号变成 CPU 所能接收的标准电信号(0/1)。数字量输入模块可分为直流输入模块和交流输入模块，以适应实际生产中输入信号电平的多样性。

数字量输出模块(SM 1222)、数字量信号板(SB 1222)每一个输出点能控制一个用户的离散型(ON/OFF)负载。典型的负载包括继电器线圈、接触器线圈、电磁阀线圈、指示灯等。每一个输出点与一个且仅与一个输出电路相连，通过输出电路把 CPU 运算处理的结果转换成驱动现场执行机构的各种大功率的开关信号。

2. 数字量模块端子接线图

数字量的所有输入接口支持漏型和源型两种接线方式，漏型接线是电流方向流进输入接口；源型接线是电流方向流出输入接口，如图 5-8 所示。在实际应用中一般采用漏型接线方式。

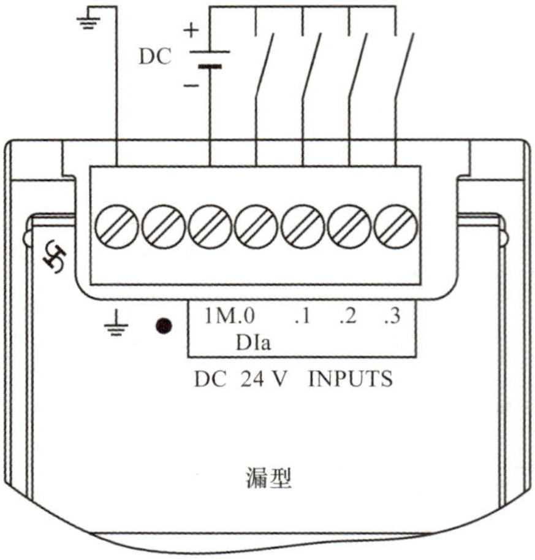

图 5-8 数字量输入接口接线类型

数字量输出接口有晶体管和继电器两种输出方式。晶体管输出是有源输出，在输出模块接线时就串接了 DC 24 V 电源；继电器输出是无源输出，根据负载需要选择对应电源类型和等级，如图 5-9 所示。在实际应用中，一般选择晶体管输出方式的模块。通常来讲输出控制应该是无源输出，可以避免和负载之间的电位差。但采用晶体管输出控制外接的继电器线圈，通过外接继电器的触点回路控制负载，同样可以避免 PLC 和负载之间产生电流。同时当负载产生扰动或故障，冲击到控制回路，造成损害时，只需要更换外接的继电器即可；而选择继电器输出模块时只能进行该模块的替换或维修。

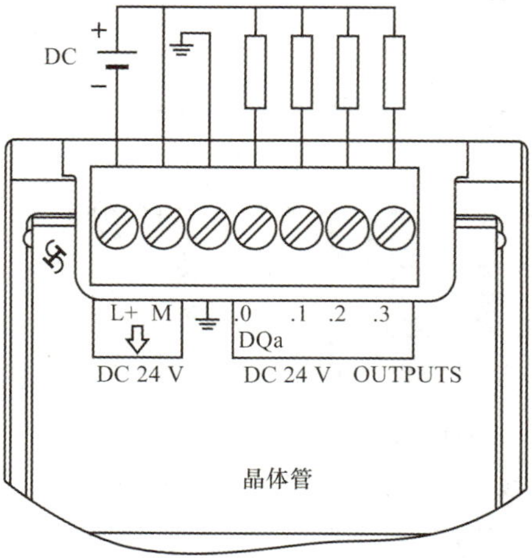

图 5-9 数字量输出接口接线类型

5.3.2　模拟量模块

模拟量模块/信号板有模拟量输入、模拟量输出、模拟量输入/输出三种，见表 5-4。

表 5-4　S7-1200 PLC 模拟量模块一览表

类型	型号	总线电流(DC 5 V)消耗/mA	模块电流(DC 24 V)消耗/mA
模拟量输入	SM 1231 AI 4× 13 位	80	45
	SM 1231 AI 8× 13 位	90	45
	SM 1231 AI 4× 16 位	80	60
	SM 1231 AI 4× 16 位热电偶	80	40
	SM 1231 AI 8× 16 位热电偶		
	SM 1231 AI 4× 16 位热电阻		
	SM 1231 AI 8× 16 位热电阻	90	
模拟量输出	SM 1232 AQ 2× 14 位	80	45(无负载)
	SM 1232 AQ 4× 14 位		
模拟量输入/输出	SM 1234 AI 4×13 位,AQ 2× 14 位	80	60(无负载)

表 5-5　S7-1200 PLC 模拟量信号板一览表

类型	型号	总线电流(DC 5 V)消耗/mA	模块电流(DC 24 V)消耗/mA
模拟量输入	SB 1231 AI 1× 12 位	55	—
	SB 1231 AI 1× 16 位热电偶	5	20
	SB 1231 AI 1× 16 位热电阻	5	25
模拟量输出	SB 1232 AQ 1× 12 位	15	40(无负载)

1. 模拟量模块特性

工业控制中，除了用数字量信号来控制外，有时还要用模拟量信号来进行显示、分析和控制。

外部输入信号如压力、位移、温度、速度等是模拟量，输出控制的执行机构(如变频器和电动调节阀等)要求 PLC 输出模拟量信号，而 PLC 的 CPU 只能处理数字信号。因此模拟量模块主要的功能就是将外部的模拟信号转换成数字信号或将内部的数字信号转换成模拟信号。

通过 PLC 进行模拟量控制时，首先是通过传感器和变送器将模拟量转换成标准量程的电流(4～20 mA 等)或电压信号(0～10 V 等)，PLC 内部的 A/D 转换器将标准信号转换成数值信号(4～20 mA 对应 5 530～ 27 648;0～10 V 对应 0～27 648);接着在输入采样阶段将数字信号送入模拟量输入映像寄存器，执行用户程序，PLC 将要输出的数字信号存放在模拟量输出映像寄存器;最后在输出刷新阶段送入 D/A 转换器，转换后的直流模拟量信号经放大驱动后输出。模拟量 I/O 模块的主要任务就是实现 A/D 转换(模拟量输入)和 D/A 转换(模拟量输出)。

在船舶锅炉压力控制实验中,锅炉压力用压力传感器检测,变送器将压力转换为 4～20 mA 的标准电信号后送入 PLC 的模拟量输入模块,经 A/D 转换后得到与压力值成正比的数字量,CPU 将此值与压力设定值比较,并运用 PID 算法对差值进行运算,将运算结果(数字量)送给模拟量输出模块,经 D/A 转换后,以 0～20 mA 模拟量输出控制风门大小来控制锅炉加热的功率,实现对压力的闭环控制。

在选择和使用模拟量模块时,首先明确两个模拟量参数:模拟量转换的分辨率、模拟量转换的精度(误差)。

分辨率是 A/D 或 D/A 模拟量转换芯片的转换精度,即用多少位的数值来表示模拟量。比如型号为 SM1231 AI 4×13 的模块,模块分辨率为 13 位(12 位+符号位),见表 5-6。

当分辨率小于 16 位时,相应的位左侧对齐,未使用的最低位补"0"。如表中分辨率"13 位",16−13=3,即最低的 3 位不用,从第四位 bit 3 开始变化,其最小变化单位 $2^3=8$,bit 0～bit 2 则补" 0 "。则 SM1231 AI 4×13 模块 A/D 模拟量转换芯片的转换精度为 $2^3/2^{15}=1/4\ 096$。能够反映模拟量变化的最小单位是满量程的 1/4 096 。

表 5-6　　数字化模拟值的表示方法

分辨率	模拟量值															
位	15	14	13	12	11	10	9	8	7	6	5	4	3	2	1	0
位值	2^{15}	2^{14}	2^{13}	2^{12}	2^{11}	2^{10}	2^9	2^8	2^7	2^6	2^5	2^4	2^3	2^2	2^1	2^0
16 位	0	1	0	0	0	1	1	0	0	1	0	1	1	1	1	1
13 位	0	1	0	0	0	1	1	0	0	1	0	1	1	0	0	0

当模块分辨率为 13 位时,单极性测量值有 $2^{12}=4\ 096$ 个增量。当测量范围为 0～10 V 时,能够达到的上溢值为 11.852 V,0～10 V 的测量范围见表 5-7。最小增量值为上溢值 11.852 V/4 096,即 2.89 mV。如果精度从 13 位增加到 16 位(15 位+符号位),那么增量数将增加 8 倍,从 4 096 增加到 32 768,模块最小增量为 11. 852 V/32 768,即 0.36 mV。模拟量转换的精度体现了测量值采集的整体误差,除了取决于 A/D 转换的分辨率,还受转换芯片的外围电路的影响。在实际应用中,输入的模拟量信号会有波动、噪声和干扰,内部模拟电路也会产生噪声、漂移,这些都会对转换的最后精度造成影响。高分辨率不代表高精度,但为达到高精度必须具备一定的分辨率。

表 5-7　　数字值对应 0～10 V 的测量范围

数字值	电压测量值	说明
32 767	11.852 V	上溢值
27 648	10 V	额定最大值
1	2.89 mV(13 位),0.36 mV(16 位)	精度
0	0	额定最小值

2. 模拟量输入输出端子接线图

如图 5-10 所示为标准模拟量输入接线图,图 5-10(a)为直接连接电压(−10～10 V)或电流(0～20 mA)信号的接线图;图 5-10(b)为连接传感器的接线图,传感器是需要供电才能工作的，因此需要串接电源。需要在 TIA Portal 软件的硬件组态里设置对应的信号类型。在实际工程应用中，传感器提供的是 4～20 mA 信号，一是因为电流信号不会衰减，二是 4 mA 对应外界模拟量信号（压力、温度等）的零值，那么 0 mA 的信号值就可以作为模拟量通道的诊断信号。

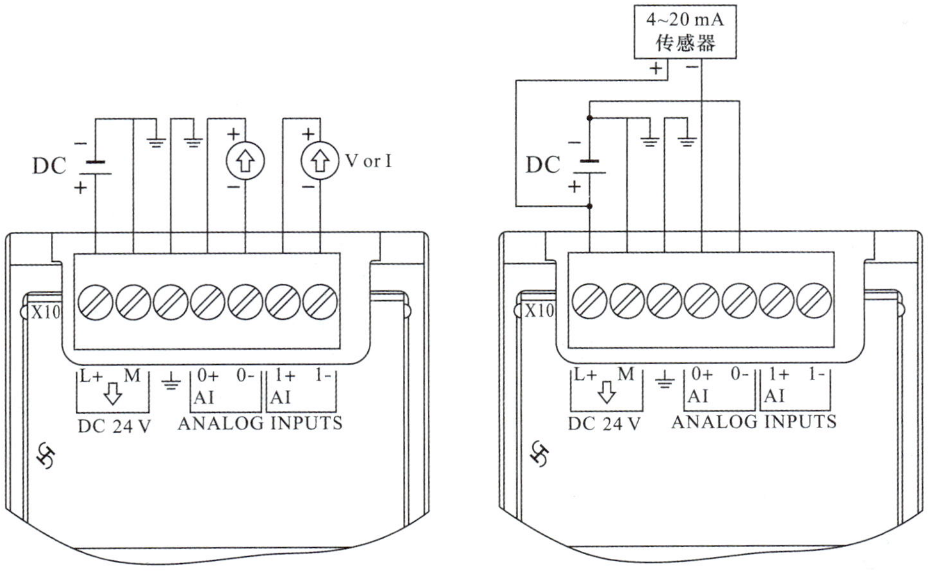

(a) 电压、电流信号接线　　(b) 传感器4~20 mA信号接线

图 5-10　标准模拟量输入接线图

S7-1200 PLC 的测温模块包括热电偶模块和热电阻模块两种，是模拟量模块的特殊形式，可以直接连接 TC（热电偶）和 RTD（热电阻）来测量温度。用户程序可以访问相应的模拟量通道，直接读取温度值。如图 5-11 所示为热电阻、热电偶模拟量输入接线图，图 5-11(a)是热电阻信号接线图；图 5-11(b)是热电偶信号接线图。热电阻模块需要短接不使用的输入通道（I+与 I−短接）。

热电阻信号为电阻信号，满量程对应测量值 0～27 648，测量值除以 10 得到温度值，如通道测量值为 253，则对应的温度值为 25.3。热电偶信号为电压信号，满量程对应测量值−27 648～27 648，温度测量值同样除以 10 得到温度值。

图 5-12 为模拟量输出接线图，在 TIA Portal 软件的硬件组态里设置输出的信号类型，电压或电流。

3. 模拟量输入模块的输入数据值转换为实际的物理量

举例说明：量程为 0～100 ℃的温度传感器转换后输出的信号为 4～20 mA，如果 PLC 程序中读到的数据是 15 000，那么温度传感器测得的温度是多少？

模拟量输入模块采用 0～20 mA 的量程，因此 A/D 转换后的数值范围是 0～27 648。那么 4～20 mA 对应的数值是 5 530～27 648，即 0～100 ℃对应的数值就是 5 530～27 648。设测得的温度是 x，根据线性转换原理得到下式：

$$\frac{x-0}{1-0}=\frac{15\ 000-5\ 530}{27\ 648-5\ 530}\rightarrow x\approx 0.43\ \text{Mpa}$$

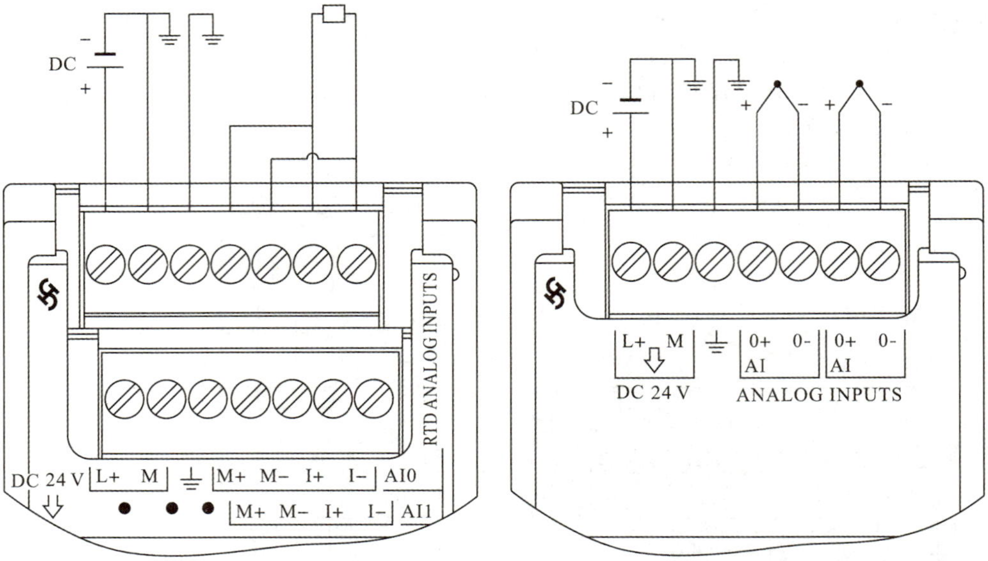

(a) 热电阻信号接线　　(b) 热电偶信号接线

图 5-11　热电阻、热电偶模拟量输入接线图

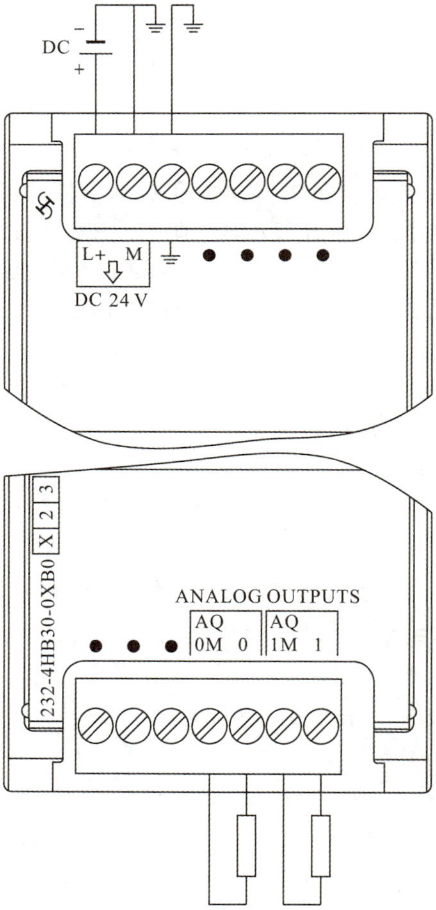

图 5-12　模拟量输出接线图

5.3.3　智能模块

为了满足更加复杂的控制需要，S7-1200 PLC 还配有多种智能模块，以适应工业控制的多种需求。

1. 电能模块

能源效率在工业领域的地位日益重要。法律法规的要求、渐趋增长的利润压力和日益提高的气候保护意识，这三者是促使人们降低能源成本和引入能源管理系统的主要推动因素。电能模块可以采集能源数据。与 SIMATIC S7-1200 的功能相结合，可以对测定的数据进行评估、显示和归档。S7-1200 通过 SM1238 模块可以实现多达 200 余种不同的电气测量以及能源计量，实现生产设备直至机器级别的各个组件的能源需求透明化。

该模块支持单相、两相、三相的交流电源网络，支持的最大线电压可以达到 AC 480 V，最大相电压可以达到 AC 277 V。支持记录的测量值有：电压、电流、相位角、功率（有功/无功/视在功率）、电能计量、频率以及功率因数等。

2. 通信模块

S7-1200 PLC 的 CPU 本体集成了一个 PROFINET 接口，支持 TCP/IP、UDP 、OPC UA（服务器）、ISO-on-TCP 、Modbus TCP 以及 Profinet IO 等工业以太网总线协议。因此通信扩展主要是除了工业以太网之外的通信模块，主要有串口模块以及 PROFIBUS 模块，见表 5-8。S7-1200 的 CPU 最多支持 3 个通信模块，连接在 CPU 的左侧。

表 5-8　主要的通信模块

模块型号	总线类型	总线电流（DC 5 V）消耗/mA	模块电流（DC 24 V）消耗/mA	说明
CM 1241	RS422/485	220	—	用于执行强大的点对点高速串行通信，支持 ASCII，USS drive protocol，Modbus RTU 协议。
CB 1241	RS485	50	80	
CM 1243-5	PROFIBUS	—	100	DP 主站，可以和其他 CPU、DP 从站设备通信。
CM 1242-5	PROFIBUS	150	—	DP 从站，可以作为 DP 从站设备与任何主站设备通信。

5.4　S7-1200 PLC 的系统配置

S7-1200 PLC 任一型号的主机都可单独构成基本配置，作为一个独立的控制系统。S7-1200 PLC 各型号主机的 I/O 配置是固定的，它们的 I/O 字节地址可以自由设定，但是在实际应用中，主要还是默认设置，字节地址从小到大依次布置。具体应用中，可以采用主机带扩展模块/板的方法扩展 S7-1200 PLC 的系统配置，采用数字量模块/板或模拟量模块/板可扩展系统的控制规模，采用智能模块/板可扩展系统的控制功能。

5.4.1 主机加扩展模块/板的最大 I/O 配置

S7-1200 PLC 主机带扩展模块/板进行扩展配置时会受到相关因素的限制，最大 I/O 扩展能力取决于以下几个因素，这些因素之间互相影响、制约，必须综合考虑：

(1)CPU 输入/输出过程映像区大小。

(2)CPU 本体的 I/O 点数。

(3)CPU 带扩展模块的数目。

(4)CPU 的 DC 5 V 背板总线电源容量是否满足所有扩展模块的需要。

以上因素的具体参数见表 5-1。

当然如果实际系统超过了主机加扩展模块/板的最大 I/O 配置，还可以通过 PROFINET 或者 PROFIBUS 网络连接分布式智能 I/O 的方式扩展。

5.4.2 I/O 点数的扩展与编址

编址就是对 I/O 模块上的 I/O 点进行编码，以便程序执行时可以唯一地识别每个 I/O 点。具体有以下几个原则：

(1)S7-1200 CPU 有一定数量的本机 I/O，I/O 的地址可以通过 TIA Portal 软件自由设置。可以用扩展模块来增加 I/O 点数，扩展模块安装在 CPU 模块的右边，其 I/O 点的默认地址由模块类型和同类 I/O 模块中的位置来决定，按照由左至右的顺序对地址编码依照一定的规则排序。

(2)数字量 I/O 点的编址是以字节长(8 位)为单位，采用存储器区域标识符(I 或 Q)、字节号、位号的组成形式，在字节号和位号之间以点分隔。每个 I/O 点具有唯一地址，如 I0.5、Q1.3 等。

(3)数字量扩展模块是以字节(8 位)的方式来分配地址的，若本模块实际位数不满 8 位，未用位不能分配给 I/O 点的后续模块。对于输出模块，将保留字节中未用的位，可以用作内部标志位存储器；而对于输入模块，每次更新时都将输入字节中未用的位置零，因此不能将它们用作内部标志位存储器。例如，CPU 1224 有 10 个输出点，但它却要占用逻辑输出区 16 个点，2 个字节的地址。

(4)模拟量 I/O 点的编址是以字长(16 位)为单位，在读/写模拟量信息时，模拟量 I/O 以字为单位读/写。模拟量输入只能进行读操作，而模拟量输出只能进行写操作，每个模拟量 I/O 点都是一个模拟量端口，模拟量端口的地址由存储器区域标识符(I 或 Q)、数据长度标志(W)、字节地址(0～1 023)组成。模拟量端口的地址以 2 递增(如 IW0、IW2 和 QW0、QW2 等)，数字“0”和“2”表示的是字节地址，而模拟量是以字来表示的，一个字包含两个字节，例如模拟量 IW0 由字节 IB0 和 IB1 组合而成。

5.4.3 内部电源负载能力计算

1. PLC 内部 DC 5 V 电源的负载能力

CPU 模块和扩展模块正常工作时，需要 DC 5 V 工作电源。S7-1200 PLC 内部电源模块提供的 DC 5 V 电源为 CPU 模块和扩展模块提供了工作电源，其中扩展模块所需的 DC 5 V 工作电源是由 CPU 模块通过总线连接器提供的。CPU 模块向其总线扩展接口提供的电流值是有限制的，因此在配置扩展模块时，应注意 CPU 模块所提供的 DC 5 V 电源的负载能力。电源超载会发生难以预料的故障或事故，因此为确保电源不超载，应使各扩展模块消耗 DC 5 V 电源的电流总和不超过 CPU 模块所提供的电流值。否则的话，要对系统重新配置。因此系统配置后，必须对 S7-1200 主机内部的 DC 5 V 电源的负载能力进行校验。

S7-1200 PLC 各 CPU 模块为扩展模块所能提供 DC 5 V 电源的最大电流和各扩展模块对 DC 5 V 电源的电流消耗，见表 5-1～表 5-5。

2. PLC 内部 DC24V 电源的负载能力

S7-1200 主机的内部电源模块除了提供 DC 5 V 电源外，还提供 DC 24 V 电源。DC 24 V 电源也称为传感器电源，它可以作为 CPU 模块和扩展模块用于检测直流信号输入点状态的电源，如果用户使用传感器的话，也可作为传感器的电源。一般情况下，CPU 模块和扩展模块的输入、输出点所用的 DC 24 V 电源是由用户外部提供的。如果使用 CPU 模块内部的 DC 24 V 电源，应注意该 DC 24 V 电源的负载能力，使 CPU 模块及各扩展模块所消耗电流的总和不超过内部 DC 24 V 电源所提供的最大电流。如果电源要求超出了 CPU 模块的电源额定值，需要增加一个外部 DC 24 V 电源。

S7-1200 PLC 各 CPU 模块为扩展模块所能提供 DC 24 V 电源的最大电流和各扩展模块对 DC 24 V 电源的电流消耗，见表 5-1～表 5-5。

5.4.4　硬件配置举例

以长江汽渡船的机舱监测报警系统为例，如果需要数字量输入点 56 个，数字量输出点 5 个，模拟量输入端口 20 个，4 个 RS485 串口，那么该如何配置 S7-1200 PLC 硬件？

1. 确定 CPU 主机型号

S7-1200 PLC 的 CPU 型号有 1211、1212、1214、1215 和 1217。首先可以排除 1211 和 1212，因为 1211 不能扩展模块，1212 只能扩展 2 个模块，明显不够。1214、1215 和 1217 都可以扩展 8 个模块，而监测报警需要的功能都能满足，因此从成本上考虑选择 1214。但是 1214 有三个型号：DC/DC/DC、DC/DC/RLY 和 AC/DC/RLY。三个型号都可以，但是笔者更倾向于选择 DC/DC/DC。电源选择 DC，一是 DC 24 V 相对安全，二是输入输出接口需要 DC 24 V，可以直接采用供电的 DC 24 V，不需要考虑 CPU 本体传感器 DC 24 V 的容量问题。数字量输出选择 DC，参见如图 5-9 所示输出接口说明。

因此 CPU 的型号选择 1214C DC/DC/DC。

2. 扩展模块型号和数量

在功能满足的前提下，主要根据输入/输出点数确定扩展模块。在实际应用中，不能使选择扩展模块后输入/输出点数和需要的完全一样，考虑到后期接口损坏维护和系统升级的需要，应适当增加余量。笔者在实际应用中每 7 个点增加一个余量，正好一个字节的输入/输出里有一个备用余量。分布式增加余量的好处是，在系统比较大，点数比较多时，在接口需要更换时，外界接线能够连上。如果太远，实际连接的硬线长度有可能不够。

实际数字量输入点的需求：56＋8＝64。

实际数字量输出点的需求：5＋1＝6。

实际模拟量输入的需求：20＋3＝23。

RS485 串口模块的需求：4 个，一个串口模块只有一个 RS485 接口，一般不留余量。

从表 5-9 中可以看出扩展了 3 个通信模块，1 个通信板，满足实际系统 4 个 RS485 接口的需要。扩展了 3 个 16DI 和 1 个 8DI 数字量输入模块，一共有 70 个 DI，满足实际系统 64 个 DI 的需要。CPU 本体集成了 10 个 DQ，已满足实际系统 6 个 DQ 的需要，因此不需要扩展数字量输出模块。扩展了 3 个 8AI 模拟量输入模块，一共有 26 个 AI，满足实际系统 23 个 AI 的需要。

表 5-9　　PLC 模块选型表

模块	点数	数量
CPU 1214C DC/DC/DC	14DI，10DQ，2AI	1
SM1221 DI16 ×24 V DC	16DI	3
SM1221 DI8×24 V DC	8DI	1
SM 1231 AI8× 13 位	8AI	3
CM 1241	1 个 RS485	3
CB 1241	1 个 RS485	1

CPU 1214C 支持最多 3 个通信模块，1 个信号板，8 个信号模块的扩展。而实际系统需要扩展 3 个通信模块，1 个信号板，7 个信号模块，符合要求。

如果实际系统需要扩展模块的数量超过 CPU 支持的数量，怎么办？有两个方法：一是另外增加 S7-1200 CPU 的数量；二是添加智能 I/O，如果 RS485 串口模块不够，可以添加第三方串口服务器，如果输入/输出接口不够，可以添加支持 Modbus TCP 的第三方数据采集器。

3. 对主机内部的 DC 5 V 电源的负载能力进行校验

根据表 5-9 中选择的 CPU 和扩展模块/板，DC 5 V 电源需求计算见表 5-10。

表 5-10　　电源需求计算列表

CPU 电源计算	DC 5 V
CPU 1214C DC/DC/DC	1 600 mA
3 个 SM 1221 DI16 ×24 V DC	3 ×130 mA＝390 mA
1 个 SM 1221 DI8×24 V DC	1 ×105 mA＝105 mA
3 个 SM 1231 AI8× 13 位	3 ×90 mA＝270 mA
3 个 CM 1241	3×220 mA＝660 mA
1 个 CB 1241	1 ×50 mA＝50 mA
总要求	1 475 mA
电流差额	125 mA

5.5　S7-1200 PLC 硬件系统的常见问题

1. 数字量输出分成晶体管和继电器两种类型，它们的区别是什么？

答：继电器型的负载电流比晶体管的大，但是输出频率受到机械装置的影响不能太大，同时存在机械寿命的限制；晶体管型的负载电流比继电器的小，但是输出频率快，没有机械寿命的限制。

晶体管型输出有内部保护，可以适应大多数场合；继电器型输出没有内部保护，在使用感性负载时，要加入抑制电路。

2. 模拟量通道值不稳定的原因是什么？如何解决？

答：模拟量通道值不稳定的原因可能如下：

(1)可能使用了一个自供电或隔离的传感器电源，两个电源没有彼此连接，即模拟量输入模块的电源地和传感器的信号地没有连接。这将会产生一个很高的上下振动的共模电压，影响模拟量输入值。

解决方法：连接模拟量通道的负端与模拟量模块供电的 M 端。

(2)模拟量信号线过长、信号线没有使用屏蔽双绞线、屏蔽层没有接地、现场电磁干扰等原因。

解决方法：模拟量信号容易受到电磁干扰，信号线要选择屏蔽双绞线，屏蔽层需要单端接地。信号线与动力线应分开铺设并保持一定的距离。

(3)CPU 以及模拟量输入模块供电电源存在电磁干扰。

解决方法：可以考虑在电源线上增加隔离变压器或者滤波器。可以通过设置模拟量模块的滤波程度来平滑模拟量输入信号。

3. CPU 通电工作时能否进行模板的热插拔？

答：不能，所有的信号板、信号模板和通信模板都不支持通电时的插入和拔除(热插拔)。

4. SM1231 模拟量输入模块未使用通道如何处理？

答：应将未使用的电压输入通道短路。使用导线短接通道的正负两个端子，例如短接 0 通道的 0+和 0−端子；应将未使用的电流输入通道设置在 0～20 mA。

习题和思考题

1. 简述 S7-1200 PLC 系统的基本构成。
2. S7-1200 CPU 系列有哪些产品？各产品之间有什么差异？
3. 数字量输出模块有哪几种类型？各有什么特点？

4. S7-1200 PLC 模拟量扩展模块的性能指标有哪些？如何正确使用模拟量扩展模块？

5. 用于测量温度(0～99 ℃)的变送器输出信号为 4～20 mA，模拟量输入模块将 0～20 mA 转换为数字量 0～27 648，试求当温度为 40 ℃时，转换后得到的二进制数 N。

6. 某 PLC 控制系统，需要数字量输入点 45 个；数字量输出点 10 个；模拟量输入通道 15 个；RS485 串口 4 个。请选择 S7-1200 PLC 的机型及其扩展模块，要求按空间分布位置对主机及各模块的输入、输出点进行编址，并对主机内部的电源的负载能力进行校验。

思政3

第6章 S7-1200 PLC程序管理

TIA Portal(简称"博途")是西门子公司发布的一款全新的全集成自动化软件。它是业内首个采用统一的工程组态和软件项目环境的自动化软件,几乎适用于所有的自动化任务。借助该软件平台,用户能够快速、直观地开发和调试自动化系统,可对西门子公司全集成自动化中涉及的所有自动化和驱动产品进行组态、编程和调试。博途软件由 4 部分组成:用于硬件组态和编写 PLC 程序的 SIMATIC STEP 7;用于仿真调试的 SIMATIC S7-PLCSIM;用于组态可视化监控系统、支持触摸屏和 PC 工作站的 SIMATIC WinCC;用于设置和调试变频器的 SINAMICS Startdrive 和用于安全性 S7 系统的 STEP 7 Safety。

第6章微课

TIA Portal STEP 7 软件向用户提供了非常简便、灵活的项目创建、编辑和下载方式。用户不需要购买专用编程电缆,仅使用以太网卡和以太网线即可实现对 S7-1200 CPU 的监控和下载。S7-1200 PLC 的用户程序开发管理主要有如下内容:

(1)新建项目。

(2)硬件组态。

(3)PLC 编程。

(4)程序调试。

6.1 新建项目

以 TIA Portal V16 为例,在桌面中双击图标"TIA"启动软件,软件界面包括 Portal 视图和项目视图,两个界面中都可以新建项目。

在 Portal 视图中,单击"创建新项目",并输入项目名称、路径和作者等信息,然后单击"创建"即可生成新项目,如图 6-1 所示。在进行项目操作时需要切换到项目视图,即单击"项目视图",如图 6-2 所示。

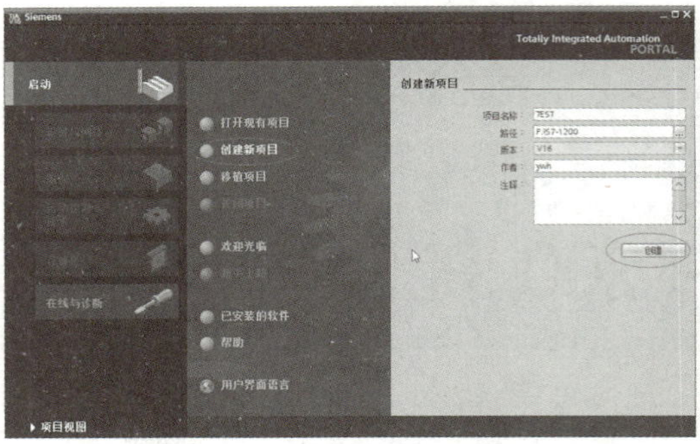

图 6-1　创建新项目

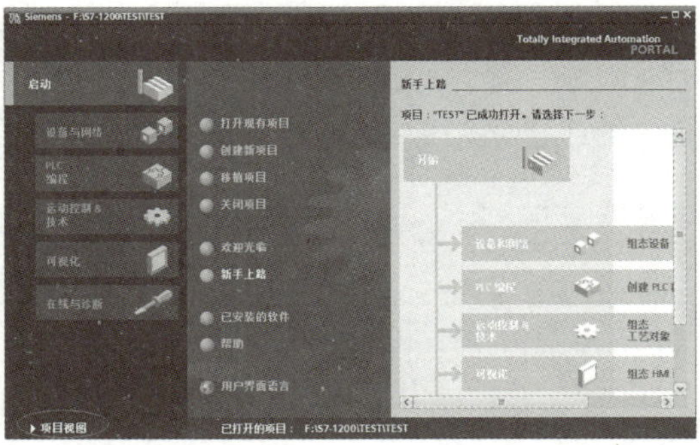

图 6-2　切换项目视图

6.2　硬件组态

在进行 PLC 控制系统设计时，首先应根据系统的输入、输出信号的性质和点数以及对控制系统的功能要求，确定系统的硬件配置，例如 CPU 模块的型号，需要哪些信号模块（SM）和通信模块（CM），各种模块的型号和每种型号的数量等。确定了系统的硬件组成后，需要在 STEP 7 软件中完成与实际硬件完全一致的硬件组态工作，并将组态信息下载到 CPU。

S7-1200 PLC 系统的硬件组态包括硬件组成、参数配置和通信互联。PLC 项目中的组态要与实际系统一致，系统启动时 CPU 会自动监测软件的预设组态与系统的实际组态是否一致，如果不一致会报错，此时 CPU 能否启动取决于启动设置。所有模块的参数都是用软件来设置的，完全取消了过去用来设置参数的硬件 DIP 开关和电位器。同时硬件组态确定了 PLC 输入、输出接口的地址，这些都是设计用户程序的基础。

S7-1200 硬件组态有两种办法：手动硬件组态和在线上载。

6.2.1　手动硬件组态

手动硬件组态是在已知所有实际 PLC 产品完整订货号的情况下才可以操作的，这种方式的优点是可以完全离线进行设备组态，组态过程中不需要设备在线。

进入项目视图，在左侧的项目树中，单击“添加新设备”，如图 6-3 所示，随即弹出添加新设备对话框，如图 6-4 所示。在该对话框中选择与实际系统完全匹配的设备即可。具体步骤如下：

a. 设置 PLC 名称，根据需要定义。

b. 选择“控制器”，选择“SIMATIC S7-1200”。

c. 选择 S7-1200 CPU 的型号，根据前一章 CPU 的选型介绍，选择“CPU 1214C DC/DC/DC”，订货号的选择和实际 PLC 订货号一致，如图 6-5 所示。

d. 选择 CPU 的版本，默认的是最新的版本，如果 CPU 不是最新的，可能会因为版本不匹配，下载程序时报错，此时可以选择旧的版本，比如 V4.3、V4.2 等。

e. 单击“确定”完成新设备添加。

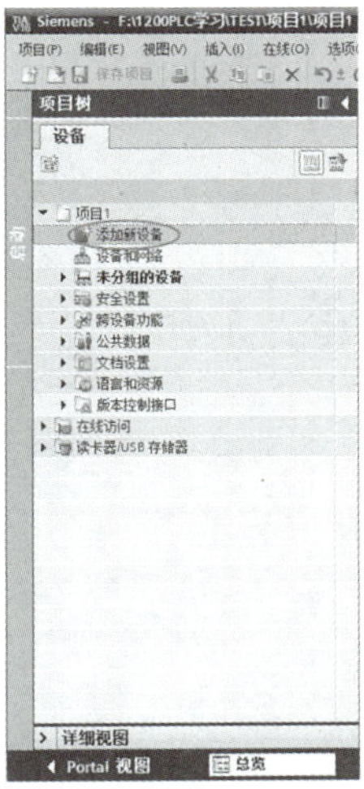

图 6-3　添加新设备

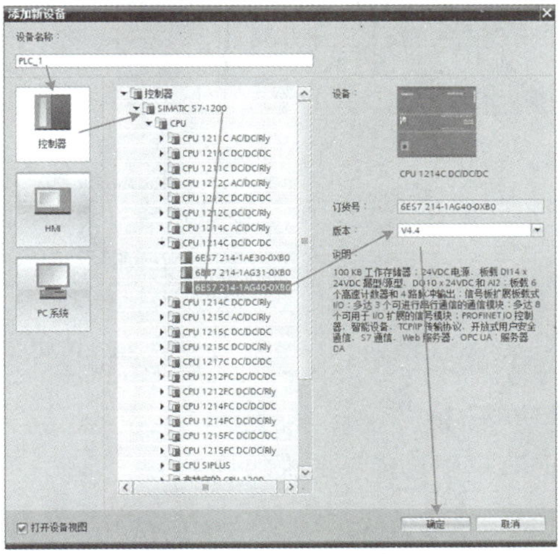

图 6-4　选择设备步骤

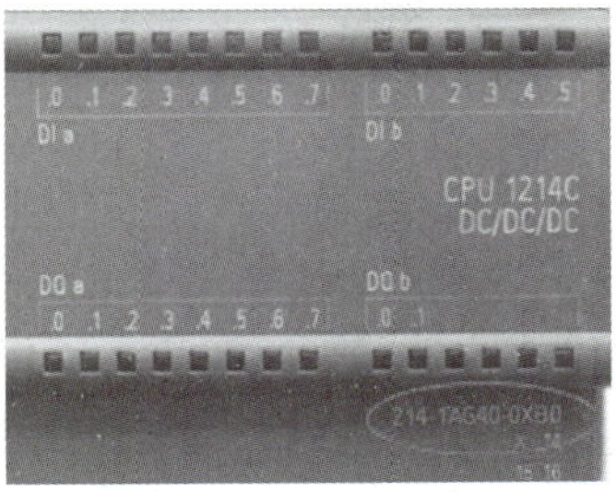

图 6-5　实际 PLC 订货号

在添加完成新设备后，与该新设备匹配的机架也会随之生成，如图 6-6 所示。图中右侧硬件目录中的“通信模块”配置在 S7-1200 CPU 左侧，图中“1”指示的位置；所有信号模块（包括“DI”“DQ”“DI/DQ”“AI”“AQ”“AI/AQ”及“工艺模块”）都要配置在 CPU 的右侧，图中“3”指示的位置；在 CPU 本体上可以配置一个扩展板（包括“信号板”“通信板”及“电池板”），图中“2”指示的位置。

配置方法及步骤（以信号模块 DI 为例）如图 6-6 中箭头所示：

a. 打开设备视图。

b. 打开硬件目录。

c. 选择实际系统中对应的数字量 DI 模块 DI 16×24 V DC。

d. 选择模板的正确版本号（如果可选）。

e. 拖拽 DI 模块的订货号，在 CPU 右边按顺序放到对应的位置，或者双击订货号，软件会自动将该模块按顺序放到对应的位置。

S7-1200 系列模块的连接特点：

(1)信号板插于 CPU 上，最多可以连接 1 个。

(2)I/O 模块和工艺模块连接在 CPU 右侧，CPU 1214(F)C/1215(F)C/1217C 最多允许连接 8 个，CPU 1212(F)C 最多允许连接 2 个，CPU 1211C 无法连接 I/O 模块和工艺模块。

(3)通信模块连接在 CPU 左侧，最多可以连接 3 个。

在硬件配置过程中，STEP 7 软件会自动检查模块的正确性。在硬件目录下选择模板后，机架中允许配置该模块的槽位边框变为蓝色，不允许配置该模块的槽位边框无变化。

如果需要更换已经组态的模块，可以直接选中该模块，在鼠标右键菜单中选择“更改

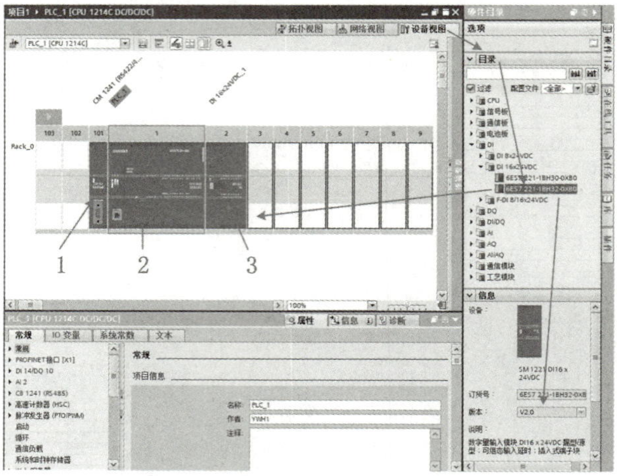

图 6-6 硬件组态配置

设备类型”命令，然后在弹出的菜单中选择新的模块。

6.2.2 在线上载硬件组态

如果可以使用电脑在线连接 S7-1200 CPU，且 CPU 的扩展模板都已经被插接完毕，可以使用自动检测这种更为简便的方式完成设备的硬件配置。

(1)添加新设备，选择“控制器”，在“SIMATIC S7-1200”下面选择“非特定的 CPU 1200”，在右边“版本”选择合适的版本，如图 6-7 所示。

(2)单击确定后，弹出项目视图，如图 6-8 所示，在一个透明的 CPU 下面的对话框中，单击“获取”按钮。

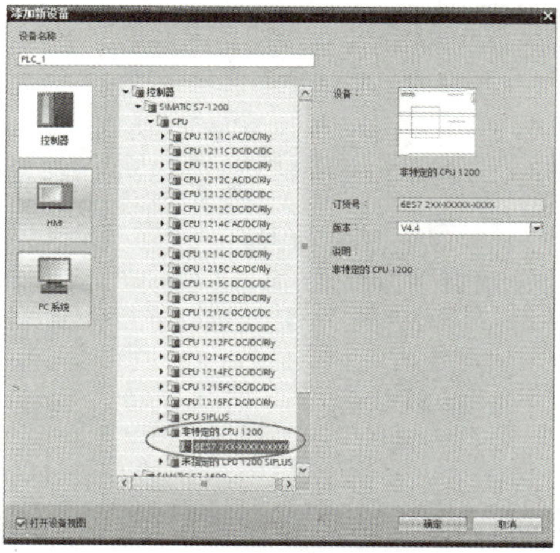

图 6-7 添加非特定的 CPU 1200

图 6-8 非特定 CPU 组态图

(3)在硬件检测窗口中完成以下操作(图 6-9)

a. 选择计算机连接 PLC 的网卡，计算机有两个及以上网卡接口时，需要进行选择。

b. 单击“开始搜索”按钮，STEP 7 软件会自动搜索在线(有以太网连接)的 PLC，显示在图中“所选接口的兼容可访问节点”列表中。

c. 在可访问节点中显示所有兼容的 S7-1200 CPU，选择需要硬件组态的 CPU。

d. 单击检测按钮，在检测前需要将 PLC 和计算机的 IP 地址设置在同一个局域网段内。

（4）硬件信息上载成功后，用户可以在设备视图中看到所有模块的类型，包括 CPU、通信模块、信号板和信号模块，如图 6-10 所示。硬件信息上载的只是 CPU（包含 IP 地址）及主机架模块的型号以及版本，模块参数配置是不能获取上来的，必须重新组态及配置所需参数并下载，才能保证 CPU 正常运行。

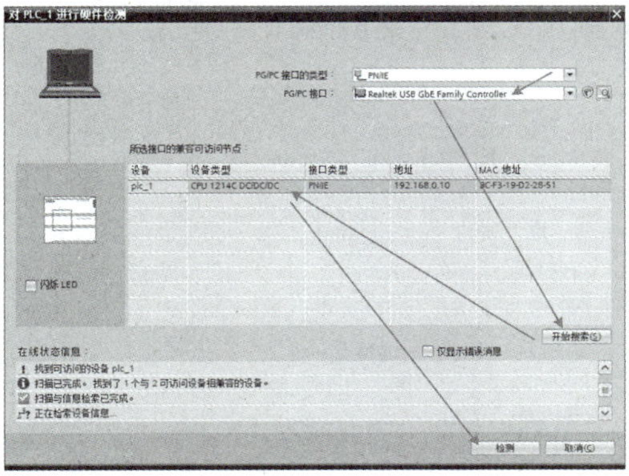

图 6-9　在线硬件检测

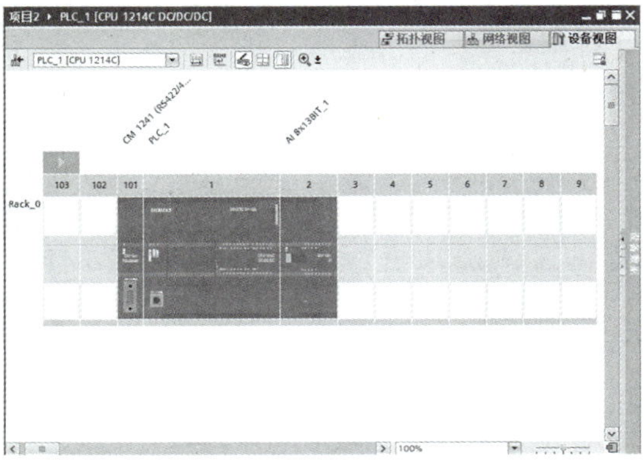

图 6-10　在线硬件检测结果

6.2.3　参数配置

通过参数分配可以设置所有组件的属性，这些参数将装载到 CPU 中，并在 CPU 启动时传送给相应的模块。

在项目中添加 CPU 后，通过打开设备视图，选中机架上的 CPU，下方窗口的 CPU 属性中可以配置 CPU 的各种参数、CPU 的通信接口、本体的输入输出、启动特性、保护等。

以 CPU 1214C V4.4 为例介绍 CPU 的参数设置步骤，如图 6-11 所示：

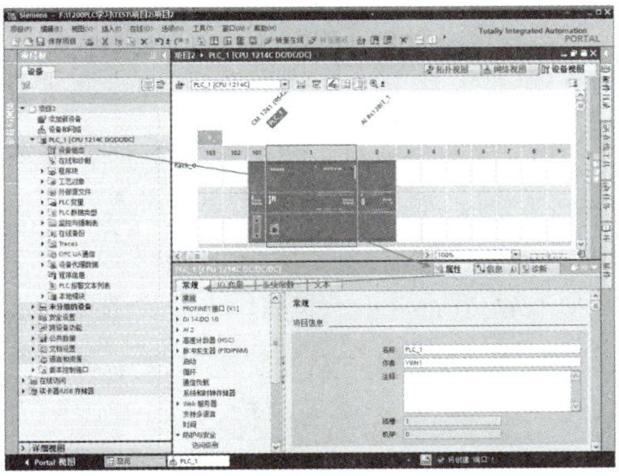

图 6-11　CPU 参数设置

a. 在项目视图中，双击“设备组态”。

b. 在设备视图中，左键单击 CPU。

c. 在设备视图下方，左键单击“属性”标签。

d. 左键单击“常规”标签，下方会显示出 CPU 的所有可以设置的参数。

可以设置的参数很多，在进行 PLC 程序设计时，根据需要进行相应的参数设置。但 PROFINET 接口的 IP 地址是必须要设置的，无论是程序编写后下载，还是 PLC 程序调试，都需要保证计算机和 PLC 在同一个局域网段内。以此为例，介绍具体配置以太网址过程，如图 6-12 所示。

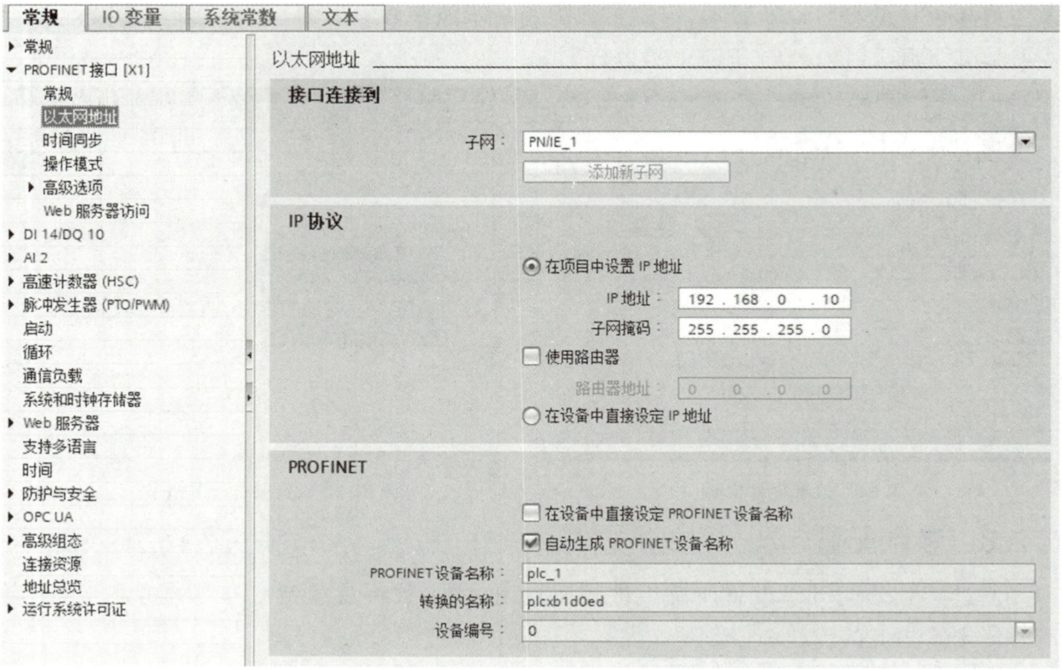

图 6-12　配置以太网址

单击图中“常规”标签下方的“PROFINET 接口[X1]”，在下方单击“以太网地址”，在右边窗口中配置以下参数：

a.“接口连接到”：可以从下拉菜单中选择本接口连接到的子网，如果是空白，可以单击“添加新子网”。

b.“IP 协议”：默认为“在项目中设置 IP 地址”，通常都是采取这种方式。此时在项目组态中设置 IP 地址，子网掩码等。如果使用路由器，则选择“使用路由器”，并设置路由器地址。也可以选择“在设备中直接设定 IP 地址”，则可以在程序中使用指令“T_CONFIG”或者通过在线访问、Automation Tool、HMI 等方式分配地址。

c.“PROFINET”：默认为“自动生成 PROFINET 设备名称”，TIA Portal 根据接口名称自动生成 PROFINET 设备名称。“转换的名称”是指此 PROFINET 设备名称转换为符合 DNS 惯例的名称，用户不能修改。“设备编号”是指 PROFINET I/O 设备的编号。在发生故障时可以通过编程读取该编号。对于 I/O 控制器默认为 0，无法修改。选择“在设备中直接设定 PROFINET 设备名称”，则表示不在硬件组态中组态设备名称，而是在程序中使用指“T_CONFIG”或者通过在线访问、Automation Tool、HMI 等方式分配设备名。

6.3　PLC 编程

项目中默认的只有一个用户程序块“Main[OB1]”，如图 6-13 所示。要添加程序块，需要在项目树的程序块中，双击“添加新块”，然后选择块的名称、类型、编号和编程语言。可供选择的块类型有四种：组织块(OB)、函数块(FB)、函数(FC)、数据块(DB)。

STEP 7 可供选择的编程语言有三种：LAD、FBD 和 SCL。实际用得比较多的编程语言是 LAD 和 SCL。

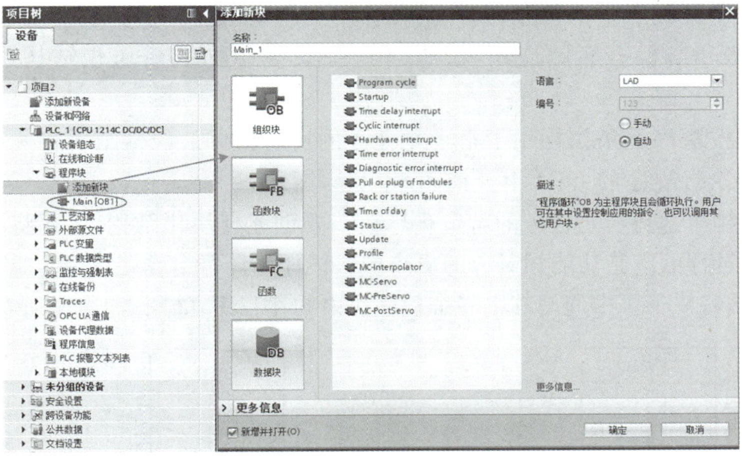

图 6-13　程序块

创建用于自动化任务的用户程序时，根据需要可以将程序代码写入各种程序块中。

组织块是操作系统和用户程序之间的接口。用于执行具体的程序：CPU 启动(OB100…)、循环主程序(OB1)、循环或延时中断(OB20/OB30…)、外部条件中断(OB40…)、故障以及错误中断(OB82…)等。默认组织块(Main OB1)为循环主程序，要启动程序执行，项目中至少要有一个循环主程序 OB。操作系统每个周期调用该循环主程序 OB 一次，从而使用户程序不停循环执行。OB 内部可以调用 FB、FC，并且这些 FB、FC 还可以继续向下嵌套调用 FB、FC。除主程序和启动 OB 以外，其他 OB 的执行是根据各种中断条件(错误、时间、硬件等)触发的，因此 OB 无法被 FB、FC 调用。每个组织块都有各自的优先级，在低优先级 OB 运行过程中，高优先级 OB 会中断低优先级执行。

函数块是从另一个程序块(OB、FB 或 FC)进行调用时执行的子程序。在调用 FB 块时会生成与之相匹配的背景数据块，在背景数据块中可以存储定义的接口参数及静态变量。更改背景数据块可使一个 FB 控制一组设备的运行。例如，借助包含每个泵或阀门的特定运行参数的不同背景数据块，一个 FB 可控制多个泵或阀门。

函数是不含存储区的程序块，通过 FC 可在用户程序中传送参数。因此，FC 特别适合取代频繁出现的复杂结构，可以在程序中的不同位置多次调用，简化了对经常重复发生的任务的编程。例如：可使用 FC 执行标准运算和重复使用的运算(如数学计算)或者执行工艺功能(如使用位逻辑运算执行独立的控制)。FC 没有相关的背景数据块,因此调用 FC 时,必须给所有形参分配实参。对于用于 FC 的临时数据,FC 可以使用局部变量,仅当前周期有效;对于 FC 需要存储的数据,可使用全局存储器,如 M 存储器或全局 DB。

数据块用于存储程序的数据。所有其他程序块都可使用全局数据块存储的数据。数据块的最大大小因 CPU 的不同而各异,见表 5-1。可以根据程序需要定义 DB 的结构。每个函数块、函数或组织块都可以从全局数据块中读取数据或向其中写入数据。即使在退出数据块后,这些数据仍然会保存在其中。可以同时打开一个全局数据块和一个背景数据块。S7-1200 提供两种不同的全局数据块访问方式:可优化访问的数据块、可标准访问的数据块。可优化访问的数据块没有固定的定义结构。在声明中,仅为数据元素分配一个符号名称,而不分配在块中的固定地址。可标准访问的数据块具有固定的结构。数据元素在声明中分配了一个符号名,并且在块中有固定地址。

在编写程序时,根据实际应用要求,可选择线性结构或模块化结构用于创建用户程序。

线性结构按顺序逐条执行用于自动化任务的所有指令。线性结构将所有程序指令都放入用于循环执行程序的 OB1 中。如图 6-14(a)所示。

模块化结构可执行特定任务的特定程序块。要创建模块化结构,需要将复杂的自动化任务划分为与过程的工艺功能相对应的更小的次级任务。每个程序块都为每个次级任务提供程序,通过从另一个块中调用其中一个程序块来构建程序,如图 6-14(b)所示。

(a)线性结构

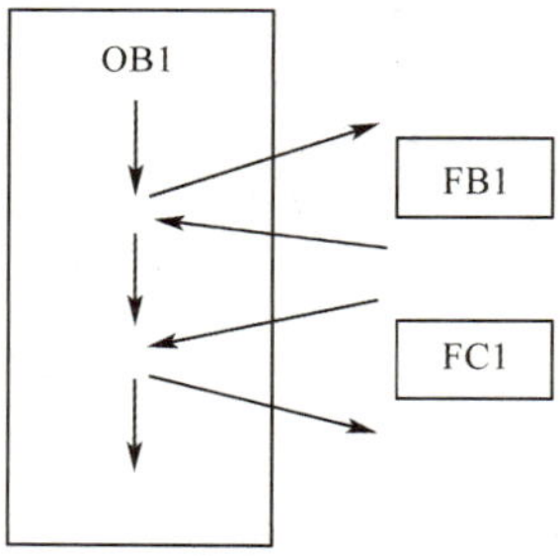

(b)模块化结构

图 6-14 程序结构

在进行 PLC 程序编写时,通常采用 LAD 梯形图的编程方式,占用空间较大,因此为了阅读和维护程序方便,建议采用模块化的程序结构。

6.4 程序调试

6.4.1 仿真调试

在 S7-1200 PLC 自动化项目实施过程中,程序调试包括函数或函数块的调试以及整个主程序 OB1 的调试。TIA Portal 软件进行程序调试的方式有两种:仿真调试和物理

PLC 调试。

S7-PLCSIM 仿真软件支持在不使用实际硬件的情况下调试和验证程序。在调试过程中可以使用所有 STEP 7 调试工具，其中包括监视表、程序状态、在线与诊断功能以及其他工具。S7-PLCSIM(V16 版本)集成了包括 SIM 表、序列编辑器、事件编辑器和扫描控制等特有工具。S7-PLCSIM 与 STEP 7 软件结合使用可以执行以下任务：在 STEP 7 中组态 PLC 和任何相关模块(硬件固件版本 4.0 以上)；编写和调试应用程序逻辑；将硬件配置和程序下载到 S7-PLCSIM 的精简视图或项目视图中。

S7-PLCSIM 仿真软件与物理 PLC 绝大部分是相通的，但也有一些不同之处。

S7-PLCSIM 不支持专用 I/O 设备功能。仅提供 I/O 寄存器的过程映像和直接访问仿真。例如：可以通过模拟量输出范围监视来查看此专用功能。在物理设备上，如果 STEP 7 程序将范围外的值写入模拟量输出寄存器，则模拟量模块会返回诊断错误。S7-PLCSIM 中不会发生这种情况。

S7-PLCSIM 不支持写入诊断缓冲区的所有错误消息。例如，S7-PLCSIM 不对 CPU 中与故障电池相关的消息或 EPROM 错误进行仿真。但 S7-PLCSIM 可仿真大多数程序错误。

S7-PLCSIM 软件运行在装有 Windows 操作系统的编程设备上，因此 S7-PLCSIM 中操作的扫描周期时间和确切时间不同于 PLC 固件执行这些操作所需的时间。如果程序高度依赖于执行操作所需的时间，则不能仅根据 S7-PLCSIM 仿真的时间结果来评估程序。

S7-PLCSIM 不会对访问保护或复制保护进行仿真。

S7-PLCSIM 不支持配方，不支持 Web 服务器功能，不支持 PROFIBUS 元素。

S7-PLCSIM 仿真软件不需要物理 PLC 就可以调试和验证程序，而与连接物理 PLC 调试功能差别不大，因此非常适合学习、验证和演示 S7-1200 PLC 程序。

6.4.2　调试内容

采用 S7-PLCSIM 进行仿真调试，其操作过程和物理 PLC 仿真完全一样，主要操作内容包括以下几个步骤：

1. 启动 S7-PLCSIM

通过 TIA Portal 启动，单击仿真图标“”，如图 6-15 所示；在桌面中双击图标“”启动 S7-PLCSIM 软件。启动后的 S7-PLCSIM 界面如图 6-16 所示，显示未组态，即未下载程序。

2. 启用仿真支持

对于任何要下载到 S7-PLCSIM 中的程序，必须启用仿真支持。如果通过 TIA Portal 启动仿真，STEP 7 会提示用户启用仿真支持，如图 6-15 所示。如果通过打开 S7-PLCSIM 或打开已保存的仿真项目来启动仿真，则必须通过 STEP 7 启用仿真支持，否则在下载程序时会提示错误信息。

在 STEP 7 中启用仿真支持，打开项目属性；选择“保护”选项卡；选中“块编译时支持仿真”，如图 6-17 所示。

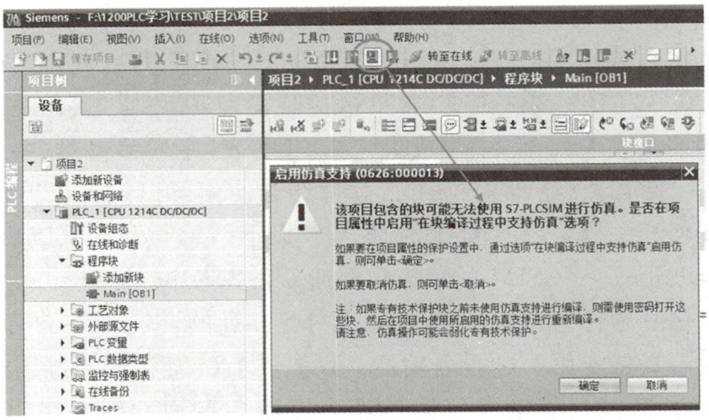

图 6-15　在 STEP 7 中启动仿真

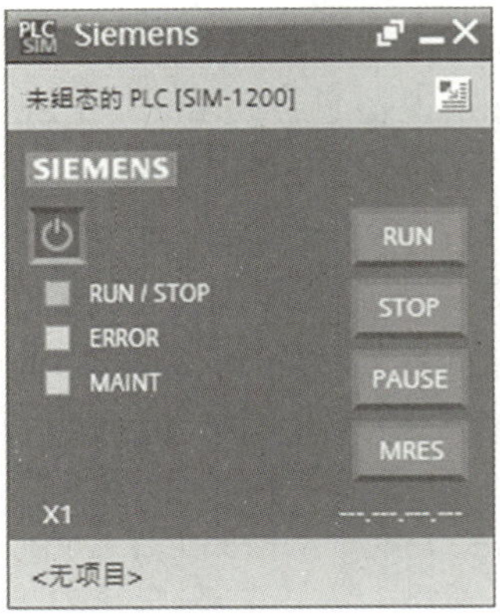

图 6-16　下载前 S7-PLCSIM 界面

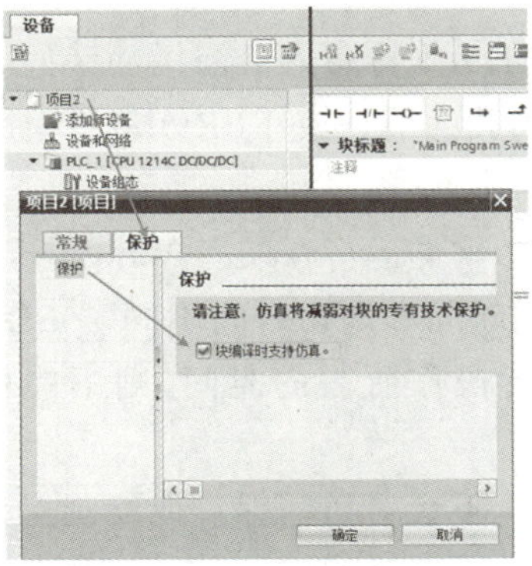

图 6-17　在 STEP 7 中设置支持仿真

3. 程序下载

如图 6-18 所示，选中“PLC_1[CPU 1214C DC/DC/DC]”，然后单击图中的下载图标“ ”。在弹出的下载对话框中，在“接口/子网的连接”中选择“PN/IE_1”，单击“开始搜索”后，会在“选择目标设备”列表中显示“CPU-1200 Simulation”，选中它，然后单击“下载”按钮，如图 6-19 所示。这时 S7-PLCSIM 的界面显示出在 STEP 7 中组态的 CPU 名称，如图 6-20 所示。

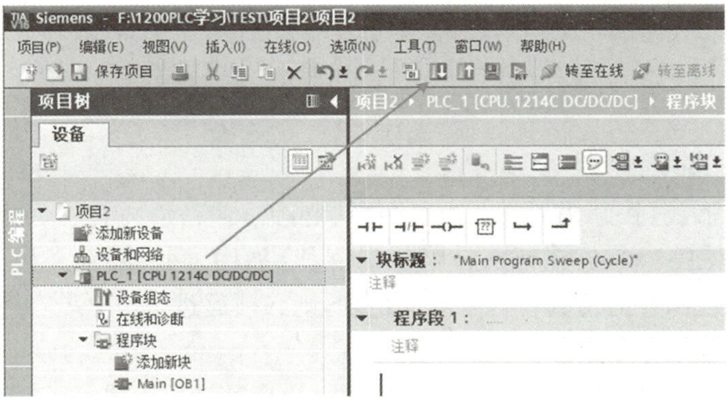

图 6-18　程序下载图标

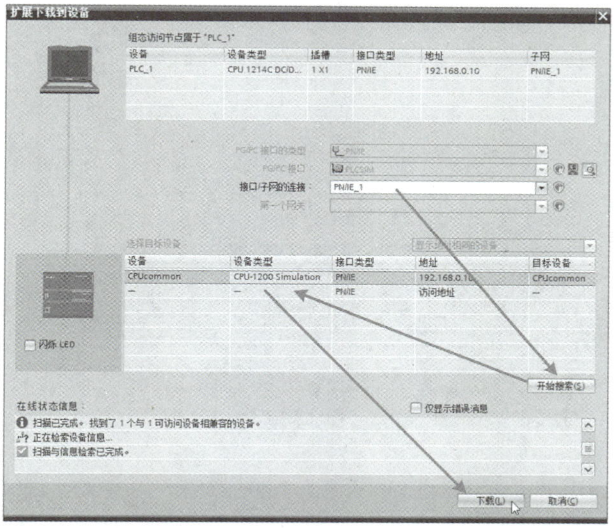

图 6-19　下载对话框

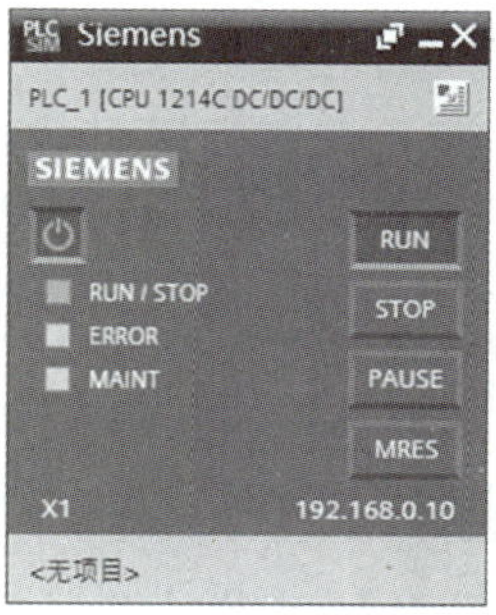

图 6-20　下载后 S7-PLCSIM 界面

4. 变量修改监视

在 STEP 7 软件中，在程序块中选择需要监视的程序，双击打开，单击监视按钮"　"，如图 6-21 所示，梯形图 LAD 程序就会从黑色变成绿色实线(连通)或蓝色虚线(不通)。在程序中选中需要修改的变量，右键单击，在弹出的菜单中修改其值，就可改变通断状态，修改后的程序运行状态如图 6-22 所示。通过这种方式就可以模拟程序实际运行时，当外界输入变化时程序执行的情况，判断是否满足要求，这就是程序调试的具体内容。

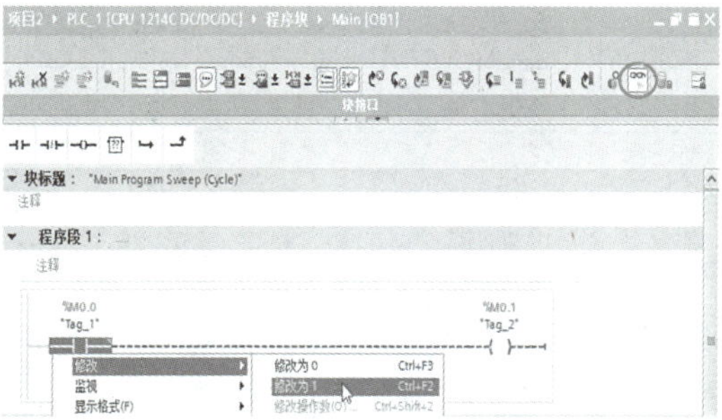

图 6-21　程序中变量监视和修改

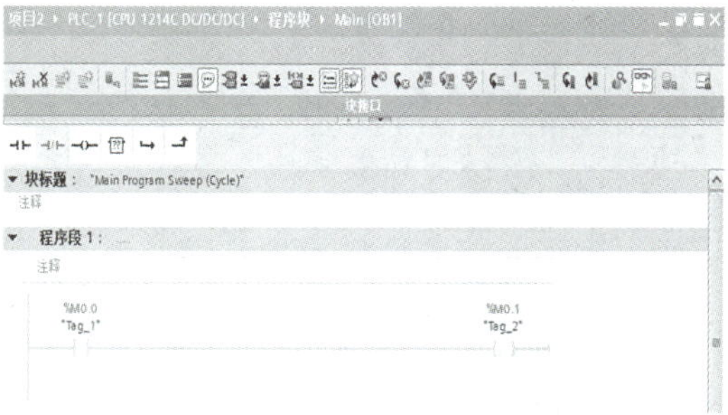

图 6-22　修改后的程序运行状态

除了在程序中修改、监视变量，还可以在项目树中选择"监控和强制表"下拉菜单中的"添加新监控表"并双击，STEP 7 软件自动生成"监控表_1"，双击打开"监控表_1"，如图 6-23 所示。在监控表中同样可以修改变量值，监视程序运行结果。同样单击"　"监控图标，在"修改值"列表中修改对应的变量值，单击修改选定值""图标，将修改值传送到仿真 PLC 中，在"监视值"中就可以看到修改后需要监视的变量值，判断是否满足要求。

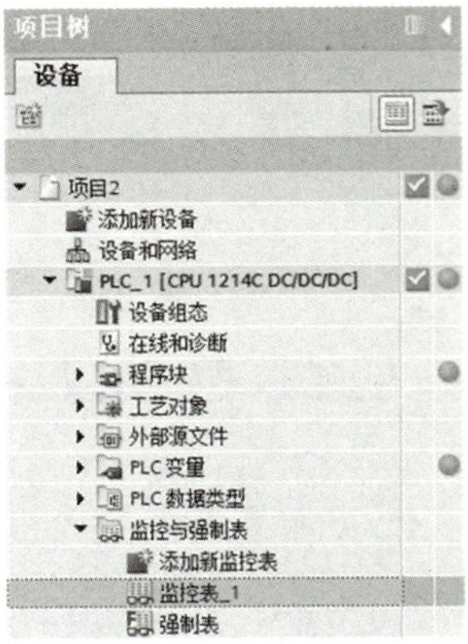

图 6-23　添加新监控表

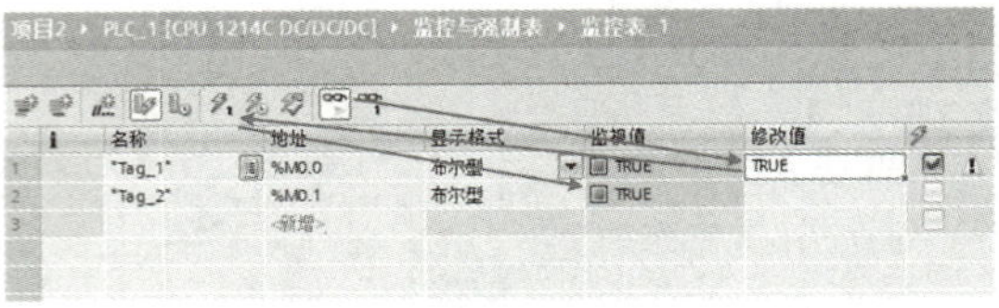

图 6-24　监控表操作

5. 诊断

S7-1200 PLC 提供了多种诊断方法：读取 CPU 以及模块的状态 LED，这种方法最直观；读取 CPU 及模块的诊断缓冲区，需要博途软件能够与 PLC 建立通信；通过 OB 中断组织块或诊断指令获得诊断信息。

(1)读取 CPU 以及模块的状态 LED

CPU 提供以下状态指示灯，见表 6-1。

表 6-1　　CPU 状态指示灯

说明	STOP/RUN 黄色/绿色	ERROR 红色	MAINT 黄色
断电	灭	灭	灭
启动、自检或固件更新	闪烁	—	灭
停止模式	亮(黄色)	—	—
运行模式	亮(绿色)	—	—
取出存储卡	亮(黄色)	—	闪烁
错误	亮(黄色或绿色)	闪烁	—
请求维护	亮(黄色或绿色)	—	亮
硬件出现故障	亮(黄色)	亮	灭
LED 测试或固件故障	闪烁	闪烁	闪烁
CPU 组态版本未知或不兼容	亮(黄色)	闪烁	闪烁

CPU 还提供了两个可指示 PROFINET 通信状态的 LED。打开底部端子块的盖子可以看到 PROFINET LED。

Link(绿色)点亮指示连接成功；Rx/Tx(黄色)点亮指示传输活动。

CPU 和各数字量信号模块(SM)为每个数字量输入和输出提供了 I/O Channel LED。I/O Channel(绿色)通过点亮或熄灭来指示各输入或输出的状态。

模块(SM)提供以下状态指示灯，见表 6-2。

表 6-2　　　　　　　　　　　　模块状态指示灯

说明	DIAG 红色/绿色	I/O Channel 红色/绿色
现场电源关闭	红色闪烁	红色闪烁
没有组态或更新进行中	绿色闪烁	灭
模块已组态且没有错误	亮(绿色)	亮(绿色)
错误状态	红色闪烁	—
I/O 错误(启用诊断时)	—	红色闪烁
I/O 错误(禁用诊断时)	—	亮(绿色)

(2)读取 CPU 及模块的诊断缓冲区

诊断缓冲区是 CPU 系统存储器的一部分。诊断缓冲区包含由 CPU 或具有诊断功能的模块所检测到的错误。其中包括以下事件:CPU 的每次模式切换(例如,POWER UP、切换到 STOP 模式、切换到 RUN 模式);每次诊断中断。

在项目中双击“在线和诊断”,在右边出现的窗口中单击“诊断缓冲区”,就可以看到诊断事件内容,如图 6-25 所示。

在诊断缓冲区中第一个条目包含最新的事件。诊断缓冲区中的各条目均包含记录事件的日期和时间以及一段说明。最大条目数由 CPU 决定。最多支持 50 个条目,达到最大条目数时,下一个诊断缓冲区事件将导致删除最早的条目,所有条目随后向后移动一个位置。这意味着最新条目总是诊断缓冲区中的第一个条目。将 CPU 复位为工厂设置会通过删除条目的方式复位诊断缓冲区。

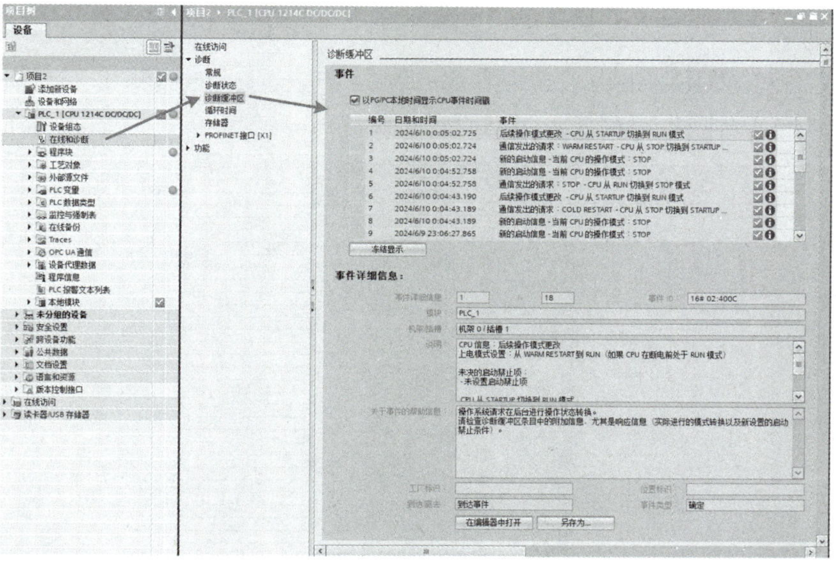

图 6-25　诊断缓冲区

(3)通过 OB 中断组织块

如果具有诊断功能的模块(已为其启用了诊断中断)检测到诊断状态更改,则如果存在诊断错误中断 OB82，那么诊断错误事件将触发中断执行。如果不存在，CPU 将忽略该错误。根据诊断错误中断 OB 包含的启动信息可确定事件发生原因是错误的出现还是清除所致，以及确定报告错误的设备和通道。可以在诊断错误中断 OB 中编写指令，以检查这些启动值并采取适当的措施。

在硬件组态窗口中，选中模拟量输入模块，选择模拟量输入通道 1 的“启用断路诊断”功能，如图 6-26 所示。按如图 6-27 所示步骤创建诊断错误 OB82 组织块。在 OB82 中编程，当出现断路故障时，程序就可以读取到诊断信息。当然也可以在图 6-25 所示的诊断缓冲区中找到诊断信息。

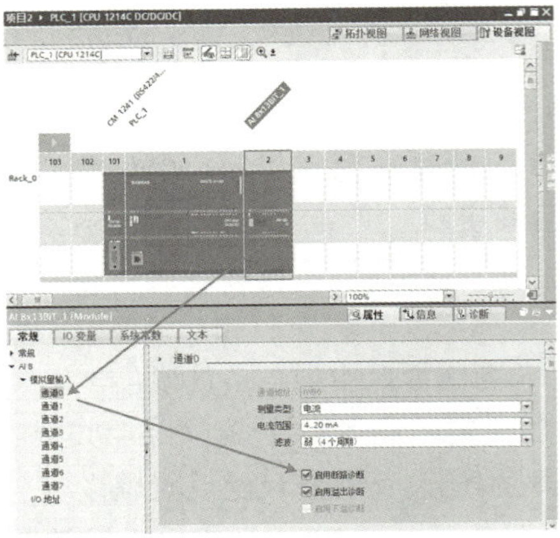

图 6-26　硬件诊断组态

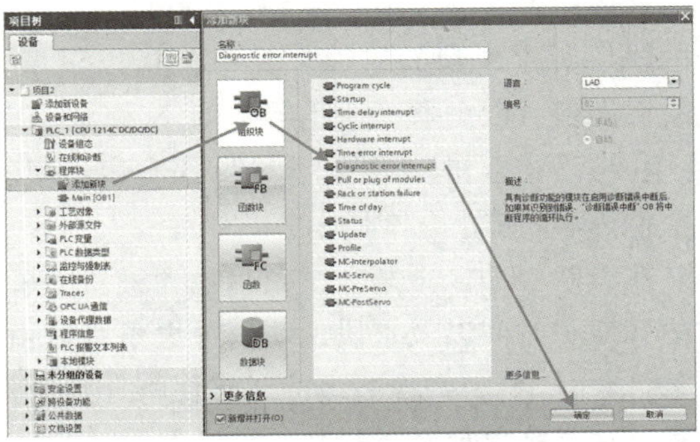

图 6-27　创建诊断错误 OB82 组织块

(4)诊断指令

可以通过相应的诊断指令去实现对 S7-1200 CPU(固件版本 V4.4)和扩展模块的诊断操作。具体指令如图 6-28 所示。

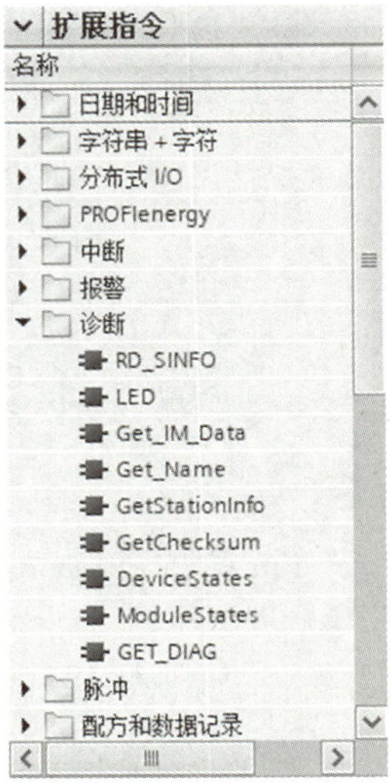

图 6-28　诊断指令

习题和思考题

1. TIA Portal 软件创建一个项目，进行硬件组态的内容有哪些？组态的方式有哪几种？

2. TIA Portal 软件中程序块有哪几种类型？各自有哪些功能？

3. S7-1200 PLC 进行程序调试时，有几种方式？分别是什么？

思政4

第7章 S7-1200 PLC的编程规范和程序设计

第7章微课

本章主要介绍 S7-1200 PLC 的编程规范及编程要素，包括数据类型、数据存储区、编程元件以及数据寻址等内容。本章列举了常用的基本指令和扩展指令，不再详细介绍具体指令的用法，而在具体程序中介绍指令的用法。

7.1 S7-1200 PLC 的编程语言

编程语言是 PLC 的重要组成部分，不同厂家生产的 PLC 为用户提供了多种类型的编程语言，以适应不同用户的需要。PLC 的编程语言通常有：梯形图、功能块图、语句表等类型。虽然同一厂家 PLC 的不同的编程语言编写的程序可以通过编程软件相互转换，但不同厂家的 PLC 用同一类编程语言编写的程序还不能相互转换，这大大限制了 PLC 使用的开放性、可移植性和互换性。为此，国际电工委员会（International Electrotechnical Commission，IEC）制定了 IEC61131 国际标准，其中的 IEC61131-3 是关于 PLC 编程语言的国际标准。它是 IEC 工作组在对不同 PLC 厂家的编程语言合理地吸收、借鉴的基础上，形成的一套针对工业控制系统的国际编程语言标准，它不但适用于 PLC 控制系统，而且还适用于更广泛的工业控制领域，为 PLC 编程语言的全球规范化做出了重要的贡献。目前，大多数 PLC 制造商都提供符合 IEC61131-3 标准的产品。为了编写应用程序，IEC61131-3 提供了三种图形化语言和两种文本语言。三种图形化语言，即梯形图（Ladder Diagram，LAD）、功能块图（Function Block Diagram，FBD）和顺序功能图（Sequential Function Chart，SFC）；两种文本语言，即指令表（Instruction List，IL）和结构化文本（Structured Text，ST）。S7-1200 PLC 支持的编程语言有梯形图、功能块图、结构化控制语言（Structured Control Language，SCL）。不同的编程语言有各自的特点和其使用场合，不同国家的电气工程师对编程语言的使用习惯也不一样。在我国，大多数使用者习惯使用 LAD 编程，但是 SCL 程序特点非常适合数据处理等场合。因此本教材主要基于 LAD 和 SCL 两种编程语言介绍 S7-1200 PLC 的指令和程序。

LAD 是使用得最多、最普遍的一种 PLC 编程语言，是与电气控制电路图相呼应的一种图形语言。它沿用了继电器、触点、串并联等术语和类似的图形符号，还增加了一些功能性的指令。梯形图是结合逻辑操作、控制于一体，面向对象的图形化编程语言。梯形图信号流向清楚、简单、直观、易懂，很容易被电气工程人员接受。通常各 PLC 生产商都把它作为第一用户语言。

SCL 是一种基于 PASCAL 的高级编程语言。SCL 语言实现了标准中定义的 ST 语言（结构化文本）。S7-1200 从 V2.2 版本开始支持 SCL 语言。SCL 支持 PLC 典型元素编程（输入、输出、定时器或存储器位）；支持简便的指令进行程序控制（创建程序分支、循环或跳转）；支持高级编程语言。因此，SCL 非常适用于数据管理、过程优化、配方管理、数学计算以及统计任务等应用领域。

7.2　S7-1200 PLC 的数据类型与存储区域

7.2.1　数据类型

计算机内部的数据都以二进制形式存储，二进制数的 1 位（bit）只有“1”和“0”两种取值，可以用来表示开关量（或数字量）的两种不同状态，如触点的接通和断开、线圈的通电和断电等。如果二进制位值为“1”，则表示梯形图中的常开触点（┤├）的位状态为“1”和常闭触点（┤/├）的位状态为“0”；反之，如果二进制位值为“0”，则表示梯形图中的常开触点（┤├）的位状态为“0”和常闭触点（┤/├）的位状态为“1”。

位数据的数据类型为布尔型（Bool）。由 8 位二进制数组成 1 个字节（Byte），其中第 0 位为最低位（LSB），第 7 位为最高位（MSB）。两个字节组成 1 个字（Word），两个字组成 1 个双字（DWord）。

数值常数的表示可以用二进制、十进制、ASCII 或浮点数等多种形式。比如数字 6，可以表示为 2#0000 0110（二进制）、6（十进制）、16#6（十六进制）或 54（ASCII 码）。如果是小数常数，则需要用浮点数表示。“#”前面的数值表示几进制，没有“#”表示是十进制。

S7-1200 PLC 中数值数据类型包括位、位序列、整数、浮点数及时间等，见表 7-1。

表 7-1　　数值数据类型

变量类型	符号	取值范围	说明
位	Bool	FALSE 或 TRUE	位变量，例：M0.0、I1.5、Q8.0、DB1.DBX12.3
位序列	Byte	0 到 255	占据 1 个字节，例：MB0、IB2、QB8、DB1.DBB12
	Word	0 到 65 535	占据 2 个字节，例 MW0、IW2、QW8、DB1.DBW12
	DWord	0 到 4 294 967 295	占据 4 个字节，例 MD0、ID2、QD8、DB1.DBD12

（续表）

变量类型	符号	取值范围	说明
整数	SInt	−128 到 127	有符号整数，占据 1 个字节
	Int	−32 768 到 32 767	有符号整数，占据 2 个字节
	DInt	−2 147 483 648 到 2 147 483 647	有符号整数，占据 4 个字节
	USInt	0 到 255	无符号整数，占据 1 个字节
	UInt	0 到 65 535	无符号整数，占据 2 个字节
	UDInt	0 到 4 294 967 295	无符号整数，占据 4 个字节
浮点数	Real	−3.402 823e+38 到 −1.175 495e−38、±0、+1.175 495e−38 到 +3.402 823e+38	占据 4 个字节，有 6 个有效数字
	LReal	−1.797 693 134 862 315 8e+308 到 −2.225 073 858 507 201 4e−308、±0、+2.225 073 858 507 201 4e−308 到 +1.797 693 134 862 315 8e+308	占据 8 个字节，最多有 15 个有效数字，只支持符号寻址
时间	Time	T# −24d_20h_31m_23s_648ms 到 T#24d_20h_31m_23s_647ms 存储形式：−2,147,483,648 ms 到 +2,147,483,647 ms	占据 4 个字节，时基为毫秒表示的有符号双整数

数据类型为 Char（Character）的变量长度为 8 bit，占用 1 个 byte 的内存。字符（Char）数据类型将单个字符存储为 ASCII 编码形式。通常是指计算机中使用的字母、数字和符号，包括：1、2、3、A、B、C、常见符号等。每个字符占用空间为 1 字节。

数据类型为 String 的操作数可存储多个字符，最多可包括 254 个字符。字符串中的第一个字节为总长度，第二个字节为有效字符数量。字符串（String）在存储上类似字符的数组，所以它每一个元素都是可以提取的字符，如："simatic"叫字符串，而其中的每个元素叫字符。

举例：在 PLC 中创建一个 DB 块，并将属性设置为标准 DB 块，在 DB1 块中创建字符串"string1""string2"和字符"char1"，并赋予起始值，如图 7-1 所示。

数据类型为 String 的字符串"string1"，没有定义具体字符数量。通过仿真查看 DB 块偏移地址可见该字符串占用 256 字节；查看字符串第一个字节，最多存储字符总数量为 254 个，第二个字节有效字符数量为 7 个（simatic），其余位置填充空字符"＄00"，填满 254 个字符，如图 7-2 所示。

数据类型为 String[2]的字符串"string2"，字符数量为 2。通过查看 DB 块偏移地址可见该字符串占用 4 字节；查看字符串第一个字节，最多存储字符数量为"16＃2"（十六进制常数 2）个，第二个字节有效字符数量为"16＃2"个（AB）。

数据类型为 Char 的字符串"char1"，通过字符"A"的十六进制数和二进制数，可见字符（char）、十六进制数只是在 PLC 中显示的形式不同，实际存储的是一个二进制值。

数据类型为 Char 的字符串"char2"，通过字符"1"的十六进制数和二进制数，可见字符"1"和数值 1 是两种不同数据。实际使用时必须注意区别。

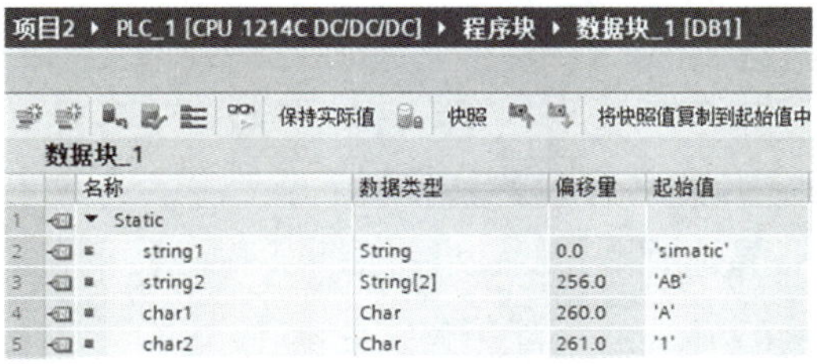

图 7-1　在 DB1 中创建字符和字符串

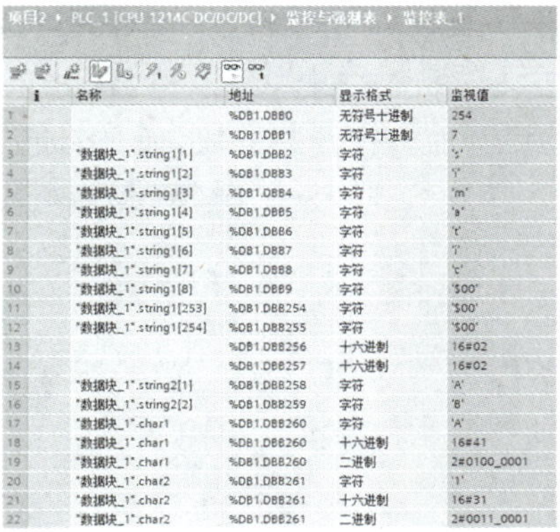

图 7-2　监控表中仿真字符和字符串

7.2.2　数据存储区

1. 存储区的分类

S7-1200 的内部存储区分为装载存储区、工作存储区和保持性存储区三种。

装载存储区是非易失性存储区。用于存储用户项目文件(用户程序、数据和组态)。如果不使用存储卡,用户使用 TIA Portal 软件下载项目即下载到 CPU 内置的装载存储区中。如果使用存储卡,用户使用 TIA Portal 软件下载项目即下载到存储卡中,即存储卡作为装载存储区。项目中的符号名和注释也可以被下载到装载存储区中,方便了程序的后期调试和维护。使用大容量的存储卡,可以扩展装载存储区。S7-1200 PLC 程序中经常使用到的过程印象存储器(I/Q)、位存储器(M)、全局数据块(DB)以及存储区(L)都属于装载存储区,各自存储区寻址范围的大小与使用的 CPU 有关,见表 5-1。

工作存储区是易失性存储区。CPU 在执行用户程序时会将一些项目内容从装载存储区复制到工作存储区。断电后工作存储区中的内容断电后丢失,且不能被扩展。使用大容量的存储卡,无法扩展工作存储区

保持性存储区用于在 CPU 断电时存储指定单元的过程数据,保证数据断电不丢失。使用大容量的存储卡,无法扩展保持存储区。需要被断电保持的数据必须被保持到保持性寄存器中。保持性寄存器中不需要超级电容供电维持,其中的数据可以永久保持。总共可以有 10 240 个字节的数据具有保持特性。CPU 暖启动或者断电再上电后,保持性存储区中的数据会保持为暖启动或者断电之前的数值,保持性存储区之外的数据会丢失,即恢复初始值。

CPU 的 M 存储区、全局数据块中的数据可以使用保持性存储区存储。

(1)M 存储区

用户可以在"PLC 变量"标签页中,单击"保持"按钮来设定 M 存储区的保持范围,为从 MB0 开始的连续字节数,例如设置 10,则保持范围为 MB0～MB9 共 10 个字节,无法设置多个保持范围,如图 7-3 所示。

(2)全局数据块

全局数据块也分为优化和标准两种。使用优化的全局数据块能够最优化地利用 CPU 内部的数据存储区,可以分别指定其内部每个变量的保存特性。使用标准的全局数

据块，只能对其整体指定一种保持特性。新建的数据块默认为优化的全局数据块，可以在数据块右键属性中修改，将“优化的块访问”选择框取消，就设置为标准的块访问，如图 7-4 所示。打开数据块，通过勾选“保持”设置变量的保持特性，如图 7-5 所示。

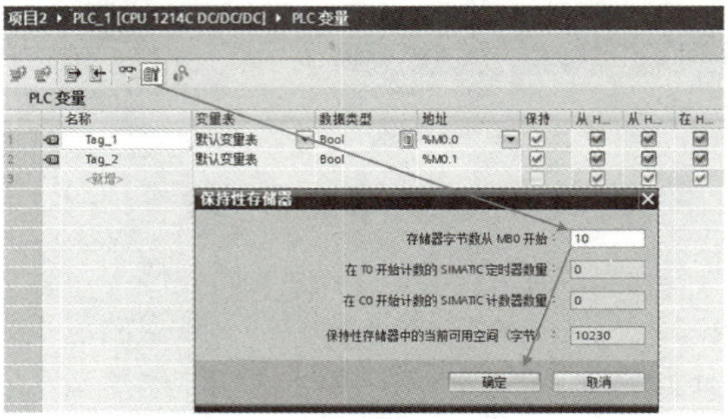

图 7-3　M 位存储区设置保持范围

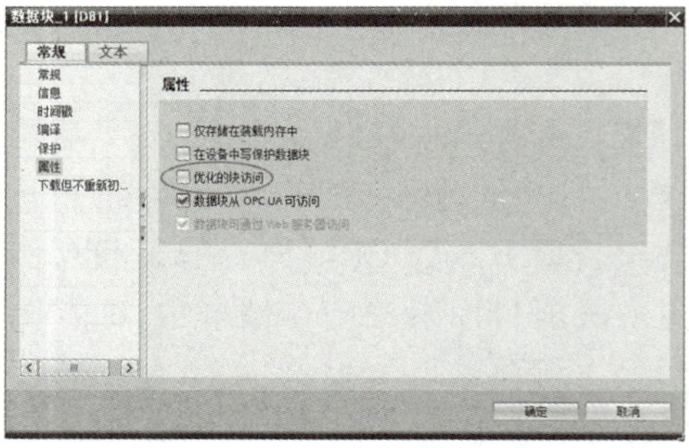

图 7-4　数据块属性

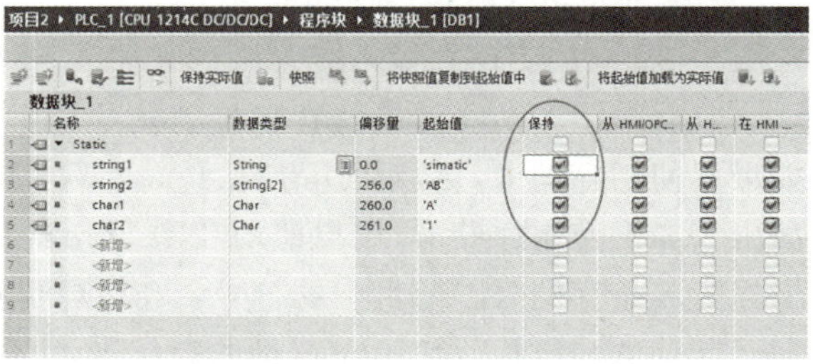

图 7-5　设置数据块保持属性

2. 存储区的编址格式

存储器是由许多存储单元组成的，每个存储单元都有唯一的地址，可以依据存储器地址来存取数据。S7-1200 PLC 的存储单元按字节进行编址，数据区存储器地址的表示格式有位、字节、字、双字地址格式。

数据区存储器区域的字节、字、双字地址格式由区域标识符、数据长度以及该字节、字或双字的起始字节地址构成。例如，IB2 表示输入字节，由 I2.0～I2.7 这 8 位组成。图 7-6 中，用 MB100、MW100、MD100 分别表示字节、字、双字的地址。MW100 表示由 MB100、MB101 相邻的两个字节组成的一个字，MD100 表示由 MB100～MB103 四个字节组成的一个双字，100 为起始字节地址。

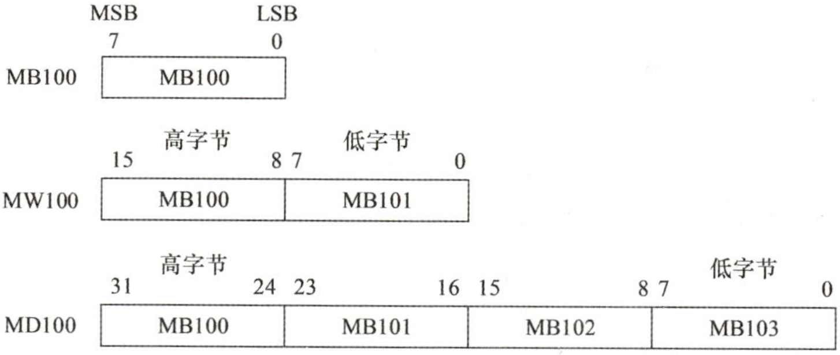

图 7-6　编址示例

7.3　S7-1200 PLC 的编程元件

PLC 的数据区存储器区域在系统软件的管理下，划分出若干小区，并将这些小区赋予不同的功能，由此组成了各种内部元件，这些内部元件就是 PLC 的编程元件。每一种 PLC 提供的编程元件的数量是有限的。编程元件的种类和数量因不同厂家、不同系列、不同规格的 PLC 而异，其数量和种类决定了 PLC 的规模和数据处理能力。这些编程元件沿用了传统继电器控制电路中继电器的名称，并根据其功能，分别称为输入继电器(I)、输出继电器(Q)、辅助继电器(位存储器 M)、数据块(DB)、临时存储器(L)、定时器、计数器等。

在 PLC 内部，这些具有一定功能的编程元件，并不是真正存在的实际物理器件，而是由电子电路、寄存器和存储器单元等组成，有固定的地址。例如，输入继电器是由输入电路和输入映像寄存器构成的；输出继电器是由输出电路和输出映像寄存器构成的；定时器和计数器是由特定功能的寄存器构成的。它们虽具有继电器特性，但却没有机械触点。为了将这些编程元件与传统的物理继电器区别开来，有时又称为软元件或软继电器。这些软继电器的特点如下：

(1)软继电器是看不见、摸不着的，没有实际的物理触点。

(2)每个软继电器可提供无限多个常开触点和常闭触点，可放在同一程序的任何地方，即其触点可以无限次地使用。一般可认为软继电器和继电器、接触器类似，具有线圈和常开、常闭触点。触点的状态随线圈的状态而变化，当线圈有“能流”通过时，常开触点闭合，常闭触点断开；当线圈没有“能流”通过时，常闭触点接通，常开触点断开。实际上，常开触点“┤├”表示的物理意义为取某存储单元的位状态，常闭触点“┤/├”表示的物理意义为取某存储单元的位状态的反。因此，可以无限次使用常开、常闭触点。

(3)体积小、功耗低、寿命长。

S7-1200 PLC 提供的各种编程元件，各自占有一定数量的存储单元。编程时，只要使用这些编程元件的地址编号即可，实际上就是对相应的存储单元以位、字节、字(或通道)或双字的形式进行存取。

S7-1200 PLC 提供的编程元件地址区分类及表示符号见表 7-2。寻址的有效范围见表 5-1。

表 7-2　数值数据类型

地址区	可访问的地址单位	符号	示例
过程映像 I 区	输入(位)	I	%I0.0
	输入(字节)	IB	%IB0
	输入(字)	IW	%IW0
	输入(双字)	ID	%ID0

（续表）

地址区	可访问的地址单位	符号	示例
过程映像 Q 区	输出（位）	Q	%Q0.0
	输出（字节）	QB	%QB0
	输出（字）	QW	%QW0
	输出（双字）	QD	%QD0
位存储区 M	存储器（位）	M	%M0.0
	存储器（字节）	MB	%MB0
	存储器（字）	MW	%MW0
	存储器（双字）	MD	%MD0
数据块（DB）	数据（位）	DBX	%DB1.DBX0.0
	数据（字节）	DBB	%DB1.DBB0
	数据（字）	DBW	%DB1.DBW0
	数据（双字）	DBD	%DB1.DBD0
临时存储区（L）	局部数据（位）	L	%L0.0
	局部数据（字节）	LB	%LB0
	局部数据（字）	LW	%LW0
	局部数据（双字）	LD	%LD0

7.4 数据寻址

7.4.1 I/O 寻址

S7-1200 CPU 提供两种 I/O 访问方法：过程映像访问和直接物理访问，如图 7-7 所示。

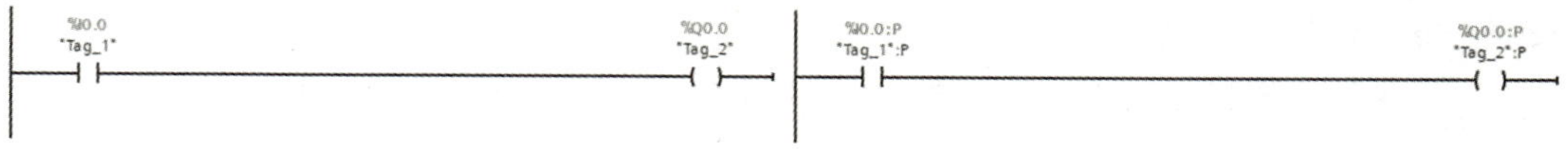

(a)过程映像访问　　(b)直接物理访问

图 7-7　I/O 访问

过程映像访问是使用地址标识符 I/Q 访问 CPU 的过程映像区。采用过程映像访问，可以保证在一个扫描周期内的信号一致性。直接物理访问是在 I/O 地址后附加“:P”，直接访问物理输入、输出点。对于实时性要求高的输入、输出地址访问可以采用直接物理访问。不论过程映像访问还是直接物理访问，都可以按位、字节、字或双字进行 I/O 访问。

过程映像是可读可写的。对过程映像 I 区的写访问可能会造成扫描周期内 I 区信号的不一致现象。I:P 为只读访问，使用 I:P 访问不会影响存储在过程映像 I 区的相应值。Q:P 为只写访问，使用 Q:P 访问会同时更新过程映像 Q 区的相应值。

7.4.2　存储区寻址

全局变量(I/Q/M/DB)可以在 CPU 内被所有的程序块使用。

局部变量是程序块中的 Temp 变量，只能在该变量所属的程序块范围内使用。不能被其他程序块使用。局部变量的数据仅在这个块的当次调用中有效。

S7-1200 CPU 提供两种数据的访问方式：优化访问和标准访问。全局变量和局部变量都可以进行优化访问，只有 DB 和 L 区的变量可以进行优化访问或标准访问，这取决于相关块属性的设置。

1. 全局 DB 访问设置

数据块访问方式的设置，参考图 7-4。不同访问方式的 DB，内部变量的访问也不同，如图 7-8 所示。

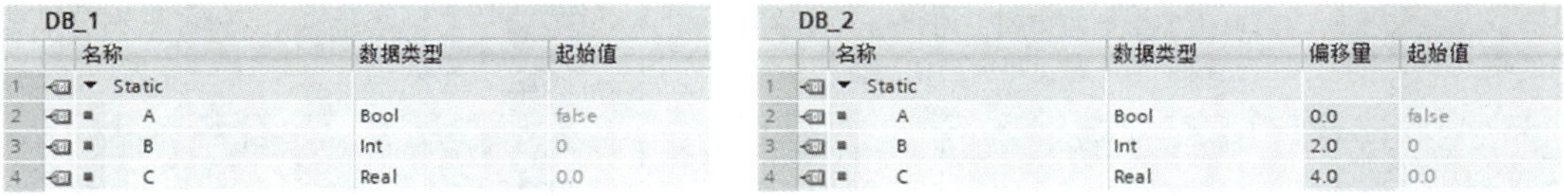
DB_1

	名称	数据类型	起始值
1	▼ Static		
2	▪ A	Bool	false
3	▪ B	Int	0
4	▪ C	Real	0.0

(a)优化DB

DB_2

	名称	数据类型	偏移量	起始值
1	▼ Static			
2	▪ A	Bool	0.0	false
3	▪ B	Int	2.0	0
4	▪ C	Real	4.0	0.0

(b)标准DB

图 7-8　DB 访问

优化 DB 的变量没有绝对地址，仅能使用符号访问。标准 DB 中的变量有偏移量，说明变量有绝对地址，既可以采用绝对地址访问，也可以采用符号访问。

在优化的 DB_1 数据块中使用“DB_1”. A 寻址变量、“DB_2”. B 寻址变量、“DB_2”. C 寻址变量。

在标准的 DB_2 数据块中使用“DB_2”. A 或 DB2. DBX0. 0 寻址变量、“DB_2”. B 或 DB2. DBW2 寻址变量、“DB_2”. C 或 DB2. DBD4 寻址变量。

2. 背景 DB 访问设置

背景 DB 的访问方式由其所属的 FB 的访问方式决定：如果 FB 为标准访问，则其背景 DB 是标准 DB；如果 FB 为优化访问，则其背景 DB 是优化 DB。

FB 的访问方式在其“属性”中设置，如图 7-9 所示，选中“优化的块访问”则该 FB 块是优化访问的。

3. L 区访问设置

S7-1200 CPU 的所有 OB 都是优化访问的，FB/FC 的访问方式在其“属性”中设置，如图 7-9 所示。优化访问的程序块中的 L 区变量只能使用符号访问；标准访问的 FB/FC 中 L 区变量可以使用符号访问和绝对地址访问。SCL 语言编辑的程序块中，只能使用符号访问。

4. 标准 DB 和优化 DB 对比

在 TIA 博途软件中，为 S7-1200 CPU 添加一个 DB 时，其默认属性为优化 DB，标准 DB 与优化 DB 的整体对比，见表 7-3。

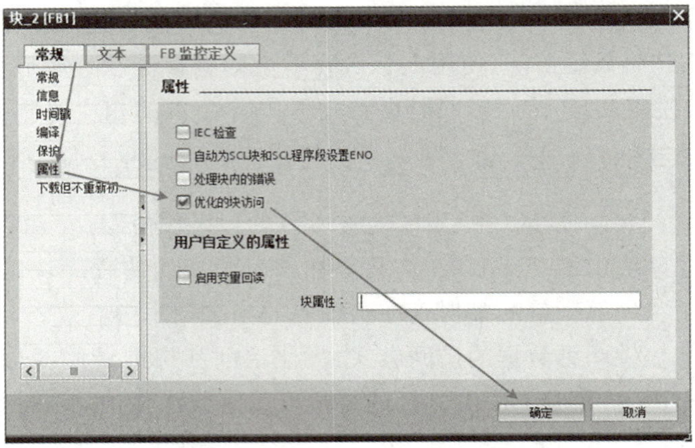

图 7-9　FB 的访问方式

表 7-3　　标准 DB 和优化 DB 对比

	标准 DB	优化 DB
数据管理	取决于变量的声明。用户可以生成用户定义或一个内存优化的数据结构	数据被系统管理和优化。用户可以生成用户定义的数据结构，系统进行优化以节省内存的空间
存储方式	每个变量的存储地址在 DB 中，每个变量的偏移地址可见	每个变量的存储地址由 CPU 自动分配，无偏移地址
访问方式	可通过符号地址、绝对地址以及指针方式寻址	仅可通过符号地址访问
下载无须初始化功能	不支持	支持(仅 S7-1500)
访问速度	慢	快
数据保持性	以整个 DB 为单位设置保持性	DB 内的每个变量均可单独设置保持性
兼容性	与 S7-300/400PLC 兼容	与 S7-300/400PLC 不兼容
出错概率	绝对地址访问(例如 HMI 或间接寻址)，声明修改后可能导致数据的不一致	缺省为符号访问，不会造成数据的不一致，例如 HMI 只与符号名称对应

S7-1200 CPU 中，标准 DB 与优化的 DB 在 PLC 中按照图 7-10 所示方式存储。在优化 DB 中地址偏移不可见，大的数据类型在块的开始区域放置，小的数据类型在块的末端优化放置。

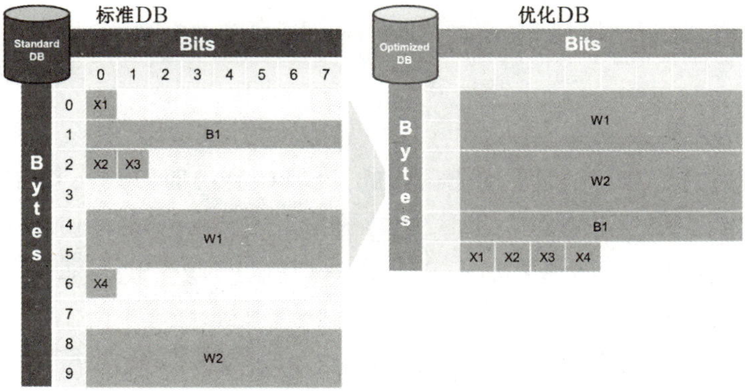

图 7-10　DB 存储方式

7.4.3　间接寻址

1. 普通数组间接寻址

S7-1200 PLC 之前，比如 S7-200 PLC，是没有数组格式数据的，只能用寄存器存放地址，通过寄存器数据的加减改变地址，访问对应地址的数据，这就是间接寻址。

S7-1200 PLC 从固件版本 V2.0 开始就支持数组下标使用变量的方式，这就意味着数组是最方便的间接寻址的方法，通过改变下标变量实现各式各样的功能。

通常数组间接寻址都是使用 SCL 进行编程，因为这往往伴随着 FOR 循环方便实现。但这不意味着 LAD 无法实现，只是没有 SCL 编程方便。

例如，实现将 DB 中整数数组"DataIn_1"中数值元素 1～10 和"DataIn_2"中数值元素 11～20，如图 7-11 所示，分别送入"DataOut_1"和"DataOut_2"中。

DB_1

名称	数据类型	起始值
▼ Static		
▼ DataIn_1	Array[0..9] of Int	
DataIn_1[0]	Int	1
DataIn_1[1]	Int	2
DataIn_1[2]	Int	3
DataIn_1[3]	Int	4
DataIn_1[4]	Int	5
DataIn_1[5]	Int	6
DataIn_1[6]	Int	7
DataIn_1[7]	Int	8
DataIn_1[8]	Int	9
DataIn_1[9]	Int	10
▼ DataIn_2	Array[0..9] of Int	
DataIn_2[0]	Int	11
DataIn_2[1]	Int	12
DataIn_2[2]	Int	13
DataIn_2[3]	Int	14
DataIn_2[4]	Int	15
DataIn_2[5]	Int	16
DataIn_2[6]	Int	17
DataIn_2[7]	Int	18
DataIn_2[8]	Int	19
DataIn_2[9]	Int	20

图 7-11　"DataIn_1"和"DataIn_2"中数据

首先定义创建函数 FC1，并定义形参，如图 7-12(a)所示。编写的 LAD 程序和 SCL 程序如图 7-12(b)所示。在 OB1 中调用 FC1 的程序如图 7-12(c)所示。仿真结果如图 7-12(d)所示。

从 LAD 程序和 SCL 程序的结构可以明显看出，SCL 在 PLC 的程序控制和数据处理上的优势。

2. 输入 I、输出 Q 数组间接寻址

在 PLC 变量表中 I、Q 是不能直接定义为数组的，但是从 CPU V4.0 固件以后，I、Q 可以定义为 PLC 数据类型，这样在 PLC 数据类型中定义数组，间接使得 I、Q 成为数组数据类型，方便间接寻址，无须再使用 PEEK 指令。

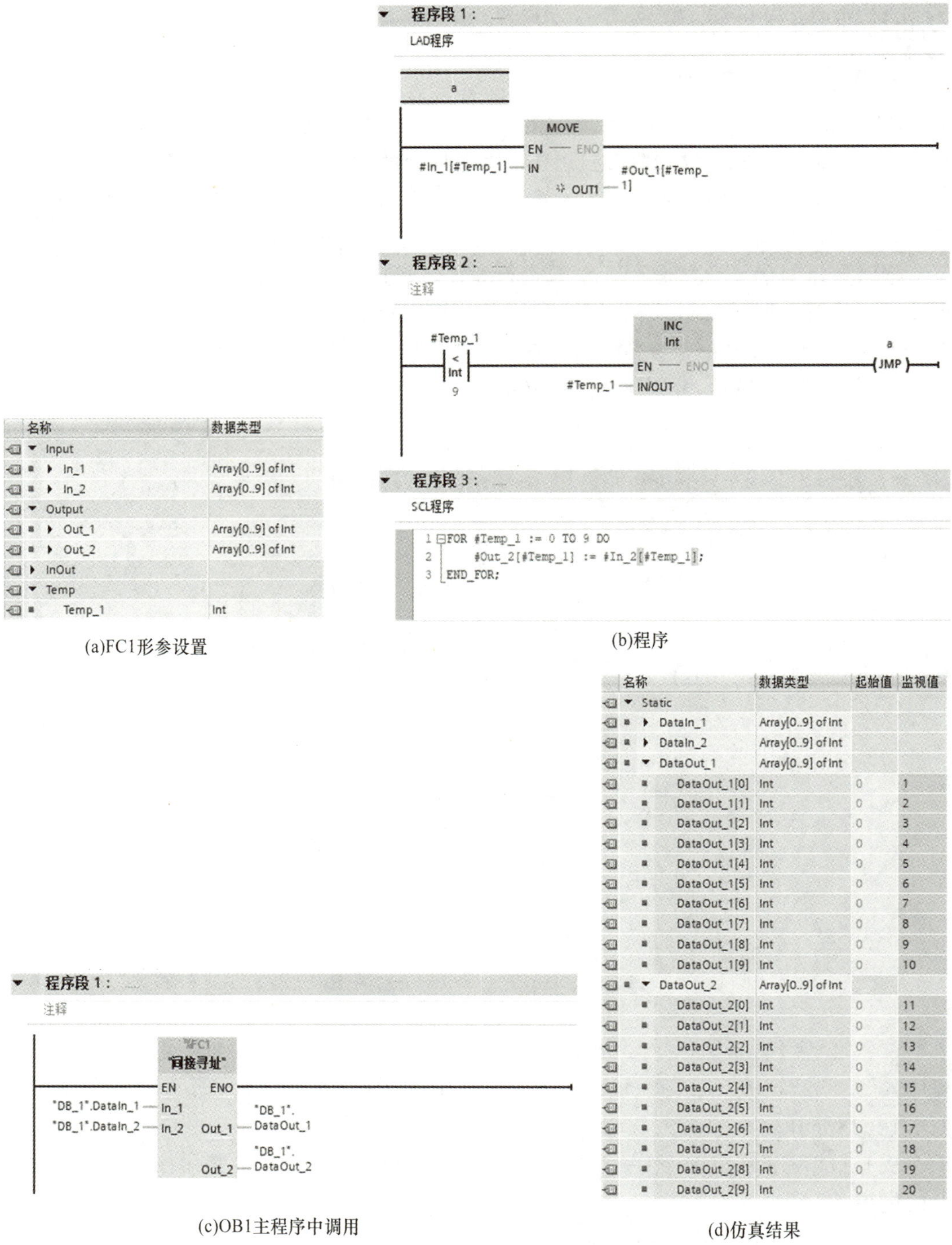

图 7-12　LAD 和 SCL 编程数组寻址

输入 I 变量定义数组步骤包括：创建 PLC 数据类型，如图 7-13 所示；添加 PLC 变量，如图 7-14 所示。定义之后，在程序中就可以对输入 I 进行数组寻址操作。

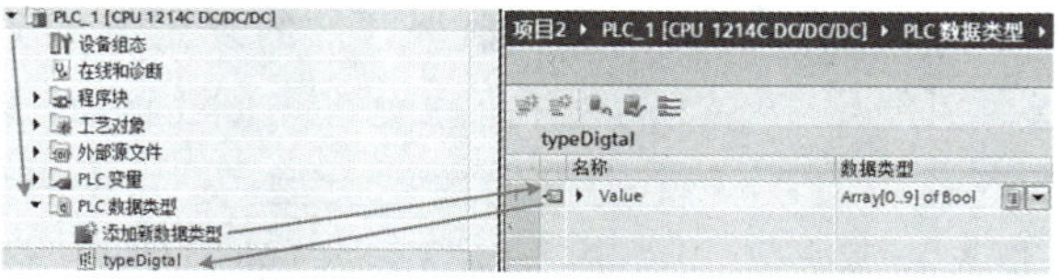

图 7-13　创建新的数据类型

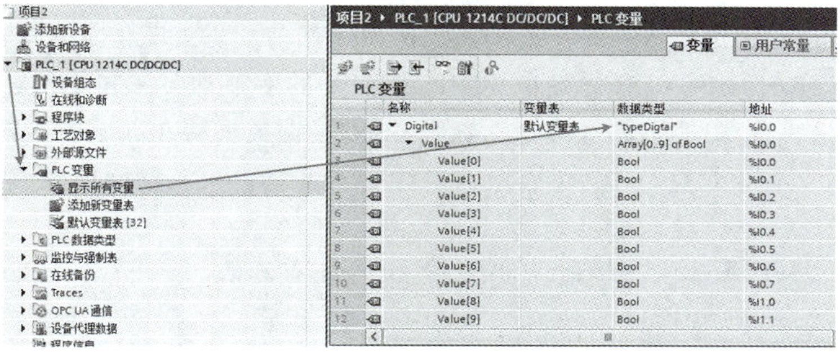

图 7-14　添加 PLC 变量

将 CPU 1214C 本体的起始地址 I0.0 的 10 个 I 点的值，分别送入 DB1 的 10 个 Bool 的数组的每一个元素，程序如图 7-15 所示。

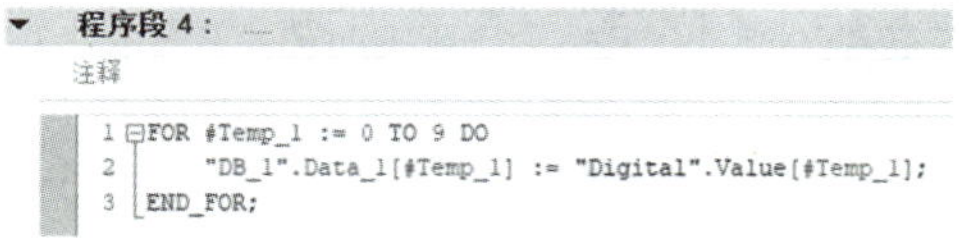

(a)SCL程序

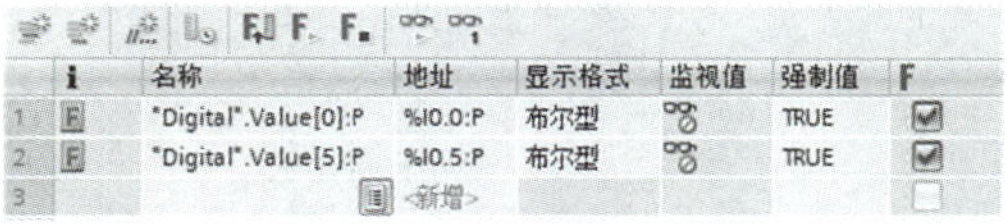

(b)输入I强制赋值

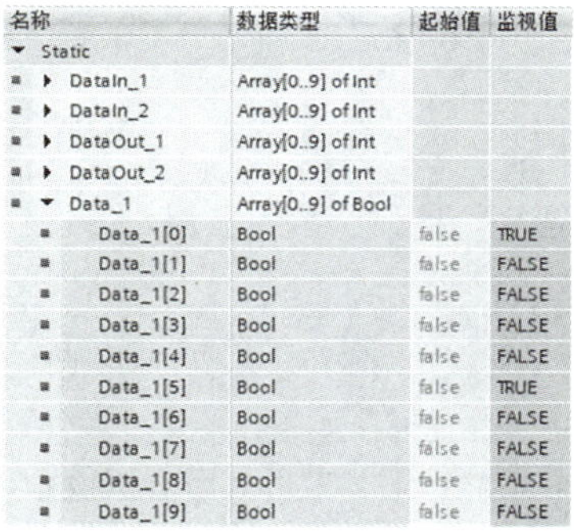

(c)仿真结果

图 7-15　输入 I 数据类型定义数组寻址

3. Slice 访问(片段访问)

Slice 访问支持 I/Q/M/DB 等地址区，使用符号方式对操作数按位、字节、字进行访问，而无须对访问的目标地址进行定义。通常针对 Byte、Word 及 DWord 等数据类型的变量进行片段访问，此外也可以对 INT、DINT 等整数数据类型的变量进行片段访问。

DB 中变量“Variable”的数据类型是 DWord，如图 7-16 所示，可以通过 Variable. w1 访问其第二字，可以通过 Variable. x3 访问其第四位。

<table>
<tr><td colspan="32">DWord</td></tr>
<tr><td>X31</td><td>X30</td><td>X29</td><td>X28</td><td>X27</td><td>X26</td><td>X25</td><td>X24</td><td>X23</td><td>X22</td><td>X21</td><td>X20</td><td>X19</td><td>X18</td><td>X17</td><td>X16</td><td>X15</td><td>X14</td><td>X13</td><td>X12</td><td>X11</td><td>X10</td><td>X9</td><td>X8</td><td>X7</td><td>X6</td><td>X5</td><td>X4</td><td>X3</td><td>X2</td><td>X1</td><td>X0</td></tr>
<tr><td colspan="8">b3</td><td colspan="8">b2</td><td colspan="8">b1</td><td colspan="8">b0</td></tr>
<tr><td colspan="16">w1</td><td colspan="16">w0</td></tr>
</table>

图 7-16　片段访问结构

4. PEEK/PORK 指令

S7-1200 PLC 的 PEEK/POKE 指令，可以实现对 I/O、M 存储器和数据块的读取或写入。而通过 POKE_BLK 指令，还可以实现数据区域的复制或移动。

PEEK/POKE 指令只能用于 SCL 中，并且只允许访问 I 区、Q 区、M 区、非优化访问的 DB 区，这种方式的间接寻址不关注变量的数据类型，只关注变量的绝对地址。TIA Portal 软件版本需满足 V11 SP2 及以上；S7-1200 CPU 的固件至少是 V2.2。

PEEK 指令用来读取输入(I)、输出(Q)、存储器(M)或数据块(DB)变量，支持位、字节、字、双字操作。PEEK 指令将获取的数据值以返回值的方式赋值给对应的变量。当指令中的引脚以 dbNumber(DB 号)、byteOffset(变量的字节地址)、bitOffset(位变量的位偏移量)为变量时，可以实现间接寻址。参数 area，根据数据所在区域的不同有四种取值，16＃81 表示输入区 I 变量，16＃82 表示输出区 Q 变量，16＃83 表示 M 区变量，16＃84 表示数据块变量。

将 CPU 1214C 本体的起始地址 I0.0 的 14 个 I 点的值，分别送入 DB1 的 14 个 Bool 的数组的每一个元素，程序以及仿真结果如图 7-17 所示。本示例和图 7-15 所示的示例效果是一致的，采用了两种方法。

▼ 程序段 5：

注释

```
FOR #Temp_1 := 0 TO 13 DO
    "DB_1".Data_2[#Temp_1] := PEEK_BOOL(area := 16#81,
                                        dbNumber := 0,
                                        byteOffset := #Temp_1 / 8,
                                        bitOffset := #Temp_1 MOD 8);
END_FOR;
```

(a)SCL程序

	i	名称	地址	显示格式	监视值	强制值	F
1	F	"Digital".Value[0]:P	%I0.0:P	布尔型		TRUE	☑
2	F	"Digital".Value[5]:P	%I0.5:P	布尔型		TRUE	☑
3		<新增>					☐

(b)输入I强制赋值

名称	数据类型	起始值	监视值
▼ Static			
▶ DataIn_1	Array[0..9] of Int		
▶ DataIn_2	Array[0..9] of Int		
▶ DataOut_1	Array[0..9] of Int		
▶ DataOut_2	Array[0..9] of Int		
▶ Data_1	Array[0..9] of Bool		
▼ Data_2	Array[0..13] of Bool		
Data_2[0]	Bool	false	TRUE
Data_2[1]	Bool	false	FALSE
Data_2[2]	Bool	false	FALSE
Data_2[3]	Bool	false	FALSE
Data_2[4]	Bool	false	FALSE
Data_2[5]	Bool	false	TRUE
Data_2[6]	Bool	false	FALSE
Data_2[7]	Bool	false	FALSE
Data_2[8]	Bool	false	FALSE
Data_2[9]	Bool	false	FALSE
Data_2[10]	Bool	false	FALSE
Data_2[11]	Bool	false	FALSE
Data_2[12]	Bool	false	FALSE
Data_2[13]	Bool	false	FALSE

(c)仿真结果

图 7-17　输入 I 数据 PEEK 指令寻址

使用 POKE_BLK 指令编写程序，将 DB2.DBW0 开始的 10 个整数值(1～10)写入 MW10 开始的地址中，程序以及仿真结果如图 7-18 所示。

▼ 程序段 6：

注释

```
POKE_BLK(area_src := 16#84,
         dbNumber_src := 2,
         byteOffset_src := 0,
         area_dest := 16#83,
         dbNumber_dest := 0,
         byteOffset_dest := 10,
         count := 20);
```

(a)SCL程序

项目2 ▸ PLC_1 [CPU 1214C DC/DC/DC] ▸ 程序块 ▸ DB_2 [DB2]

保持实际值　快照　将快照值复制到起始值中

DB_2

	名称	数据类型	偏移量	起始值	监视值
1	▼ Static				
2	▼ Data_1	Array[0..9] of Int	0.0		
3	Data_1[0]	Int	0.0	0	1
4	Data_1[1]	Int	2.0	0	2
5	Data_1[2]	Int	4.0	0	3
6	Data_1[3]	Int	6.0	0	4
7	Data_1[4]	Int	8.0	0	5
8	Data_1[5]	Int	10.0	0	6
9	Data_1[6]	Int	12.0	0	7
10	Data_1[7]	Int	14.0	0	8
11	Data_1[8]	Int	16.0	0	9
12	Data_1[9]	Int	18.0	0	10

(b)DB2.DBW0开始的10个整数值

项目2 ▸ PLC_1 [CPU 1214C DC/DC/DC] ▸ 监控与强制表 ▸ 监控表_1

	i	名称	地址	显示格式	监视值	修改值
1			%MW10	带符号十进制	1	
2			%MW12	带符号十进制	2	
3			%MW14	带符号十进制	3	
4			%MW16	带符号十进制	4	
5			%MW18	带符号十进制	5	
6			%MW20	带符号十进制	6	
7			%MW22	带符号十进制	7	
8			%MW24	带符号十进制	8	
9			%MW26	带符号十进制	9	
10			%MW28	带符号十进制	10	

(c)MW10地址开始的10个整数值

图 7-18　POKE_BLK 指令寻址

7.5 编程指令

本节将列举常用的基本指令和扩展指令，不再详细介绍具体指令的用法，在后续的学习中可以参考 TIA Portal 软件的帮助和使用手册。在本章其他小节，介绍软件编程规范和程序设计时，也会涉及指令的使用。

S7-1200 PLC 的指令分为以下几部分：基本指令、扩展指令、工艺指令、通信指令。基本指令涵盖位逻辑运算、数学运算、比较、块移动等，扩展指令涵盖时间指令、字符串指令、诊断指令、配方与数据记录指令等。

S7-1200 CPU 支持的编程语言包含梯形图（LAD）、功能块图（FBD）以及结构化控制语言（SCL），而 LAD 和 FBD 表现形式非常类似，而且 FBD 应用不多，所以本章只介绍 LAD 和 SCL。

1. 位逻辑运算

使用位逻辑运算指令，可以实现最基本的位逻辑的操作，包括常开、常闭、置位、复位、沿指令等。位逻辑运算指令汇总见表 7-4。

表 7-4　位逻辑运算指令汇总

指令	说明	指令	说明
LAD:-| |-	常开触点	LAD:RS	复位/置位触发器
LAD:-|/|-	常闭触点	LAD:-|P|-	扫描操作数的信号上升沿
LAD:-|NOT|- SCL:NOT	取反 RLO	LAD:-|N|-	扫描操作数的信号下降沿
		LAD:-(P)-	在信号上升沿置位操作数
LAD:-()-	线圈	LAD:-(N)-	在信号下降沿置位操作数
LAD:-(/)-	赋值取反	LAD:P_TRIG	扫描 RLO 的信号上升沿
LAD:-(R)-	复位输出	LAD:N_TRIG	扫描 RLO 的信号下降沿
LAD:-(S)-	置位输出	LAD:R TRIG SCL:R_TRIG	检查信号上升沿
LAD:SET_BF	置位位域		
LAD:RESET_BF	复位位域	LAD:F_TRIG SCL:F_TRIG	检查信号下降沿
LAD:SR	置位/复位触发器		

2. 定时器和计数器

S7-1200 PLC 的定时器为 IEC 定时器，用户程序中可以使用的定时器数量仅仅受 CPU 的存储器容量限制。使用定时器需要使用定时器相关的背景数据块或者数据类型为 IEC_TIMER 的 DB 变量。定时器指令汇总见表 7-5。

表 7-5　　　　定时器指令汇总

指令	说明
LAD:TP SCL:TP	生成脉冲
LAD:TON,-(TON)- SCL:TON	接通延时
LAD:TOF,-(TOF)- SCL:TOF	关断延时
LAD:TONR,-(TONR)- SCL:TONR	时间累加器
LAD: -(RT)- SCL:RESET_TIMER	复位定时器
LAD: -(PT)- SCL:PRESET_TIMER	加载持续时间

S7-1200 PLC 的计数器和定时器一样为 IEC 计数器,用户程序中可以使用的计数器数量也是受 CPU 的存储器容量限制。S7-1200 PLC 的计数器包含 3 种计数器:加计数器(CTU)、减计数器(CTD)、加减计数器(CTUD),对于每种计数器,计数值可以是任何整数数据类型,并且需要使用每种整数对应的数据类型的 DB 结构或背景数据块来存储计数器数据。

3. 比较指令

比较指令主要用于数值的比较以及数据类型的比较,具体指令说明见表 7-6。

表 7-6　　　　比较指令汇总

<table>
<tr><th>指令</th><th>说明</th><th>指令</th><th>说明</th></tr>
<tr><td rowspan="2">LAD:CMP==
SCL:==</td><td rowspan="2">等于</td><td>LAD:OUT_Range</td><td>值超出范围</td></tr>
<tr><td>LAD:-|OK|-</td><td>检查有效性</td></tr>
<tr><td rowspan="2">LAD:CMP<>
SCL:<></td><td rowspan="2">不等于</td><td>LAD:-|NOT_OK|-</td><td>检查无效性</td></tr>
<tr><td>LAD:EQ_Type</td><td>比较数据类型和变量数据类型是否相等</td></tr>
<tr><td rowspan="2">LAD:CMP>=
SCL:>=</td><td rowspan="2">大于或等于</td><td>LAD:NE_Type</td><td>比较数据类型和变量数据类型是否不相等</td></tr>
<tr><td>LAD:EQ_ElemType</td><td>比较 ARRAY 元素数据类型和变量数据类型是否相等</td></tr>
<tr><td rowspan="2">LAD:CMP<=
SCL:<=</td><td rowspan="2">小于或等于</td><td>LAD:NE_ElemType</td><td>比较 ARRAY 元素数据类型和变量数据类型是否不相等</td></tr>
<tr><td>LAD:IS_NULL</td><td>检查等于 NULL 指针</td></tr>
<tr><td rowspan="2">LAD:CMP>
SCL:></td><td rowspan="2">大于</td><td>LAD:NOT_NULL</td><td>检查不等于 NULL 指针</td></tr>
<tr><td>SCL:TypeOf</td><td>检查 VARIANT 变量的数据类型</td></tr>
<tr><td>LAD:CMP<
SCL:<</td><td>小于</td><td>SCL:TypeOfElements</td><td>检查 VARIANT 变量的 ARRAY 元素的数据类型</td></tr>
<tr><td>LAD:IN_Range</td><td>值在范围内</td><td>LAD:IS_ARRAY
SCL:IS_ARRAY</td><td>检查 ARRAY</td></tr>
</table>

4. 移动指令

移动操作指令主要用于各种数据的移动、相同数据的不同排列的转换，以及实现 S7-1200 PLC 的间接寻址功能部分的移动操作。常用的移动操作指令汇总见表 7-7。

表 7-7　　移动指令汇总

指令	说明	指令	说明
LAD:MOVE SCL::=	移动值	LAD:SCATTER SCL:SCATTER	将位序列解析为单个位
LAD:Deserialize SCL:Deserialize	取消序列化	LAD:SCATTER_BLK SCL:SCATTER_BLK	将位序列 ARRAY 的元素解析为单个位
LAD:Serialize SCL:Serialize	序列化	LAD:GATHER SCL:GATHER	将各个位组合为位序列
LAD:MOVE_BLK SCL:MOVE_BLK	块移动	LAD:GATHER_BLK SCL:GATHER_BLK	将单个位合并到位序列 ARRAY 的多个元素中
LAD:MOVE_BLK_VARIANT SCL:MOVE_BLK_VARIANT	存储区移动	LAD:SWAP SCL:SWAP	交换
LAD:UMOVE_BLK SCL:UMOVE_BLK	不可中断块移动	SCL:PEEK	读取存储器地址
		SCL:PEEK_BOOL	读取存储器位
LAD:FILL_BLK SCL:FILL_BLK	填充块	SCL:PORK	写入存储器地址
		SCL:PORK_BOOL	写入存储器位
LAD:UFILL_BLK SCL:UFILL_BLK	不可中断块填充	SCL:PORK_BLK	写入存储器区

5. 程序控制指令

程序控制指令包含程序跳转、程序退出、SCL 的主要控制语句、错误处理等指令，具体指令汇总见表 7-8。

表 7-8　　程序控制指令汇总

指令	说明	指令	说明
LAD:－(JMP)－	RLO=1 则跳转	SCL:FOR	在计数循环中执行
LAD:－(JMPN)－	RLO=0 则跳转	SCL:WHILE	满足条件时执行
LAD:LABEL	跳转标签	SCL:REPEAT	不满足条件时执行
LAD:JMP_LIST	定义跳转列表	SCL:CONTINUE	复查循环条件
LAD:SWITCH	跳转分支指令	SCL:EXIT	立即退出循环
LAD:－(RET)－	返回	SCL:GOTO	跳转
SCL:IF	条件执行	SCL:RETURN	退出块
SCL:CASE	创建多路分支	SCL:(*…*)	插入注释段

7.6 典型 PLC 程序设计

S7-1200 PLC 程序控制过程中处理的数据包括开关量、模拟量和通信量。因此本节将从这三方面展开介绍。

7.6.1 开关量逻辑控制程序设计

S7-1200 PLC 的开关量输入点应用基本逻辑指令，就可以实现一些简单的逻辑控制。比如继电器接触器控制的典型基本环节就可以用 PLC 逻辑控制直接替换。复杂的应用程序可由一些典型的基本环节组合而成。

下面就以继电器接触器控制的典型基本环节：异步电动机自动正反转为例，详细介绍如何用 PLC 的开关量逻辑控制实现。异步电动机自动正反转的原理详见第 3 章的 3.5 节，主电路见图 3-14(b)。用 PLC 代替的是图 3-14(c)的控制电路。开关量逻辑控制程序设计的步骤如下：

1. 确定输入、输出点

根据继电器接触器原理图的分析，自动正反转循环控制的输入点和输出点统计见表 7-9。

表 7-9　　输入、输出点统计

输入点名称	数量	输出点名称	数量
停止按钮 SB1	1	正向接触器控制输出 KM1	1
正转按钮 SB2	1	反向接触器控制输出 KM2	1
反转按钮 SB3	1		
正向限位开关 SQ1	1		
正向保护开关 SQ3	1		
反向限位开关 SQ2	1		
反向保护开关 SQ4	1		
数量总计	7	数量总计	2

2. 选择 S7-1200 PLC 的 CPU 型号

选用 CPU 1212C DC/DC/RLY 进行控制。该 CPU 本体集成有 8 个 DI，6 个 DQ，满足需要。

3. 输入、输出点分配

输入、输出点分配见表 7-10。

表 7-10　　　　　　　　　输入、输出点分配

输入点名称	PLC 输入点	输出点名称	PLC 输出点
停止按钮 SB1	I0.1	正向接触器控制输出 KM1	Q0.1
正转按钮 SB2	I0.2	反向接触器控制输出 KM2	Q0.2
反转按钮 SB3	I0.3		
正向限位开关 SQ1	I0.4		
正向保护开关 SQ3	I0.5		
反向限位开关 SQ2	I0.6		
反向保护开关 SQ4	I0.7		

4. 画出 PLC 的输入输出接线图

I/O 接线图如图 7-19 所示。

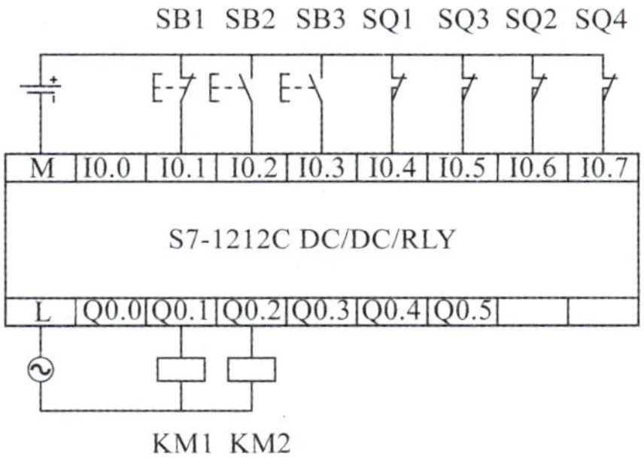

图 7-19　I/O 接线图

5. 编写程序

在用 TIA Portal 软件编写程序之前，需要在“PLC 变量表”里添加所用到的变量，并写上具体名称，如图 7-20 所示。

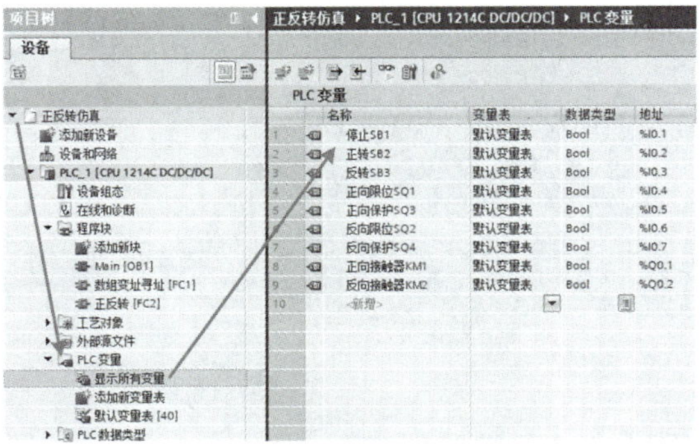

图 7-20　添加变量表

编写的程序如图 7-21 所示，在变量表里添加的输入点和输出点名称全部映射到 LAD 程序中，对于理解和后期维护非常方便。这也是需要添加变量表的原因。还需注意的是，将梯形图的程序与图 3-14(c)的继电器接触器控制电路的逻辑进行比对，可以发现是完全一致的。这也是 LAD 程序受电气工程师喜欢的原因之一，可以将之前的控制电路图逻辑无缝对接 PLC 的 LAD 程序，只需要将输入、输出点对应。在程序中用到的指令就是位逻辑指令。

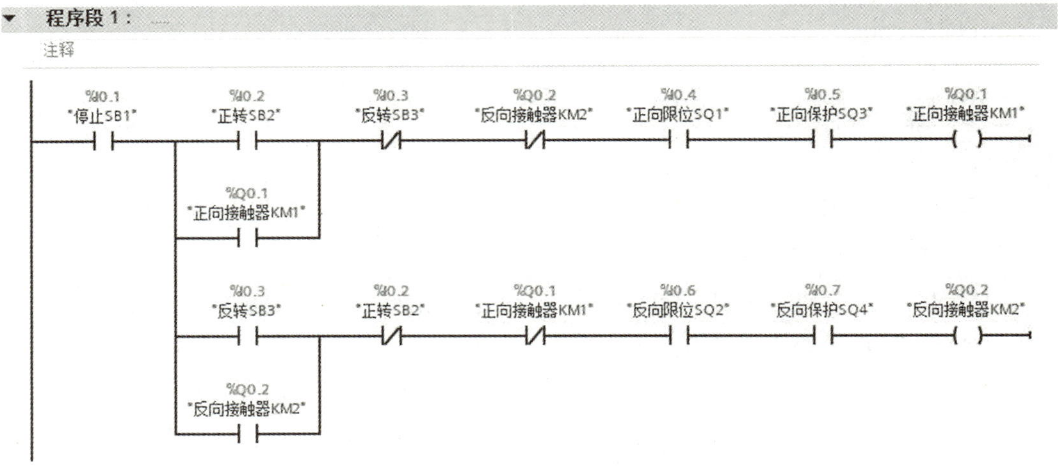

图 7-21　LAD 程序

7.6.2　模拟量控制程序设计

S7-1200 PLC 的模拟量输入主要用于信息采集、越限控制和闭环 PID 控制等场合。无论是哪种应用，都需要将 PLC 采集的数字量转换成对应的模拟量数值，然后再进行相关的控制。

1. 数据转换

模拟量数据转换原理见第 5 章的 5.3.2 节模拟量模块，用 PLC 程序实现时，首先需要对通道进行组态，如图 7-22 所示。测量类型选择是“电压”还是“电流”，本例选择电流。电流范围选择是“0～20 mA”还是“4～20 mA”，本例选择“0～20 mA”，其他参数默认设置。与开关量相似的操作不再赘述，比如添加变量名称。

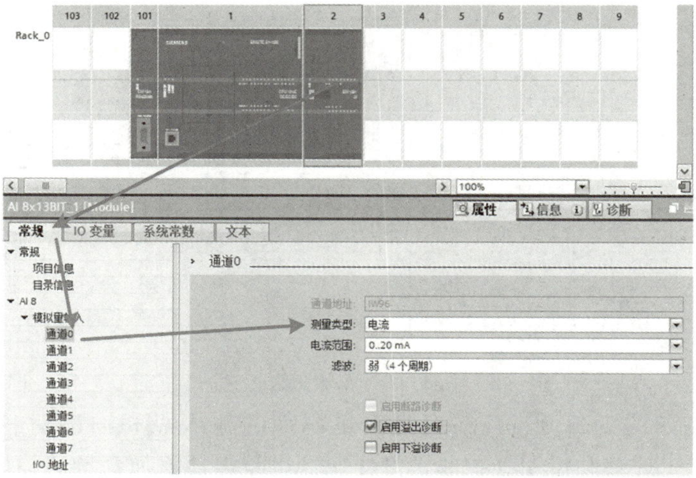

图 7-22　AI 通道组态

其次进行程序编写，如图 7-23 所示。图中提供了两种处理方法：LAD 程序，先将模拟量通道输入的 5 530～27 648 范围内数值归一化处理为 0～1 范围内的浮点数（NORM_X），然后再将其转换成“0～100”范围内的数值（SCALE_X）；SCL 程序直接将模拟量通道输入的 5 530～27 648 转换成“0～100”范围内的数值，当然用 LAD 也能实现，但是需要的 LAD 数学函数较多，程序实现比较烦琐，不如 SCL 方便。上述两种方式都可以。

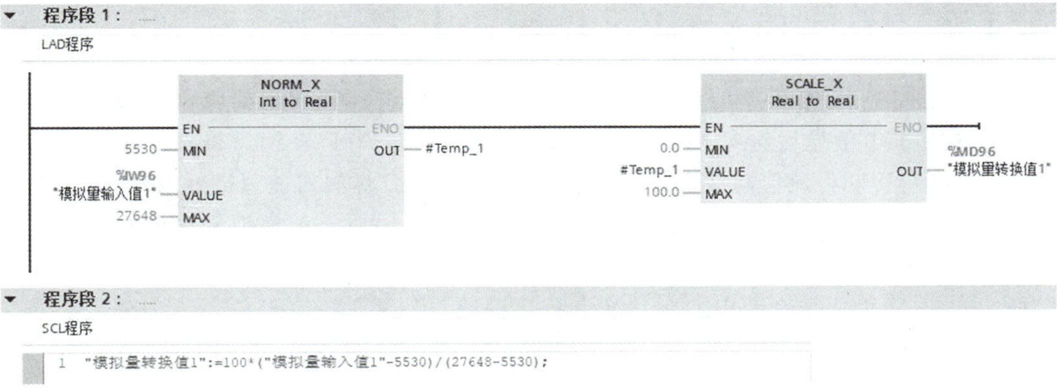

图 7-23　数模转换程序

2. PID 控制

PID 功能用于对闭环过程进行控制。PID 控制适用于温度、压力、流量等物理量，是工业现场中应用最为广泛的一种控制方式，其原理是对被控对象设定一个给定值，然后将实际值测量出来，并与给定值比较，将其差值送入 PID 控制器，PID 控制器按照一定的运算规律，计算出结果，即为输出值，送到执行器进行调节，其中的 P、I、D 指的是比例、积分、微分，是闭环控制的一种算法。通过这些参数，可以使被控对象追随给定值变化并使系统达到稳定，自动消除各种干扰对控制过程的影响。

S7-1200 PLC 提供的 PID 控制器回路数量受到 CPU 的工作内存及支持 DB 块数量限制。严格上说并没有限制具体数量，但实际应用不要超过 16 路 PID 回路。PID 控制器功能主要依靠 3 部分实现：循环中断块、PID 指令块、工艺对象背景数据块。在调用 PID 指令块时需要定义其背景数据块，而此背景数据块在工艺对象中添加，称为工艺对象背景数据块。PID 指令块与其相对应的工艺对象背景数据块组合使用，形成完整的 PID 控制器。PID 控制器结构如图 7-24 所示。

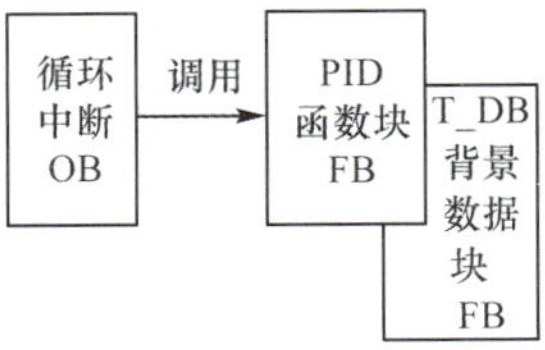

图 7-24　PID 控制器结构

循环中断块可按一定周期产生中断，执行其中的程序。PID 指令块定义了控制器的控制算法，随着循环中断块产生中断而周期性执行，其背景数据块用于定义输入、输出参数，调试参数以及监控参数。此背景数据块并非普通数据块，需要在目录树视图的工艺对象中才能找到并定义。

S7-1200 PLC 所支持的 PID 控制器仅有一个指令集：Compact PID，里面包含以下 3 个指令块："PID_Compact""PID_3Step""PID_ Temp"。用户可以手动调节 PID 参数，也可以使用 PID 指令自带的自整定功能，即由 PID 控制器根据被控对象自动计算参数。同时，TIA Portal 软件还提供了调试面板，用户可以查看被控对象状态，也可直接进行参数调节。

下面以恒温控制为例进行 S7-1200 PLC 的设置与程序设计。

在恒温控制中，电热丝的温度用 Pt100 温度传感器检测，变送器将温度转换为 4～20 mA 的标准电信号后送入 PLC 的模拟量输入模块，经 A/D 转换后得到与温度值成正比的数字量，CPU 将此值与温度设定值比较，并运用 PID 算法对差值进行运算，将运算结果（数字量）送给模拟量输出模块，经 D/A 转换后，以 0～20 mA 模拟量输出到晶闸管调功器来控制电热丝的加热功率，实现对温度的闭环控制。模拟量输入、输出处理已在数据转换中介绍，下面主要介绍 PID 的设置和程序设计。

新建循环组织块 OB30，循环时间选择默认值 100 ms，如图 7-25 所示。

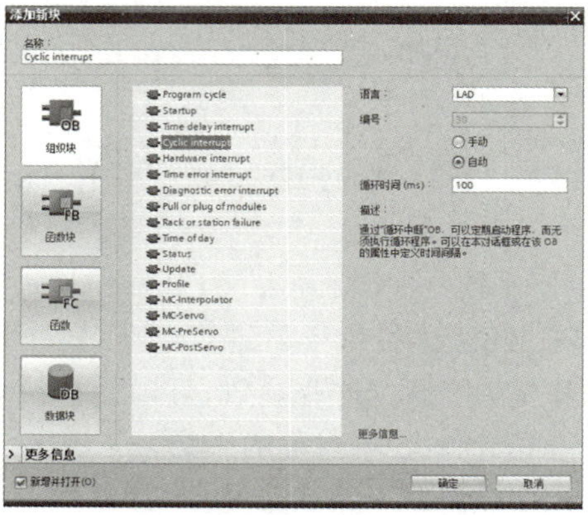

图 7-25　添加循环组织块 OB30

新建 PID 指令，在 TIA Protal 软件中使用 PID 功能，有两种方式添加 PID 的指令。方式一：通过在工艺对象中添加新对象，在弹出的"新增对象"对话框中，左侧竖列选择"PID"后，对话框中间部分对于"Compact PID"版本的选择，如图 7-26 所示。方式二：当程序处于编程界面时，右侧指令栏中在工艺＞ PID 控制＞ Compact PID 指令＞版本选择，如图 7-27 所示。

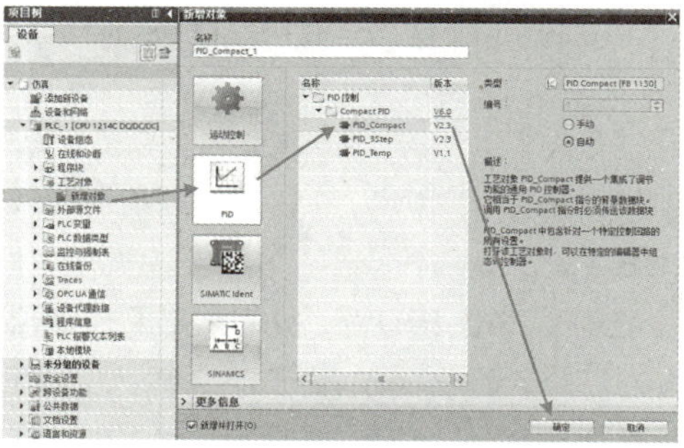

图 7-26　在工艺对象中添加 PID 指令

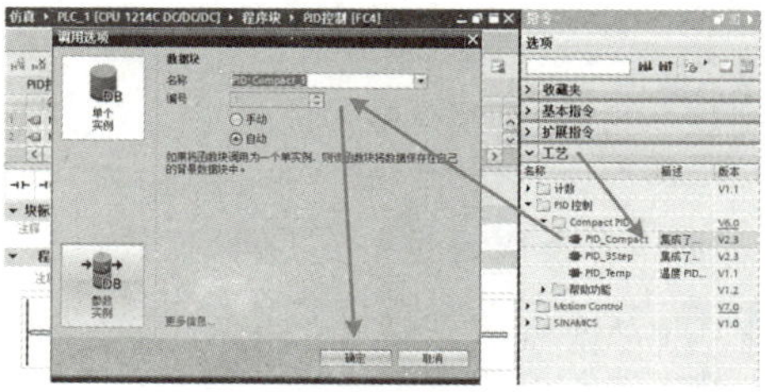

图 7-27　在指令中添加 PID 指令

对工艺对象进行组态，如图 7-28 所示，包括基本设置、过程值设置和高级设置。在基本设置中定义温度控制类型[图 7-28(a)]；定义 PID 输入、输出实际过程值来源为模拟量通道[图 7-28(b)]；定义过程值的转换标准[图 7-28(c)]；定义 PID 参数[图 7-18(d)]。还有其他参数根据需要设置。

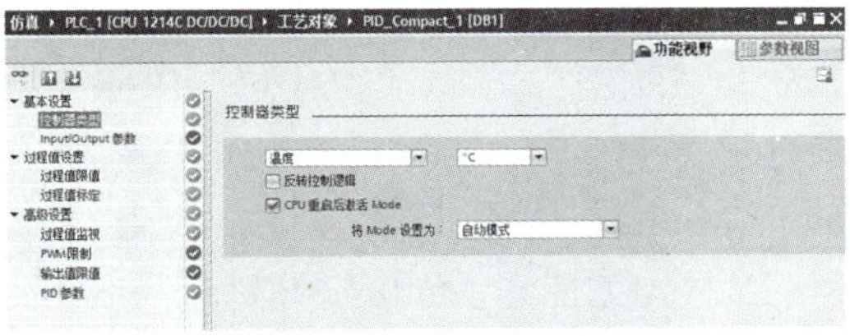

(a)定义控制类型

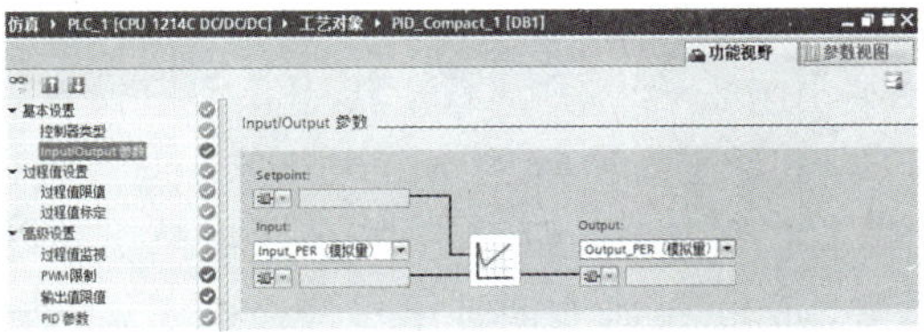

(b)定义输入、输出通道

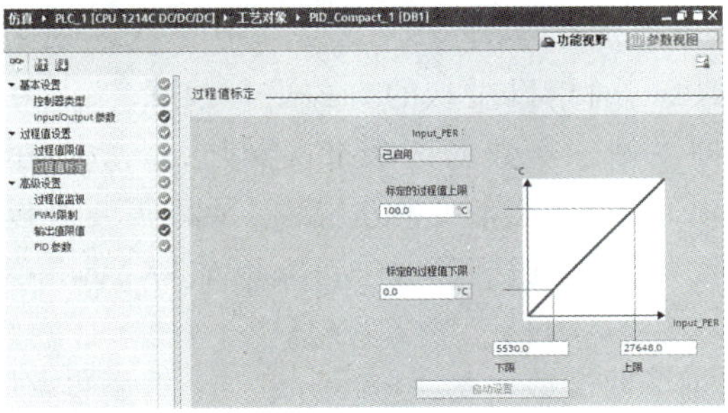

(c)定义转换标准

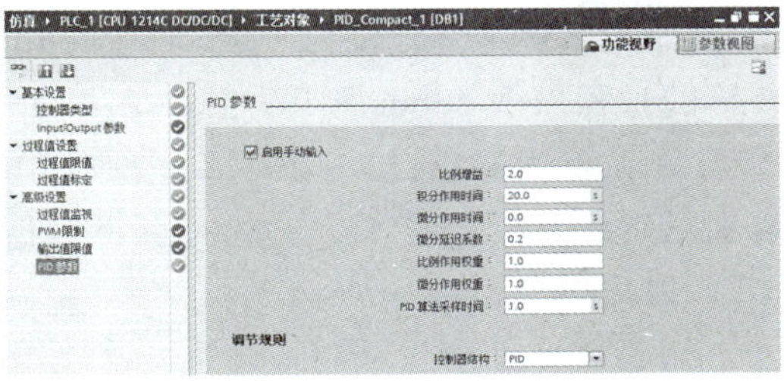

(d)定义PID参数

图 7-28　PID 工艺对象组态

调用通用 PID 控制器 PID_Compact 函数，完成程序编写，如图 7-29 所示，写入恒温的温度值 50 ℃。根据图 7-28(b)所示写入输入、输出通道。其他参数根据需要设置。

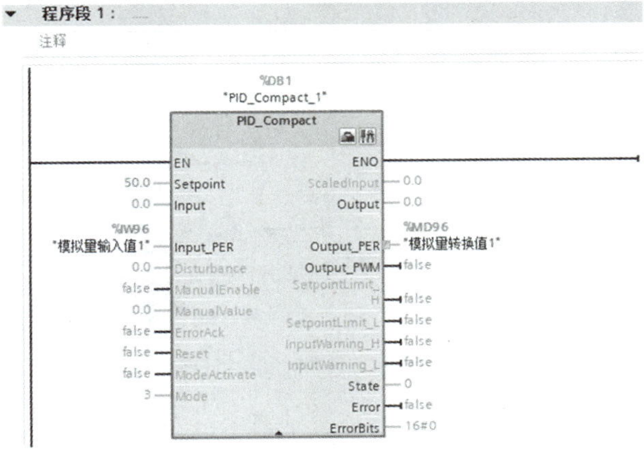

图 7-29　PID_Compact 函数调用

PID 控制器能否正常运行，需要设置符合实际运行系统及工艺要求的参数。由于每套系统都不完全一样，所以，每套系统的控制参数也不相同。可通过参数访问方式手动调试，在调试面板中观察曲线图后修改对应的 PID 参数。也可使用系统提供的参数自整定功能，PID 自整定是按照一定的数学算法，通过外部输入信号激励系统，并根据系统的反应方式来确定 PID 参数。

7.6.3 通信数据程序设计

通信数据的来源主要包括:其他设备或其他 PLC(比如 S7-1200 PLC)。

1. 通信模块与设备通信

设备端通信接口主要是 RS485 串口,也有 CAN 接口。如果是 CAN 接口,在具体工程应用中一般采用 CAN 转 485 串口模块,将其转换成 RS485 串口通信接口。RS485 串口的主要通信协议为 Modbus RTU。S7-1200 PLC 系列 CPU 能够扩展的串口数量有 4 个,本节首先介绍采用 PLC 通信模块和设备进行 Modbus RTU 通信。

Modbus 具有两种串行传输模式:分别为 Modbus ASCII 和 Modbus RTU。Modbus 是一种单主站的主从通信模式,Modbus 网络上只能有一个主站存在,主站在 Modbus 网络上没有地址,每个从站必须有唯一的地址,从站的地址范围为 0～247,其中 0 为广播地址,从站的实际地址范围为 1～247。Modbus RTU 通信以主从的方式进行数据传输,在传输的过程中 Modbus RTU 主站是主动方,即主站发送数据请求报文到从站,Modbus RTU 从站返回响应报文。S7-1200 没有 Modbus ASCII 通信的相关指令,如果需要可以根据点到点,或者 PtP Communication 通信指令集进行编程实现。S7-1200 支持 Modbus RTU 通信指令。

TIA Portal V13 SP1 版本开始,软件中提供了两个版本的 Modbus RTU 指令集,如图 7-30 所示。

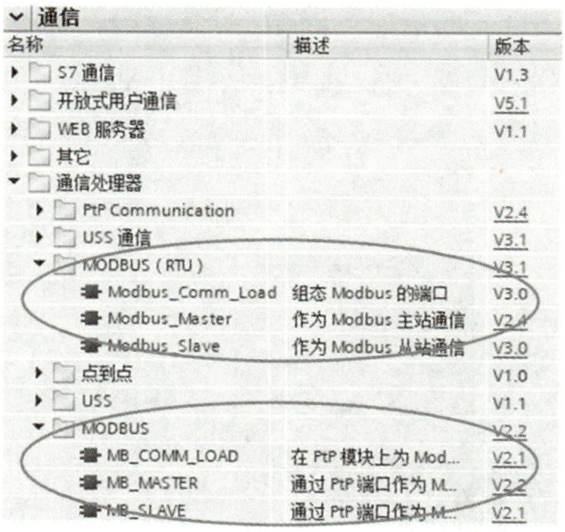

图 7-30　两个版本的 ModbusRTU 指令集

早期版本的 Modbus RTU 指令集(图中 MODBUS)仅可通过主机架 CM 1241 通信模块或 CB 1241 通信板进行 Modbus RTU 通信。新版本的 Modbus RTU 指令集[图中 MODBUS(RTU)]扩展了 Modbus RTU 的功能,该指令集除了支持主机架 CM 1241 通信模块、CB 1241 通信板,还支持 PROFINET 或 PROFIBUS 分布式 I/O 机架上的点对点通信模块实现 Modbus RTU 通信。

下面以某船舶主发电机控制箱的 Modbus 通信协议为例(图 7-31)进行 S7-1200 PLC 的设置与程序设计。

某船盘后主发电机控制箱通信协议

一、基本结构

1. 通信网络以 RS485 构成。

2. 波特率为 9 600 bps，数据结构位 10 倍。

二、通信协议（MODBUS-RTU 模式）

1. 波特率：9 600 bps。

2. 数据格式：1 位起始位 0，8 位数据位，1 位停止位，无校验位。

3. 设备地址：出厂为 10。

4. 用 04 命令读取下表数据

地址	内容	说明	备注
30001	发动机转速	1 rpm/bit	
30002	滑油压力	0.01 MPa/bit	
30003	淡水压力	0.01 MPa/bit	
30004	备用	0.01 MPa/bit	
30005	启动空气压力	0.01 MPa/bit	
30006	燃油压力	0.01 MPa/bit	
30007	增压空气压力	1 ℃/bit	
30008	滑油温度	1 ℃/bit	
30009	淡水温度	1 ℃/bit	
30010	增压空气温度	1 ℃/bit	

图 7-31　Modbus 通信协议

首先在 TIA Portal 软件中进行 RS485 通信模块组态，如图 7-32 所示。组态的信息要和图 7-31 所示的协议一致。

其次设置系统存储器，S7-1200 PLC 提供了系统和时钟存储器功能，为了便于后续指令使用，需要使能该功能。如图 7-33 所示。

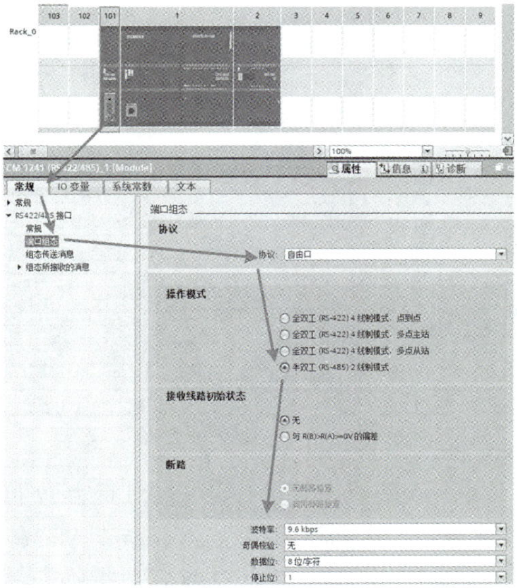

图 7-32　Modbus 通信模块组态

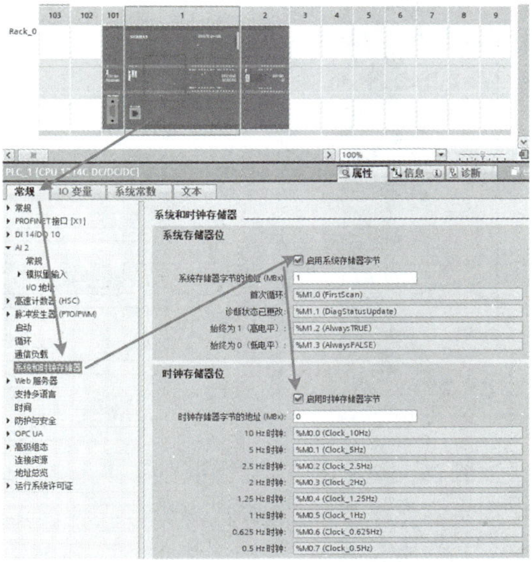

图 7-33　PLC 系统存储器组态

最后进行 PLC 程序设计，PLC 作为读取信息的控制器，需要读取数据的设备往往不止一个，因此 PLC 都是作为 Modbus 主站的。Modbus RTU 主站编程需要调用 Modbus_Comm_Load 指令和 Modbus_Master 指令，其中 Modbus_Comm_Load 指令通过 Modbus RTU 协议对通信模块进行组态，Modbus_Master 指令可通过 Modbus_Comm_Load 指令组态的端口作为 Modbus 主站进行通信，Modbus_Comm_Load 指令的 MB_DB 参数必须连接到 Modbus_Master 指令的(静态)MB_DB 参数。其相关编程步骤如下：

在程序块中新建一个循环中断组织块 OB31，循环时间设置为 1 000 ms。

在程序块中新建一个数据块 DB4，名称为“ModbusData”，在 DB4 中创建一个 WORD 数组“ReadData”，包含 10 个元素，用来存放 Modbus 通信读取的如图 7-31 所示的主发电机的 10 个数据。

在 OB31 中拖入 Modbus_Comm_Load 指令和 Modbus_Master 指令。如图 7-34 所示。程序段 1 是初始化，定义通信模块和通信接口；程序段 2 是读取站点 10，起始地址是 30001 的 10 个数据，并将数据存放在数据块 DB4 中的数组“ReadData”中；程序段 3 是当 5 s 内接收不到新的数据时，将“ReadData”的数据复位为 0。

Modbus_Master 指令的“DATA_PTR”参数用于指向要进行数据写入或数据读取的数据区域地址，该数据区域在 V4.0 之前仅支持非优化(标准的)数据块。一般建议使用指针方式填写，例如程序中的 P#DB3.DBX0.0 WORD 5，此外也可以使用基本数据类型数组方式填写。从 V4.0 版本开始支持优化 DB。

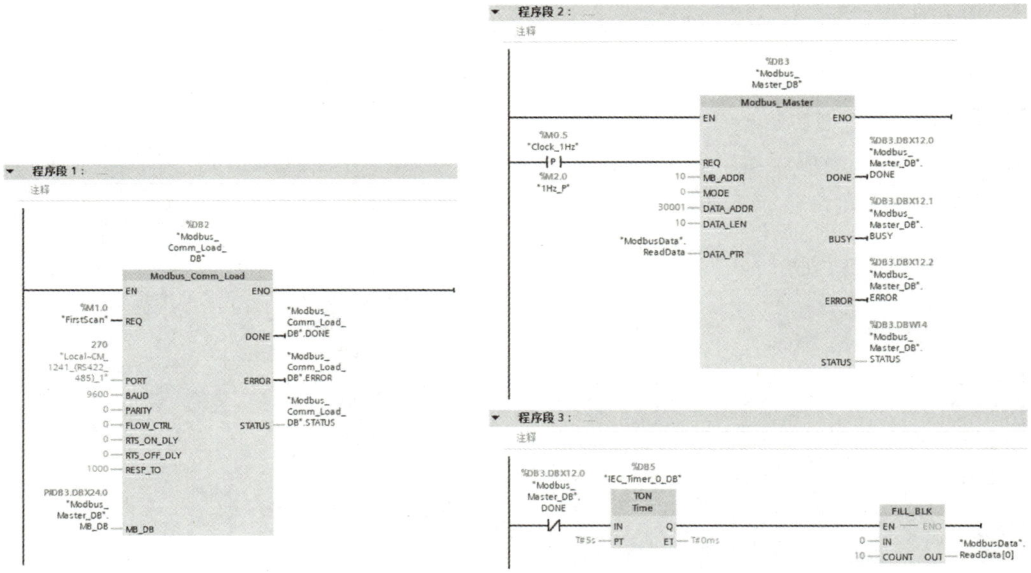

(a)初始化　　(b)读取和复位

图 7-34　Modbus 通信程序

当 Modbus RTU 网络中存在多个 Modbus RTU 从站或一个 Modbus RTU 从站同时需要多个作业，例如需要读和写或者读多个区域等，则需要调用多个 Modbus_Master 指令，Modbus_Master 指令之间需要采用轮询方式调用，并且使用相同背景数据块。如

图 7-35 所示，用于描述两个 Modbus_Master 指令轮询调用的方式。

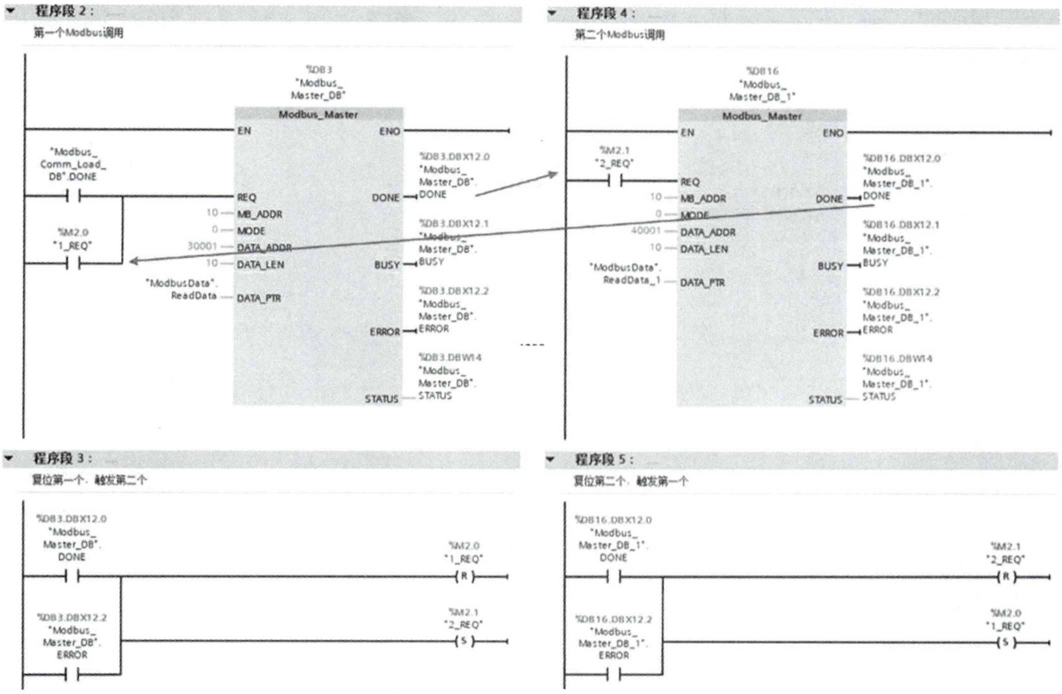

图 7-35　Modbus 轮询通信程序

2. 添加串口服务器与设备通信

而船舶中设备较多，一般都会超过 4 个，此时可以通过增加串口服务器扩展 RS485 串口与设备通信。还是以图 7-31 所示的船舶主发电机的通信协议作为示例。

首先添加一个以太网设备，如图 7-36 所示。添加后将以太网口连接到子网“PN/IE_1”，并设置以太网地址“192.168.0.100”，与 CPU 在同一局域网段中。

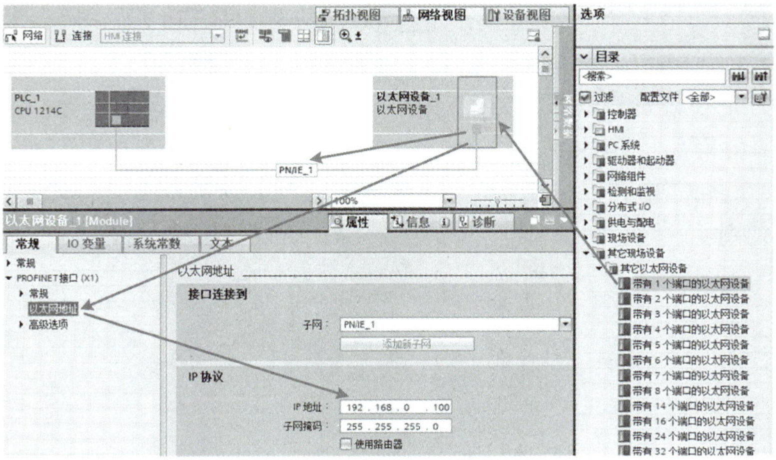

图 7-36　组态以太网设备

在通信指令中选择“TCON”指令，拖动到 LAD 程序段 1 中，单击“TCON”指令右上角图标“”进行组态。在“连接参数”组态窗口中选择“未指定”伙伴；设置 IP 地址与图 7-36 所示一致；建立连接数据“PLC_1_Connection_DB”；设置本地端口为“2000”，伙伴端口为“3001”，如图 7-37 所示。

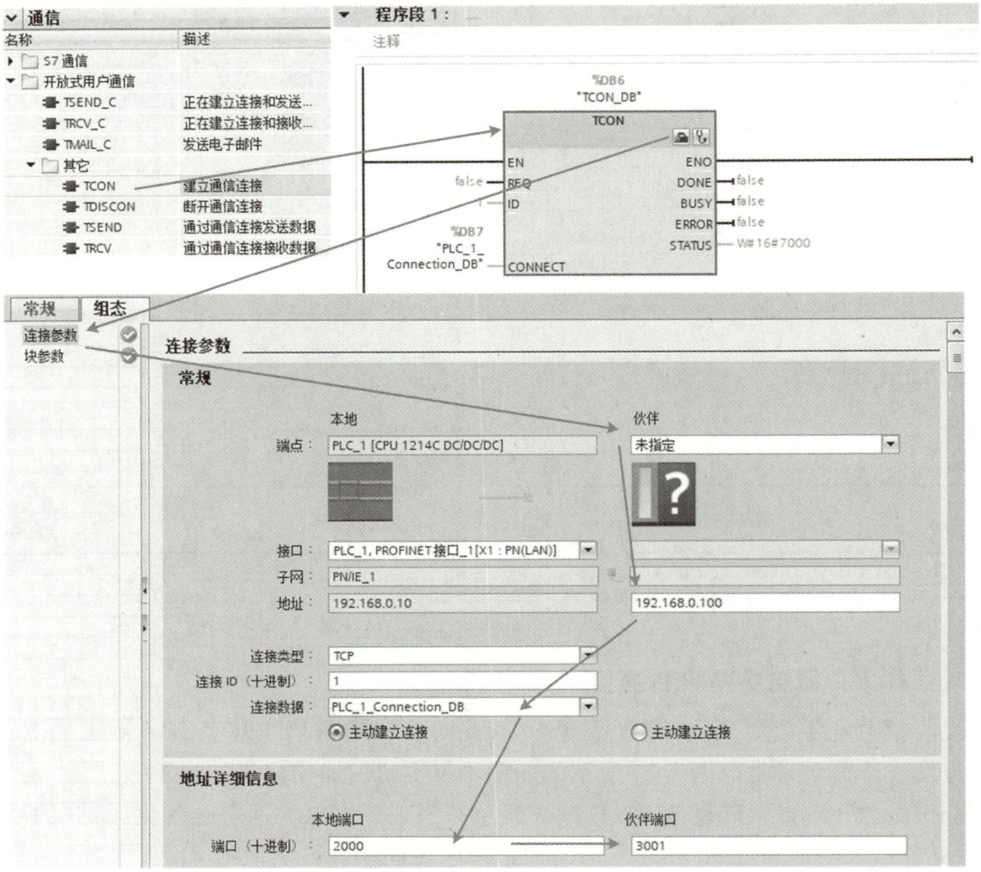

图 7-37 组态 TCON 通信指令

创建新的 DB“ModbusSend”，并在其中创建“Send_1”数组，根据 Modbus 标准请求格式依照图 7-31 的协议将数组起始值设定为“0A 04 00 00 00 0A 71 76”，如图 7-38 所示。并在程序段 2 中写入“TSEND”指令的 DATA 接口，接收的数据同样存放在数据块 DB4 中的数组“ReadData”中。程序段 4 是当 5 s 内接收不到新的数据时，将“ReadData”的数据复位为 0，如图 7-39 所示。

ModbusSend

名称	数据类型	起始值
Static		
Send_1	Array[0..7] of Byte	
Send_1[0]	Byte	16#0A
Send_1[1]	Byte	16#04
Send_1[2]	Byte	16#00
Send_1[3]	Byte	16#00
Send_1[4]	Byte	16#00
Send_1[5]	Byte	16#0A
Send_1[6]	Byte	16#71
Send_1[7]	Byte	16#76

图 7-38 Modbus 发送数据定义

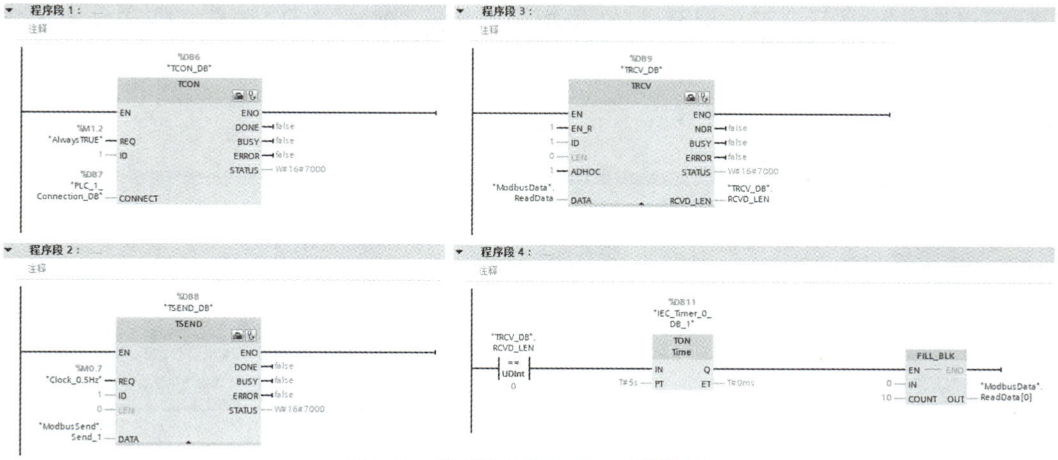

图 7-39　串口服务器 Modbus 通信程序

3. 与 S7-1200 PLC 通信

与 S7-1200 PLC 通信的方法比较多，有 TCP、Modbus_TCP 以及 S7 通信方式。

通过 TCP，在双方 CPU 调用开放式用户通信指令（TSEND_C，TRCV_C，TCON，TDISCON，TSEND，TRCV）实现，类似与串口服务器的通信模式。

通过 Modbus_TCP，也需要在双方 CPU 调用 Modbus_TCP 通信指令（MB_CLIENT，MB_SERVER）实现，类似 S7-1200 PLC 与设备之间的 Modbus RTU 通信。将另一台 PLC 看成是一台设备，在两台 PLC 中写好 Modbus_TCP 客户端或服务器端的通信程序。

本小节具体介绍 S7 通信方式实现 S7-1200 PLC 之间的通信。

S7-1200 PLC 的 PROFINET 通信口可以做 S7 通信的服务器端或客户端（CPU V2.0 及以上版本）。S7-1200 仅支持 S7 单边通信，仅需在客户端单边组态连接和编程，而服务器端准备好通信的数据就可以，比前面提到的两种方式简单一些。

S7-1200 PLC 之间 S7 通信，可以分 2 种情况来操作：2 个 S7-1200 在同一个项目中操作；2 个 S7-1200 不在同一个项目中的操作。下面就以 2 个 S7-1200 PLC 在同一个项目中操作为例。

使用 STEP 7 V16 创建一个新项目，并通过“添加新设备”组态 S7-1200 站 PLC_1，选择 CPU 1214C DC/DC/DC（IP：192.168.0.10）；接着组态另一个 S7-1200 站 PLC_2，选择 CPU1214C DC/DC/DC（IP：192.168.0.12），如图 7-40 所示。

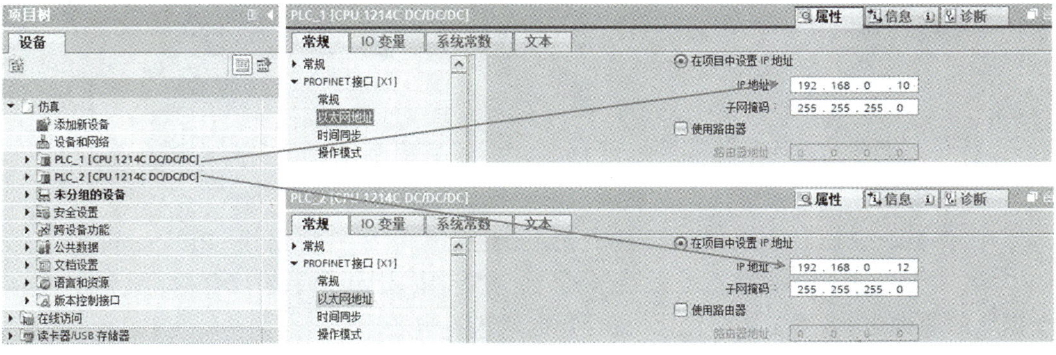

图 7-40　在新项目中插入 2 个 S7-1200 站点

单击“设备和网络”进行配置网络，单击左上角的“连接”图标，接着在连接框中选择“S7 连接”，然后选中 PLC_1 的 CPU，右键选择“添加新连接”。在创建新连接对话框内，选择连接对象“PLC-2”，接着在右下角选择“主动建立连接”后建立新连接，如图 7-41 所示。

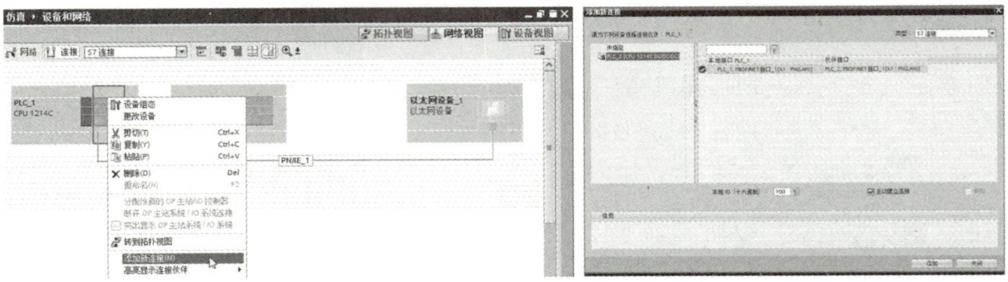

图 7-41　建立 S7 连接

在图 7-42 中的连接“S7_连接_1”查看各参数，如图 7-42 所示。在常规中，显示连接双方的设备、IP 地址。在本地 ID 中：显示通信连接的 ID 号，ID=W#16#100(编程使用)。

图 7-42　S7 连接

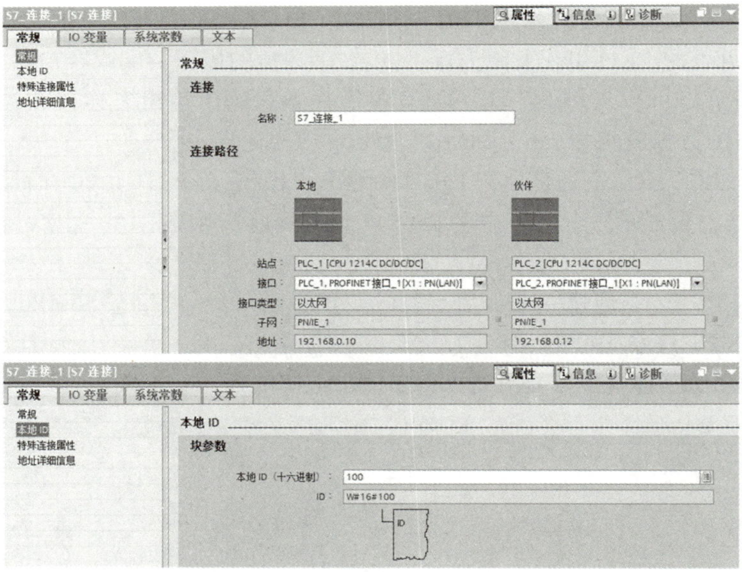

图 7-43　查看 S7 连接参数

在 S7-1200 PLC_1 和 PLC_2 中，分别创建发送和接收数据块“PLCSend”和“PLCRCV”，并创建发送和接收数据数组 Send 和 RCV，定义 10 个字的数组，如图 7-44 所示。数据块的属性中，需要选择非优化块访问(把默认的钩去掉)。

在进行编程之前，还需在 CPU 中组态“连接机制”，勾选“允许来自远程对象的 PUT/

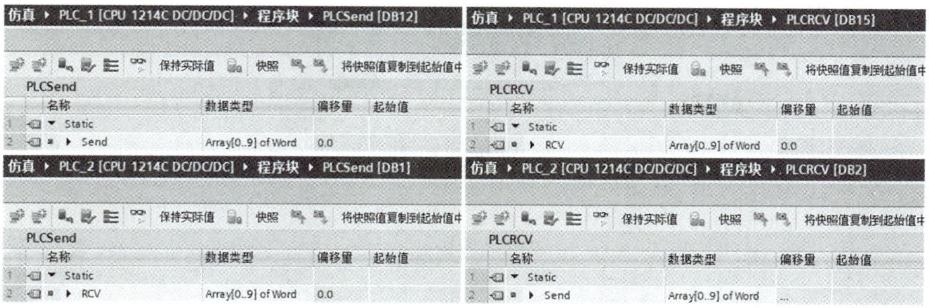

图 7-44　创建数据块

GET 通信访问”，如图 7-45 所示。然后在主动建连接 PLC_1 CPU 中编程，创建 FC，调用 PUT/GET 通信指令，如图 7-46 所示。指令中“ID”即为图 7-43 中的“本地 ID”，在实际应用中读取 PLC 数据时，只需要用 PUT 或 GET 其中一个指令即可。

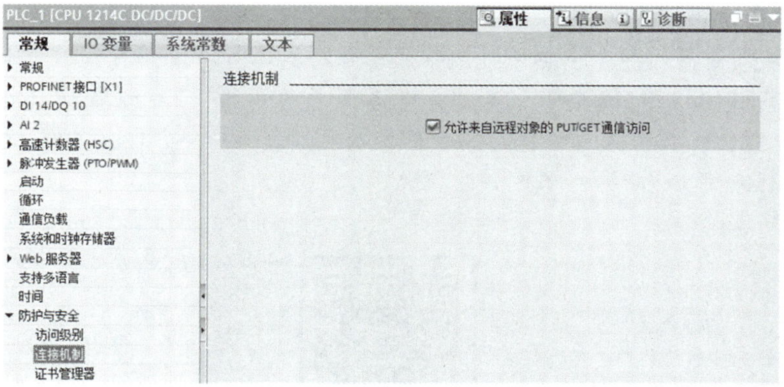

图 7-45　组态“连接机制”

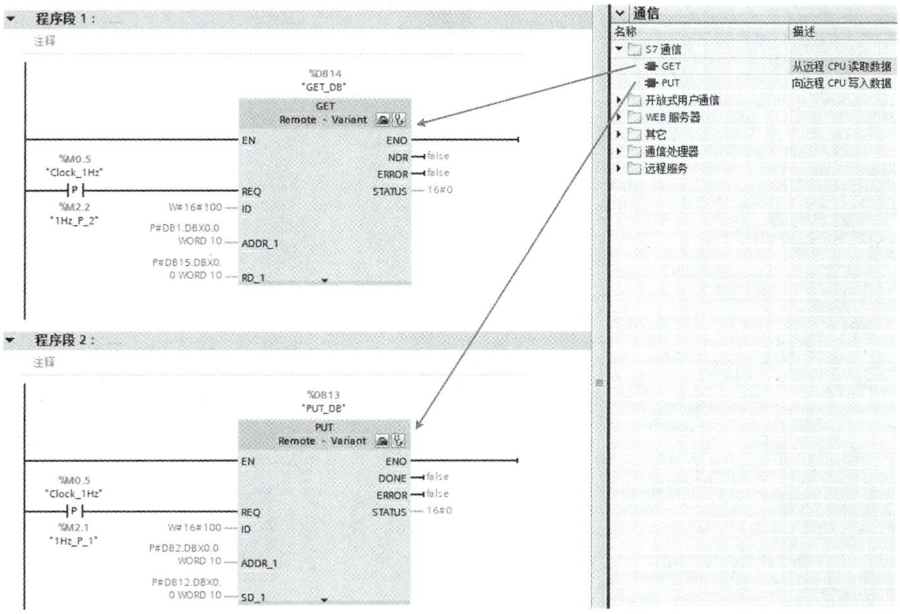

图 7-46　PUT/GET 指令编程

习题和思考题

1. 根据继电器接触器经典控制线路星形转三角启动方式，采用 S7-1200 PLC 实现其控制逻辑。

2. 采用 PORK_BLK 指令及间接寻址批量处理(10 个)，实现模拟量从数字量到具体实际值转换的 SCL 程序。

3. 编写控制程序，当 I0.0 有效时，Q0.0 会产生一个开通 5 s、关断 3 s 的闪烁信号。

4. 用两个开关控制一台风机，但要求任何一个开关都可以随时控制灯的接通和熄灭，也就是所谓的“二控一电路”。编写相应的控制程序实现上述功能。

5. 电动机 M1 启动后，M2 才能启动，且 M2 能实现点动。写出 I/O 分配表，画出接线图，设计出程序。

6. 用串口服务器的两个串口同时接收两个设备的 Modbus 信号，1＃设备地址是 01，读取 40 001～40 059 和 10 001～10 099 寄存器中的数据。2＃设备地址也是 01，读取 40 101～400 159 和 10 011～10 089 寄存器中的数据。利用 S7-1200 PLC 的 Send、RCV 指令实现以上通信功能。

思政5

第8章
S7-1200 PLC控制系统设计与应用实例

第8章微课

本章介绍PLC控制系统设计的内容和步骤，详细介绍系统的硬件配置、设备选型方法。在此基础上，较详细地介绍几个典型工程应用实例。通过学习，应掌握PLC控制系统的硬件、软件设计方法，学会针对不同的控制对象和要求，合理选择硬件模块和程序设计方法。

8.1 S7-1200 PLC控制系统设计的内容和步骤

8.1.1 PLC控制系统设计的基本原则

对于工业领域或其他领域的被控对象来说，电气控制的目的是在满足其生产工艺要求的情况下，最大限度地提高生产效率和产品质量。为达到此目的，在可编程控制器系统设计时应遵循以下原则：

(1)保证控制系统的安全可靠。

(2)最大限度地满足控制要求。要深入现场进行调查研究，收集资料。同时要注意和现场工程管理和技术人员及操作人员紧密配合，充分发挥PLC功能。

(3)在满足控制要求的前提下，力求使控制系统简单、经济、适用及维护方便；同时，一方面要注意不断地扩大工程的效益，另一方面也要注意不断地降低工程的成本。不宜盲目追求自动化和高指标。

(4)考虑生产发展和工艺改进的要求以及今后控制系统发展和完善的需要，在选型时应留有适当的余量。

8.1.2 PLC控制系统设计的内容

(1)分析控制对象、明确设计任务和要求是整个设计的依据。

(2)选定PLC的型号及所需的输入/输出模块，对控制系统的硬件进行配置。

(3)编制PLC的输入/输出分配表和绘制输入/输出端子接线图。

(4)根据系统设计的要求编写软件规格要求说明书，然后再用相应的编程语言(常用梯形图)进行程序设计。

(5)设计操作台、电气柜,选择所需的电气元件。

(6)编写设计说明书和操作使用说明书。

根据具体控制对象,上述内容可适当调整。

8.1.3 PLC 控制系统设计的步骤

根据 PLC 控制系统设计的内容,PLC 控制系统的设计一般分为系统规划、硬件设计、软件设计、系统调试以及技术文件编制五个阶段。

1. 系统规划

系统规划是设计的第一步,内容包括确定控制系统方案与总体设计两部分。确定控制系统方案时,应对被控对象(如机械设备、生产线或生产过程)工艺流程的特点和要求做深入了解、详细分析、认真研究,明确控制的任务、范围和要求,根据工业指标,合理地制定和选取控制参数,使 PLC 控制系统最大限度地满足被控对象的工艺要求。控制要求主要指控制的基本方式、必须完成的动作时序和动作条件、应具备的操作方式(手动、自动、间断和连续等)、必要的保护和联锁等,可用控制流程图或系统框图的形式描述。系统规划的具体内容包括:明确控制要求、确定系统类型、确定硬件配置要求。

2. 硬件设计

硬件设计是在系统规划与总体设计完成后的技术设计。在这一阶段,设计人员需要根据总体方案完成电气控制原理图、连接图、元件布置图等基本图样的设计工作。在此基础上选择 PLC 的型号、规格,确定 I/O 模块的数量与规格,选择特殊功能模块;选择人机界面、驱动器等。汇编完整的电气元件目录与配套件清单,提供给采购供应部门购买相关的组成部件。同时,根据 PLC 的安装要求与用户的环境条件,结合所设计的电气原理图与连接、布置图,完成用于安装以上电气元件的控制柜、操作台等零部件的设计。

硬件设计完成后,将全部图样与外购元器件、标准件等汇编成统一的基本件、外购件、标准件明细表(目录),提供给生产、供应部门组织生产与采购。

3. 软件设计

PLC 控制系统的软件设计主要是编制 PLC 用户程序、特殊功能模块控制软件、确定 PLC 以及功能模块的设置参数等。它可以与系统电气元件安装柜、操作台的制作、元器件的采购同步进行。软件设计应根据所确定的总体方案与已经完成的电气控制原理图,按照原理图所确定的 I/O 地址,编写实现控制要求与功能的 PLC 用户程序。为了方便调试、维修,通常需要在软件设计阶段编写出程序说明书、I/O 地址表、注释表等辅助文件。

在程序设计完成后,一般应通过 PLC 编程软件所具备的自诊断功能对 PLC 程序进行基本的检查,排除程序中的语法错误。有条件时,应通过必要的模拟与仿真手段,对程序进行模拟与仿真试验。对于初次使用的伺服驱动器、变频器等部件,可以通过检查与运行的方法,事先进行离线调试,以缩短现场调试的周期。

4. 系统调试

PLC 的系统调试是检查、优化 PLC 控制系统硬件和软件设计,提高控制系统可靠性的重要步骤。为了防止调试过程中可能出现的问题,确保调试工作的顺利进行,系统调试应在完成控制系统的安装、连接、用户程序编制后，按照调试前的检查、硬件调试、软件调试、空运行试验、可靠性试验、实际运行试验等规定的步骤进行。

在调试阶段，一切均应以满足控制要求、确保系统安全和可靠运行为最高准则，它是检验硬件、软件设计正确性的唯一标准，任何影响系统安全性与可靠性的设计，都必须予以修改，绝不可以遗留事故隐患，以免导致严重后果。

5. 技术文件编制

在设备安全、可靠运行得到确认后，设计人员可以着手进行系统技术文件的编制工作。例如，修改电气原理图、连接图；编写设备操作、使用说明书，备份 PLC 使用程序；记录调整、设置参数等。

8.2　PLC 控制系统的硬件配置

8.2.1　PLC 机型的选择

选择合适的机型是 PLC 控制系统硬件配置的关键问题。目前，生产 PLC 的厂家很多，如国外的西门子、三菱、罗克韦尔、ABB、贝加莱以及国产的信捷等，不同厂家的 PLC 产品虽然基本功能相似，但用的编程指令、编程软件等都不相同。而同一厂家生产的 PLC 产品又有不同的系列，同一系列中又有不同的 CPU 型号，不同系列、不同型号的产品在功能上有较大差别。因此，如何选择合适的机型至关重要。

对于工艺过程比较固定、环境条件较好（维修量较小）的场合，建议选用整体式结构的 PLC；反之应考虑选用模块式结构的机型。PLC 机型选择的基本原则是，在功能满足要求的前提下，选择最可靠、维护使用最方便以及性能价格比最优的机型。具体应考虑以下几方面的要求：

1. 性能与任务相适应

对于开关量控制的应用系统，对控制速度要求不高，如船舶机舱消防泵的控制、船舶甲板起货机的自动控制，选用小型 PLC（如西门子公司的 S7-1200 PLC，无锡信捷公司的 XL 系列）就能满足要求。

对于以开关量控制为主，带有部分模拟量控制的应用系统，如工业生产中常遇到的温度、压力、流量、液位等连续量的控制，应选用带有 A/D 转换的模拟量输入模块和带有 D/A 转换的模拟量输出模块，配接相应的传感器、变送器（对温度控制系统可选用温度传感器直接输入的温度模块）和驱动装置，并且选择运算功能较强的小型 PLC。西门子公司的 S7-1200 PLC 在进行小型数字、模拟混合系统控制时具有较高的性能价格比，实施起来也较为方便。

对于比较复杂、控制功能要求较高的应用系统，如需要 PID 调节、闭环控制、分布式控制、通信联网等功能时，可选用中、大型 PLC（如西门子公司的 S7-300、S7-400、S7-1500 系列等）。

2. PLC 的处理速度应满足实时控制的要求

PLC 工作时，从输入信号到输出控制存在着滞后现象，即输入量的变化一般要在 1～2 个扫描周期之后才能反映到输出端，这对于一般的工业控制是允许的。通常 PLC 的 I/O 点数在几十到几千点内，用户应用程序的长短也有较大的差别。但是随着近年来半导体芯片的快速发展，PLC 的处理速度已经大大提高。S7-1200 PLC 执行一条逻辑指令的时间是 0.08 s，信捷 XD/XL 系列 PLC 执行一条逻辑指令的时间是 0.01～0.02 s，因此滞后时间一般可以控制在几十毫秒之内(相当于普通继电器的时间)。

但有些设备的实时性要求较高，比如运动控制系统，不允许有较大的滞后时间。改进实时速度的途径有以下几种：选择 CPU 速度比较快的 PLC；优化应用软件，缩短扫描周期；采用高速响应模块，其响应的时间不受 PLC 周期的影响，而只取决于硬件的延时。

3. PLC 机型尽可能统一

一个大型企业所涉及的电气控制系统，应尽量做到机型统一。因为同一机型的 PLC，其模块可互为备用，便于备品备件的采购和管理，这不仅使模块通用性好，减少了备件量，而且给编程和维修带来了极大的方便，也给扩展系统升级留有余地；其功能及编程方法统一，有利于技术力量的培训、技术水平的提高和功能的开发；其外部设备通用，资源可共享，配以上位计算机后，可把控制各独立系统的多台 PLC 连成一个多级分布式控制系统，相互通信，集中管理。

4. 指令系统

由于 PLC 应用的广泛性，各种机型所具备的指令系统也不完全相同。从工程应用角度看，有些场合仅需要逻辑运算，有些场合需要复杂的算术运算，而另一些特殊场合还需要专用指令功能。从 PLC 本身来看，各厂家的指令系统差异较大，但从整体上说，指令系统均是面向工程技术人员的语言，其差异主要表现在指令的表达方式和完整性上。有些厂家在控制指令方面开发得较强，有些厂家在数字运算指令方面开发得较全，而大多数厂家在逻辑指令方面都开发得较细。在选择机型时，从指令方面应注意以下内容：

(1)指令系统的总语句数，它反映了整个指令所包括的全部功能。

(2)指令系统的种类，它主要应包括逻辑指令、运算指令和控制指令，具体要求与实际要完成的控制功能有关。

(3)指令系统的表达方式。

(4)应用软件的程序结构，程序结构有模块化和子程序式两种，前一种有利于应用软件的编写和调试，但处理速度较慢；后一种响应速度快，但不利于编写和调试。

除考虑上述四点要素外，还要根据工程应用的实际情况，考虑其他一些因素，如性能价格比和技术支持情况等内容。总之，在选择机型时按照 PLC 本身的性能指标对号入座，选取出合适的系统。有时这种选择并不是唯一的，需要在几种方案中综合各种因素做出选择。

8.2.2 开关量 I/O 模块的选择

为了适应各种各样的控制信号，PLC 有多种 I/O 模块可供选择，包括数字量输入/输出模块、模拟量输入/输出模块及各种智能模块。

1. 开关量输入模块的选择

开关量输入模块种类很多，按输入点数可分为 8 点、16 点、32 点等；按工作电压可分为直流 5 V、24 V，交流 110 V、220 V 等；按外部接线方式又可分为源型 NPN 输入、漏型 PNP 输入等。

选择开关量输入模块时主要考虑以下几点：

(1)选择工作电压等级。工作电压等级主要根据现场检测元件与模块之间的距离来选择。距离较远时，可选用较高电压的模块来提高系统的可靠性，以免信号衰减后造成误差。距离较近时，可选择电压等级低一些的模块，如 5 V、12 V、24 V 等。

(2)选择模块密度。模块密度主要根据分散在各处输入信号的多少和信号动作的时间选择。集中在一处的输入信号尽可能集中在一块或几块模块上，以便于电缆安装和系统调试。对于高密度输入模块，如 32 点或 64 点，允许同时接通点数取决于公共汇流点的允许电流和环境温度。一般来讲，同时接通点数最好不超过模块总点数的 60%，以保证输入、输出点承受负载能力在允许范围内。

(3)门槛电平。为了提高控制系统的可靠性，必须考虑门槛电平的大小。所谓门槛电平是指接通电平和关门电平的差值。门槛电平值越大，抗干扰能力越强，传输距离也就越远。

目前许多型号的 PLC 都提供 DC 24 V 电源，用作集电极开路传感器的电源。但该电源容量较小，当用作本机输入信号的工作电源时，须考虑电源的容量。如果电源容量要求超出了内部 DC 24 V 电源的定额，须采用外接电源，建议采用稳压电源。

2. 开关量输出模块的选择

输出方式的选择。继电器输出方式价格便宜，使用电压范围广，导通压降小，承受瞬时过电压和过电流的能力较强，且有隔离作用。但继电器有触点，寿命较短，且响应速度较慢，适用于动作不频繁的交、直流负载。当驱动感性负载时，最大开闭频率不得超过 1 Hz。

晶闸管输出方式(交流)和晶体管输出方式(直流)都属于无触点开关输出，使用寿命长，适用于通断频繁的感性负载。对于开关频率高、电感强、低功率因数的交流负载，可选用晶闸管输出模块；而开关频率较高的直流负载，可选用晶体管输出模块。

输出电流的选择。模块的输出电流必须大于负载电流的额定值，如果负载电流较大，输出模块不能直接驱动时，应增加中间放大环节。对于电容性负载、热敏电阻负载，考虑到接通时有冲击电流，要留有足够的余量。选用输出模块还应注意同时接通点数的电流累计值必须小于公共端所允许通过的电流值。

为防止由于负载短路等原因烧坏 PLC 的输出模块，输出回路必须外加熔断器作短路保护。对于继电器输出方式，可选用普通熔断器；对于晶体管输出方式和晶闸管输出方式，应选用快速熔断器。

当 PLC 基本单元所提供的输入、输出点数不能满足应用系统 I/O 总点数需求时，可增加输入/输出扩展模块。对于 S7-1200 PLC，可选的扩展模块有：SM1221 数字量输入模块(包括 8 输入 DC 24 V 和 16 输入 DC 24 V)、SM1222 数字量输出模块(包括 8 输出 DC 24 V 和 8 继电器输出)、EM1223 数字量输入/输出模块(包括 4 输入/4 输出 DC 24 V、4 输入 DC 24 V/4 继电器输出、8 输入/8 输出 DC 24 V、8 输入 DC 24 V/8 继电器输出、16 输入/16 输出 DC 24 V、16 输入 DC 24 V/16 继电器输出)等,还有开关量信号输入扩展板可以选择。这些扩展模块通过扁平电缆与主机单元直接相连,安装方便。

8.2.3 模拟量 I/O 模块的选择

1. 模拟量输入模块的选择

模拟量的输入可以是电压信号或电流信号,标准值为±1.25 V、±2.5 V、±5 V、±10 V、0～20 mA、4～20 mA 等。在选用时一定要注意与现场过程检测信号范围相对应。一般选用 0～20 mA 或 4～20 mA 电流信号通道。

模拟量输入模块的分辨率、输入精度、转换时间等参数指标应符合具体的系统要求。

在应用中要注意抗干扰措施。其主要方法有:注意与交流信号和可产生干扰源的供电电源保持一定距离;模拟量输入信号线要采用屏蔽措施;采用一定的补偿措施,减少环境变化对模拟量输入信号的影响。

2. 模拟量输出模块的选择

模拟量输出模块的输出类型有电压输出和电流输出两种,输出范围有 0～10 V、±10V、0～20mA、4～20mA 等。一般的模拟量输出模块都同时具有这两种输出类型,只是在与负载连接时接线方式不同。另外,模拟量输出模块还有不同的输出功率,在使用时要根据负载情况选择。

模拟量输出模块的输出精度、分辨率、抗干扰措施等都与模拟量输入模块的情况类似。S7-1200 PLC 提供了 SM1231 4/8 路模拟量输入模块、SM1231 4/8 路输入热电偶、SM1231 4/8 路热电阻(RTD)、SM1232 2/4 路模拟量输出模块、SM1234 4 输入/2 输出组合模块,还有模拟量信号输入扩展板可以选择。都可根据实际需要选用。

8.3 PLC 软件程序设计

8.3.1 程序设计方法

应用程序设计过程中,应正确选择能反映生产过程的变化参数作为控制参量进行控制;应正确处理各执行电器、各编程元件之间的互相制约、互相配合的关系。应用程序的设计方法有多种,常用的设计方法有经验设计法、逻辑设计法等。

1. 经验设计法

某些简单的开关量控制系统可以沿用继电器-接触器控制系统的设计方法来设计梯形图程序,即在某些典型电路的基础上,根据被控对象的具体要求,不断地修改和完善梯形图。有时需要多次反复地进行调试和修改梯形图,不断地增加中间编程元件和辅助触点,最后才能得到一个较为满意的结果。

这种方法没有普遍的规律可以遵循,具有很大的试探性和随意性,最后的结果不是唯一的，设计所用的时间、设计的质量与编程者的经验有很大的关系，所以有人把这种设计方法称为经验设计法。

经验设计法对于一些比较简单的程序设计是比较奏效的，可以收到快速、简单的效果。但是，由于这种方法主要是依靠设计人员的经验进行设计，所以对设计人员的要求也就比较高，特别是要求设计者有一定的实践经验，对工业控制系统和工业上常用的各种典型环节比较熟悉。经验设计法没有规律可遵循，具有很大的试探性和随意性，常常需经多次反复修改和完善才能符合设计要求，所以设计的结果往往不是很规范，因人而异。

经验设计法一般适合于设计一些简单的梯形图程序或复杂系统的某一局部程序（如手动程序等）。如果用来设计复杂系统梯形图，则存在以下问题：

（1）考虑不周、设计麻烦、设计周期长。用经验设计法设计复杂系统的梯形图程序时，要用大量的中间元件来完成记忆、联锁、互锁等功能，由于需要考虑的因素很多，它们往往又交织在一起，分析起来非常困难，并且很容易遗漏一些问题。修改某一局部程序时，很可能会对系统其他部分程序产生意想不到的影响，往往花了很长时间，还得不到一个满意的结果。

（2）梯形图的可读性差、系统维护困难。用经验设计法设计的梯形图是按设计者的经验和习惯的思路进行设计的。因此，即使是设计者的同行，要分析这种程序也非常困难，更不用说维修人员了，这给 PLC 系统的维护和改进带来许多困难。

2. 逻辑设计法

逻辑设计法是以数字电路中的组合逻辑电路或时序逻辑电路的思想来设计 PLC 程序。PLC 的最基本功能是逻辑运算，早期 PLC 的应用主要是利用该功能替代继电器控制系统。用“1”和“0”两种状态取值代替传统的继电器及交流接触器等电气元件触点的“吸合”“断开”或线圈“得电”“断电”状态，运用逻辑代数设计 PLC 应用程序是完全可行的。最基本的逻辑关系运算是“与”“或”“非”三种，分别对应 PLC 程序中节点的串联、并联和反状态，并可在此基础上构建更复杂的“与非”“或非”“与或”等逻辑运算关系。当一个逻辑函数用逻辑变量的基本运算式表达出来后，实现这个逻辑函数的线路就确定了。当这种方法使用熟练后，甚至梯形图程序也可以省略，可以直接写出与逻辑函数和表达式对应的指令语句程序。

控制系统设计的难易程度因控制任务而异，也因人而异。对于经验丰富的工程技术人员来说，在长时间的专业工作中，受过各种各样的磨炼，积累了许多经验，除了一般的编程方法外，更有自己的编程技巧和方法，可采用经验法。但不管采用哪种方法，平时多注意积累和总结是很重要的。

在程序设计时，除了 I/O 地址列表外，有时还要把在程序中用到的中间继电器（M）、定时器（T）、计数器（C）和数据块（DB）以及它们的作用或功能列写出来，以便编写和阅读程序。

在编程语言的选择上，是使用 LAD 还是 SCL，这主要取决于以下几点：

（1）有些 PLC 使用 LAD 编程不是很方便，则可以使用 SCL 编程，但是 LAD 比 SCL 直观。

（2）经验丰富的人员可以使用 SCL 直接编程，就像使用汇编语言一样。

（3）LAD 适用于逻辑控制编程，SCL 适合数据处理和程序控制。

8.3.2 PLC 编程的一般步骤

对一个 PLC 系统编写程序，方法有很多种，除经验设计法、逻辑设计法外，还有图解法、解析法等，编程一般遵循以下几个步骤：

（1）程序设计前的准备工作。首先要了解控制系统的全部功能、规模、控制方式、输入输出信号的种类和数量、是否有特殊功能的接口、与其他设备的关系、通信的内容与方式等，从而对整个控制系统建立一个整体的概念。接着进一步熟悉被控对象，可把控制对象和控制功能按照响应要求、信号用途或控制区域分类，确定检测设备和控制设备的物理位置，了解每一个检测信号和控制信号的形式、功能、规模及之间的关系。

（2）设计程序框图。根据软件设计规格书的总体要求和控制系统的具体情况，确定应用程序的基本结构，按程序设计标准绘制出程序结构框图，然后再根据工艺要求，绘制出各功能单元的功能流程图。

（3）编写程序。根据设计出的框图逐条地编写控制程序，编写过程中要及时给程序加注释。

（4）程序调试。调试时先从各功能单元入手，设定输入信号，观察输出信号的变化情况。各功能单元调试完成后，再调试全部程序，调试各部分的接口情况，直到满意为止。程序调试可以在实验室进行，也可以在现场进行。如果在现场进行调试，须将可编程控制器系统与现场信号隔离，可以切断输入/输出模板的外部电源，以免引起机械设备动作。程序调试过程中先发现错误，后进行纠错。基本原则是“集中发现错误，集中纠正错误”。

（5）编写程序说明书。在说明书中通常对程序的控制要求、程序的结构、流程图等给予必要的说明，并且给出程序的安装操作使用步骤等。

8.3.3 PLC 编程的一般要求

在编程过程中要满足以下几点要求：

（1）所编的程序要合乎所使用的 PLC 的有关规定。主要是对指令要准确地理解、正确地使用。各种 PLC 指令多有类似之处，但还有些差异。对于有 PLC 使用经验的人，当选用另一种不太熟悉的型号进行编程设计时，一定要对新型号 PLC 的指令重新理解一遍，否则容易出错。

（2）要使所编的程序尽可能简洁。简短的程序可以节省内存，简化调试，而且还可节省执行指令的时间，提高对输入的响应速度。要使所编的程序简短，就要注意编程方法，用好指令，用巧指令，还要能优化结构。要实现某种功能，一般而言，在达到的目的相同时，用功能强的指令比用功能单一的指令，程序步数可能会少些。

（3）要使所编的程序尽可能清晰。这样既便于程序的调试、修改或补充，也便于别人了解和读懂程序。要想使程序清晰，就要注意程序的层次，讲究模块化、标准化。特别是在编制复杂的程序时，更要注意程序的层次，可积累自己的与吸收别人的经验，整理出一些标准的具有典型功能的程序，并尽可能使程序单元化，像计算机中常用的一些子程序一样，移来移去都能用，这样设计起来简单，别人也易了解。

（4）要使所编的程序合乎 PLC 的性能指标及工作要求。所编程序的指令条数要少于所选用的 PLC 内存的容量，即程序在 PLC 中能放得下，所用的输入、输出点数要在所选用 PLC 的 I/O 点数范围之内，PLC 的扫描时间要少于所选用 PLC 的程序运行监测时间。

PLC 的扫描时间不仅包括运行用户程序所需的时间，还包括运行系统程序（如 I/O 处理、自监测）所需的时间。

（5）所编程序能够循环运行。PLC 的工作特点是循环反复、不间断地运行同一程序。运行从初始化后的状态开始，待控制对象完成了工作循环，则又返回初始化状态。只有这样才能使控制对象在新的工作周期中也得到相同的控制。

8.4　PLC 在工业控制系统中的典型应用实例

本节介绍的工业控制系统实例主要是船舶设备的电气控制和自动化监测。船舶设备在船舶电气自动化装置中占有重要的地位。这类机械功率大、种类多、对电力拖动控制线路的要求较高，因此学习不同类型的船舶机械电力拖动控制线路、对于掌握电气控制系统的分析和设计方法以及从事电气专业技术工作都有重要的意义。本节主要介绍船舶机舱冷库逻辑控制程序设计的整个过程以及采用 PLC 进行机舱监测报警的自动化程序设计。

8.4.1　船舶机舱冷库控制系统

1. 船舶冷库系统概述

为了保证船员和旅客的生活需要，船舶上都设置有冷库或制冷设备来储存食品。船用制冷系统（冷库）原理图如图 8-1 所示。

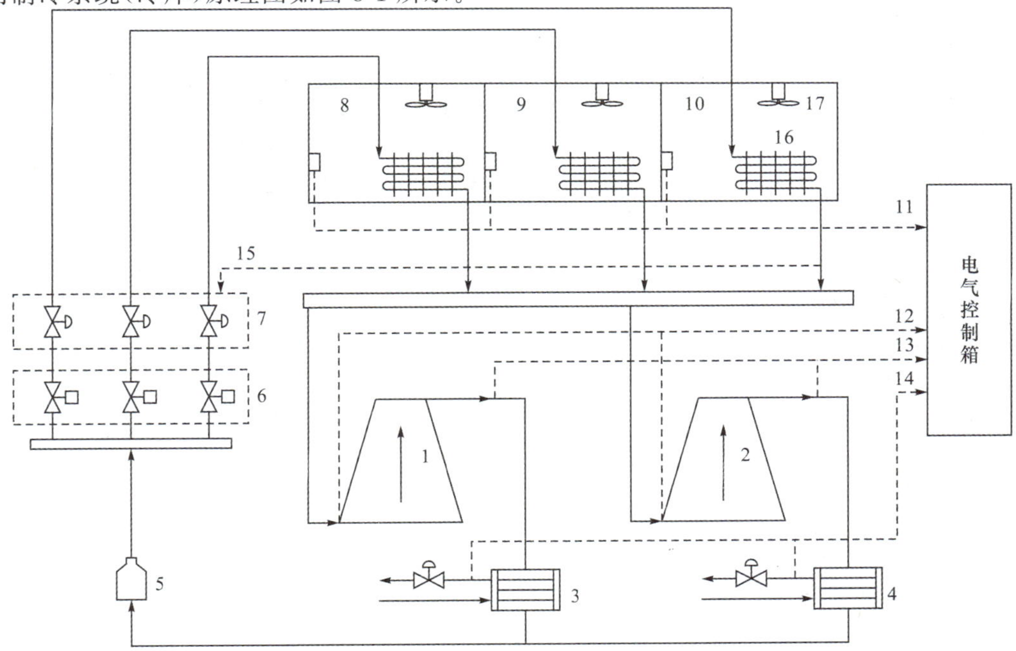

图 8-1　冷库原理图

1—1＃压缩机；2—2＃压缩机；3—1＃冷凝器；4—2＃冷凝器；5—贮液器；6—电磁阀；7—膨胀阀；8—鱼肉库；9—蔬菜库；10—干货库；11—冷库温度；12—进口压力；13—出口压力；14—冷却液压力；15—管路温度；16—蒸发器；17—风机

冷库在工作时，液体制冷剂在蒸发器中吸收被冷却的物体热量之后，汽化成低温低压的蒸汽冷剂；低温低压的蒸汽被压缩机吸入，压缩成高温高压的蒸汽冷剂；高温高压的蒸汽冷剂进入冷凝器，经冷却介质(海水)放热，成为低温高压液态冷剂；当冷库的供液电磁阀打开时，低温高压冷剂经节流(膨胀阀)变为低温低压的液态制冷剂，进入蒸发器，达到循环制冷的目的。制冷剂在系统中经过四个基本过程(压缩、冷凝、节流、蒸发)完成一个制冷循环。

冷凝器由冷却水系统冷却，在压缩机工作的同时，冷却水系统必须同时工作。冷却水泵可由单独的电动机驱动，也可以由压缩机电动机驱动。冷库风机用于使冷库各处的温度均匀，通常只有在除霜期间蒸发器风机才停止工作。

冷库制冷装置的控制系统主要包括两个相互独立又相互联系的系统：温度控制系统和压力控制系统。

温度控制系统：通过温度开关来控制电磁阀的通、断，再经过膨胀阀的自动调节，从而控制流入冷库蒸发器的冷剂量来实现温度自动调节。当冷库温度高于设定的上限温度时，温度开关闭合，电磁阀打开，贮液器中的液态冷剂经电磁阀进入膨胀阀，再经膨胀阀的自动节流，使进入蒸发器中的冷剂全部汽化，吸收冷库中的热量，使冷库温度降低，直到冷库温度降低到设定的下限值时，温度开关断开使电磁阀关闭，液态冷剂无法进入蒸发器而停止制冷。电磁阀关闭后，回到压缩机进口的气态冷剂减少，压缩机进口的压力将降低。在这一过程中，在进行温度调节的同时，也使压缩机进口压力发生变化。如果冷库是单库，就不需要电磁阀。当冷库温度降低到设定的下限值时，可以通过压力控制直接停止压缩机。如果冷库是多库，当其中一个冷库温度降低到设定的下限值时，就不能停止压缩机，因为其他库还需要制冷。此时需要通过电磁阀控制冷剂不进入对应冷库的蒸发器制冷。

压力控制系统：压缩机的自动启停控制是通过装在压缩机进口的低压开关的通断来实现的。当系统中各冷库的温度全部达到设定的下限温度后，各冷库的电磁阀全部关闭，所有的液态冷剂都无法通过电磁阀进入蒸发器并回到压缩机的进口，于是压缩机的进口压力越来越低，直至降低到低压开关设定的下限值时，低压开关动作断开，压缩机停止工作。当某一个或多个冷库温度升高到设定的上限值时，相应的电磁阀打开，对应的冷库蒸发器又有冷剂流入并汽化而回到压缩机的进口，于是压缩机进口的压力升高，当升高到低压开关的设定上限压力时，低压开关动作闭合，压缩机自动启动运行。这一过程实现了压缩机进口压力对压缩机的自动启停控制。

此外，为了使系统安全、高效工作，还应有相应的保护和控制环节：

(1)高压保护

当压缩机的出口压力过高时，高压开关断开，压缩机自动停止运行，以免损坏压缩机。

(2)油压保护

要使压缩机正常工作，应在压缩机运行后建立一定的滑油压力，若在压缩机启动后正常运行时没有建立起滑油压力，则油压开关断开，使压缩机停止工作。

(3)低温冷库的除霜控制

当低温冷库的蒸发器长时间工作后，会在蒸发器上结上一层厚霜而影响制冷效率，为此，在系统工作一定时间后，应由电气控制箱发出信号，通过除霜加热器进行除霜。

(4)压缩机的负荷控制

在大功率制冷压缩机启动时,如果负荷重载启动,因启动电流很大,将会对电网造成很大的冲击,最好能使压缩机在低负荷的情况下启动;在压缩机运行后,最好能使压缩机的输出自动按制冷量的要求变化。当系统的制冷量需求较低时,压缩机的进口压力较低(但在停机压力之上),控制器将输出信号使卸载机构动作,压缩机在低负荷下运行。

2. 冷库的继电器接触器控制线路原理分析

冷库的原理通过继电器和接触器控制原理图进行分析。一机多库是大多数船舶冷库采用的方式,即一台制冷压缩机同时为几个冷库服务。本例中冷库系统有 3 个冷库,分别为鱼肉库、菜库和干货库,其中鱼肉库为冷冻库,菜库、干货库为保鲜库,鱼肉库配备除霜功能。有两台制冷压缩机,一主一备,当一台压缩机发生故障时,启动另一台压缩机进行工作。

(1)主电路分析

船舶冷库控制系统的主电路如图 8-2 所示,主电路三相供电,电压等级是 440 V。其中 1QF1 和 1QF2 为两台压缩机的供电断路器开关,从图中可以看出断路器集成了短路和过载保护,对应线路下方的 3KM1 和 4KM1 为接触器主触点,用来控制压缩机的启停。1QF3、1QF4、1QF5、1QF6 分别为鱼肉库风扇、蔬菜库风扇、干货库风扇、鱼肉库除霜加热的供电断路器开关,对应线路下方的 5KM2、6KM1、6KM2、5KM1 为接触器主触点,用来控制鱼肉库风扇、蔬菜库风扇、干货库风扇、鱼肉库除霜加热器的启停。低压电器的命名方式为:页码+低压电器名+序号,比如 4KM1,表示它是第 4 页用到的第 1 个接触器控制线圈。

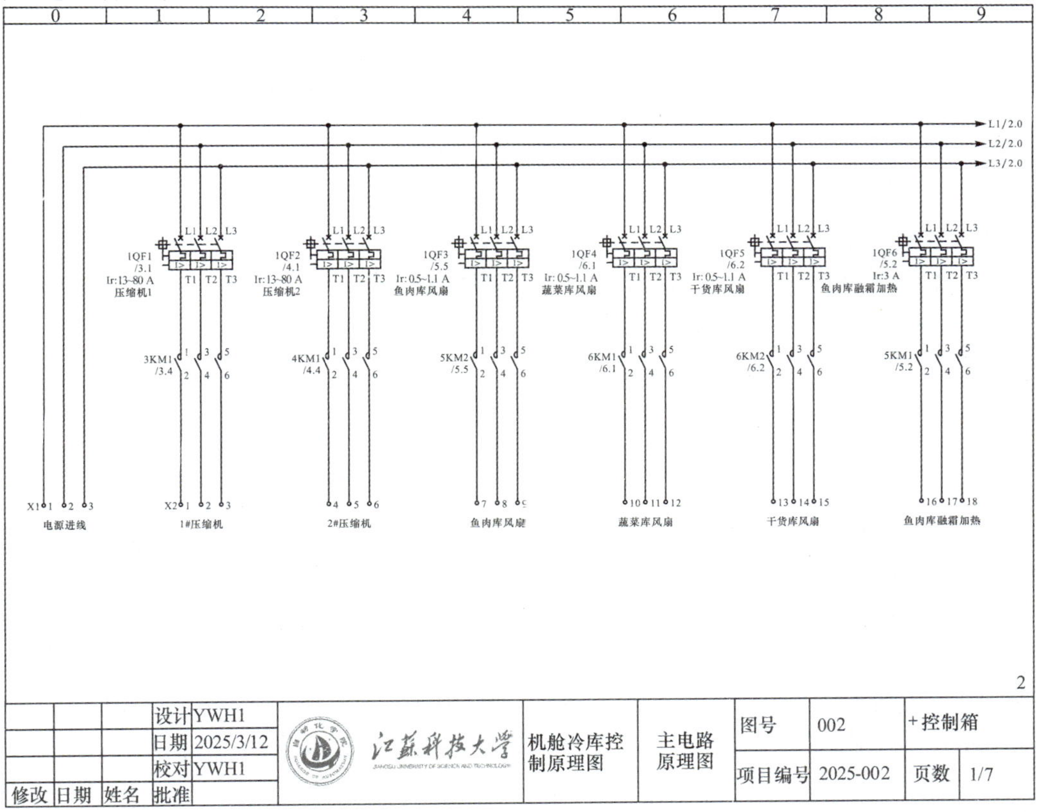

图 8-2　冷库主电路

控制电路供电一般是单相交流电或者直流电，本实例中用的是单相 AC 220 V 交流电，因此在图 8-3 所示电路中用了一个变压器 2T1，对应线路上方的 2QF1 为控制电路供电断路器开关。

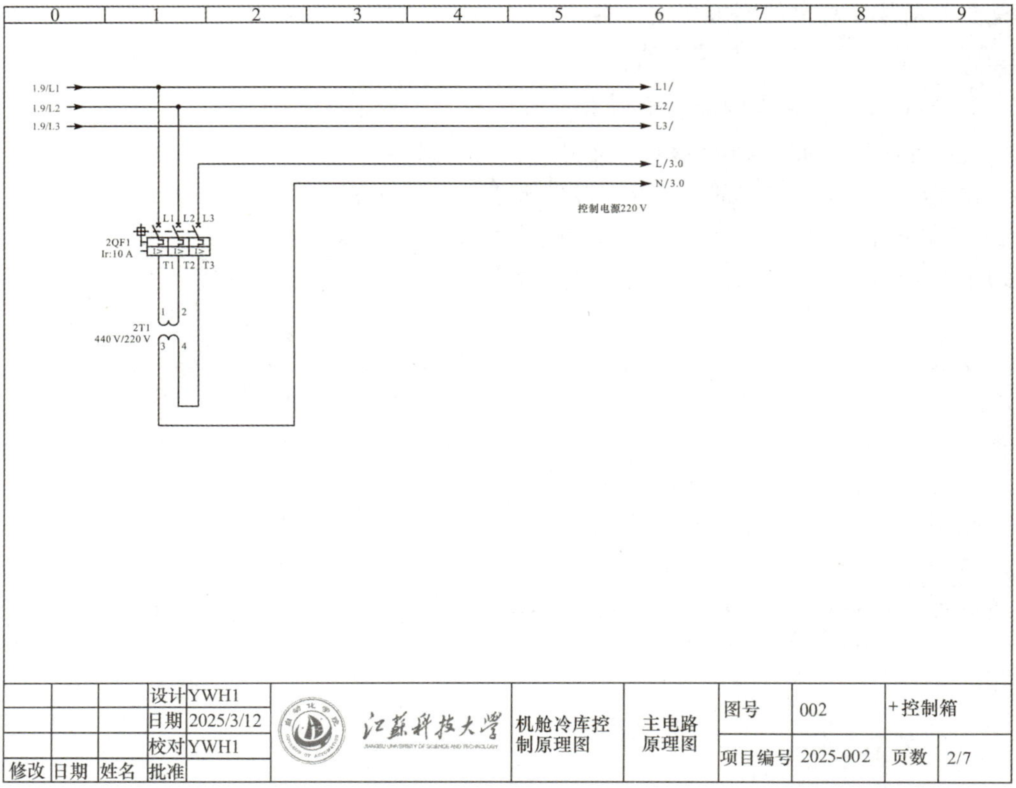

图 8-3　控制电路供电

(2)压缩机控制电路分析

1＃压缩机和 2＃压缩机的控制逻辑是一样的，本节以 1＃压缩机控制线路为例进行分析，1＃压缩机的控制电路如图 8-4 所示。图中虚线框内的设备为冷库控制箱外部连接的设备。

控制电路元件介绍：

3QF1：1＃压缩机控制电路供电断路器开关。

3KP1：滑油压差传感器开关。工作原理：压缩机启动需要建立一定的润滑油压力差，才能进行润滑油循环。当压力差低于某一给定值时，通过控制 3KA1 继电器开关动作，自动切断制冷压缩机的供电电路，实施欠油保护，避免压缩机运动部件润滑不良而损坏。

3KP2：低压传感器开关。工作原理：低压继电器安装在压缩机的吸气端，如图 8-1 中的 12。当进口压力低时，3KP2 触点断开，继电器 3KA2 线圈失电，其对应“/3.4”位置上的触点断开，压缩机停止运行；当进口压力高时，3KP2 触点闭合，继电器 3KA2 线圈得电，其对应“/3.4”位置上的常开触点闭合，压缩机开始运行。如果压力过低，不停止压缩机，将会导致蒸发温度低，经济性差干耗增加；容易导致空气泄漏进入系统，功耗增加制冷量低，造成冰塞。

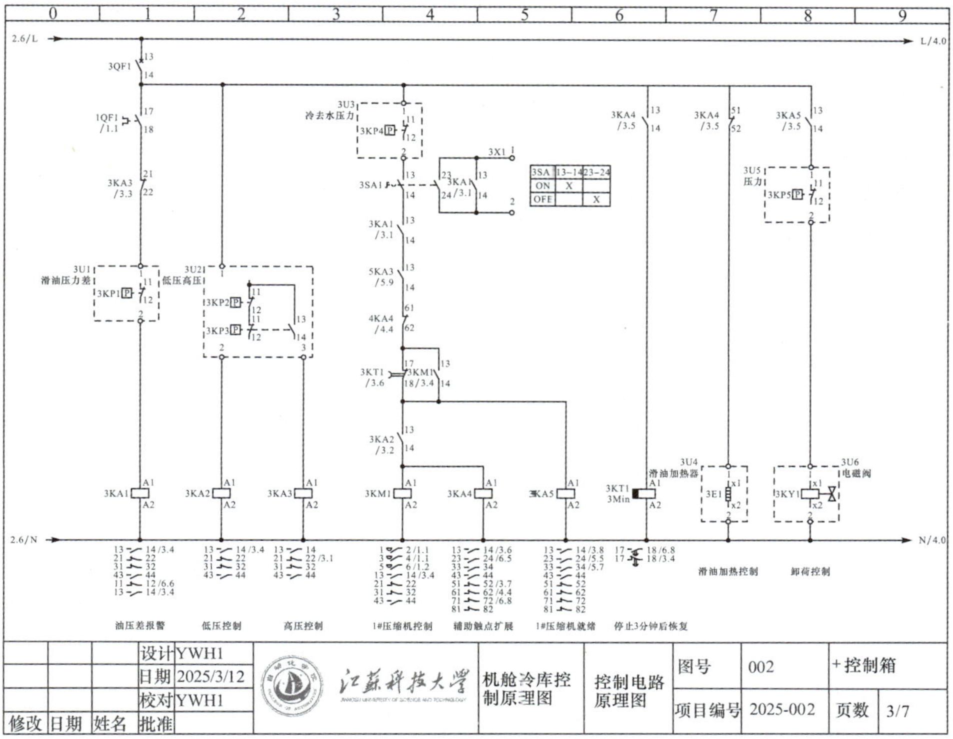

图 8-4　1＃压缩机的控制电路

3KP3：高压传感器开关。工作原理：高压继电器安装在压缩机的排气端，起保护作用。压力过高时，3KP3 触点断开，继电器 3KA2 线圈失电，其对应"/3.4"位置上的常开触点断开，切断压缩机的运行。

3KP4：冷却水压力开关。当压缩机的冷却水压力不在正常范围内，冷却水循环不够充分，那么高压高温的蒸汽冷剂进入冷凝器，就不能成为低温高压液态冷剂。因此需要切断压缩机运行。

3KP5：卸载压力开关。当大功率制冷压缩机启动时，如果负荷重载启动，因启动电流很大，将会对电网造成很大的冲击，最好能使压缩机在低负荷的情况下启动。在压缩机运行后，最好能使压缩机的输出自动按制冷量的要求变化。卸载压力开关是制冷系统中常见的一种控制保护装置，主要作用是在压缩机系统的运行过程中控制卸载电磁阀的开关，以调节制冷设备的运行状态和温度。当系统的制冷量需求较低时，压缩机的吸入口压力较低，但是在停机压力之上，卸载压力开关动作，压缩机的卸载电磁阀得电卸荷，压缩机在低负荷下运行。

3E1：曲轴箱加热器。在压缩机停机时投入工作，使得压缩机润滑油保持一定的温度，减小压缩机启动阻力。

3KA5：当 1＃压缩机排气压力、滑油压力、冷却水压均在正常范围，且不在除霜和停机保护时间内，同时压缩机 2 没有启动，继电器 3KA5 会得电吸合，表示 1＃压缩机已经准备就绪。

3KM1：若 1＃压缩机已准备就绪，当压缩机吸气压力大于设定值时，3KA2 常开触点闭合，接触器 3KM1 的线圈得电，其主触点闭合，控制压缩机电动机启动。

3KT1：时间继电器 3KT1 用于控制压缩机停机后三分钟内不能启动，控制压缩机不能频繁启动。在此 3 分钟内控制面板显示黄灯警告。压缩机停机后，因为节流器的原因，管路中的制冷剂不能马上回流至压缩机，这个过程大约是 3～5 分钟。如果马上启动压缩机，管路中还有残留的制冷剂，因为阻力的原因，压缩机会在瞬间产生较强的启动电流，使压缩机产生高温，压缩机保护电路会自动切断电源。在强电流的瞬间有可能烧毁压缩机的线圈。此外，启动压缩机需要一定的能量和时间，短时间内多次启停压缩机也会导致能源浪费。

3KA4：中间继电器 3KA4 用于扩充接触器 3KM1 的触点数量，与接触器 3KM1 通电时同时吸合，断电时同时断开。

3SA1：1＃压缩机的启动开关。

2＃压缩机的控制电路图如图 8-5 所示，其控制原理与 1＃压缩机相似。

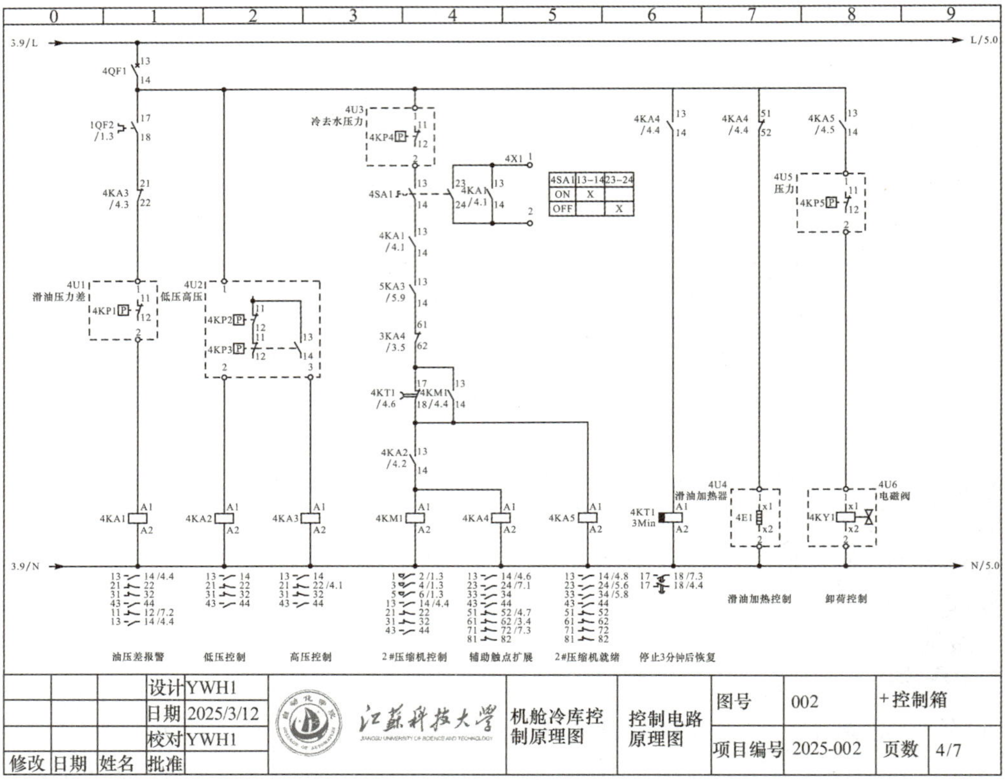

图 8-5　2＃压缩机的控制电路

(3)除霜控制电路分析

除霜控制电路如图 8-6 所示。5QF1 是除霜控制电路供电断路器开关。图中 5KT1 和 5KT2 为时间继电器，组合控制 5KA1 继电器线圈循环导通得电，用于除霜计时。当除霜计时时间到，5KA1 常开触点闭合，控制 5KM1 接触器线圈得电，其主触点闭合，鱼肉库除霜加热器开始工作；同时 5KA1 常闭触点断开，压缩机、风机停止运行，供液电磁阀断开。当 5T1 传感器检测到鱼肉库温度达到设定值时，温度开关闭合，5KA2 继电器线圈得电，其常闭触点断开，控制 5KM1 接触器线圈失电，主触点断开，鱼肉库除霜加热器停止工作。如果除霜时间到或者鱼肉库除霜完成，5KA3 继电器线圈得电，表示除霜已经结束，压缩机可以正常运行。此外，图中包含了鱼肉库风机和供液电磁阀的启停控制。

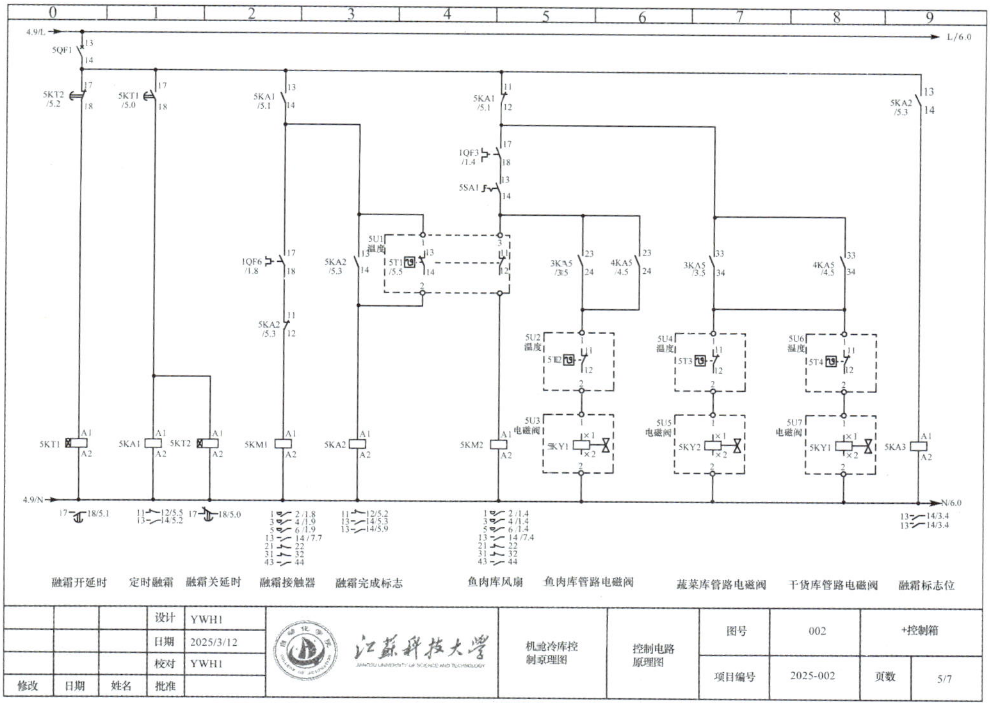

图 8-6　除霜控制

5SA1 为鱼肉库风机可以控制的开关，当鱼肉库风机可控开关打开，鱼肉库温度低于除霜温度设定值时，那么 5KM2 接触器线圈得电，主触点闭合，控制鱼肉库的风机打开。当有 1 台压缩机运行时，鱼肉库的温度控制达到设定值，对应的供液电磁阀就会关闭，不再对鱼肉库制冷。蔬菜库、干货库的供液电磁阀与风机的控制原理与鱼肉库的控制原理类似。

(4)指示灯控制电路

6QF2 为指示灯控制电路供电断路器开关。6HL1(白)用于指示该控制电路是否有电。

试灯控制如图 8-7 所示，6SB1 为灯测试按钮，用来检测指示灯是否正常，当 6SB1 按下后，6KA1、6KA2、6KA3 继电器线圈得电，对应常开触点闭合，将控制所有指示灯亮，如图 8-7、8-8 所示。如果有指示灯不亮，就需要检查指示灯及其线路是否正常。

6HL2、7HL1：压缩机运行指示灯(绿)。

6V1、7V1：压缩机运行时间小时计数器，用于显示压缩机的运行时间。

6HL3、7HL2：故障报警灯(红)，用于指示压缩机排气压力过高或滑油压差过低的报警。

6HL4、7HL3：压缩机停止后，在 3 分钟内不能启动的提示灯(黄)。

7HL4、7HL5、7HL6：鱼肉库、蔬菜库以及干货库风机运行指示灯(绿)。

7HL7：鱼肉库除霜指示灯(黄)。

3. 冷库控制需求分析

根据冷库继电器接触器控制电路原理图，船舶冷库控制系统应具有以下的控制和保护环节：

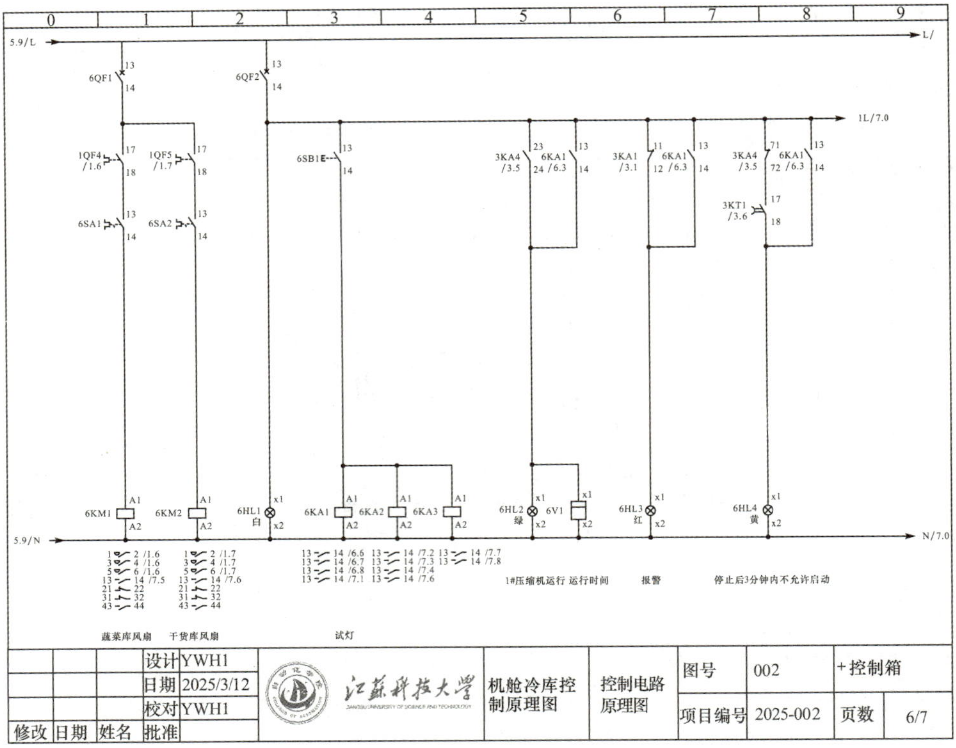

图 8-7　风扇、试灯、报警等控制线路

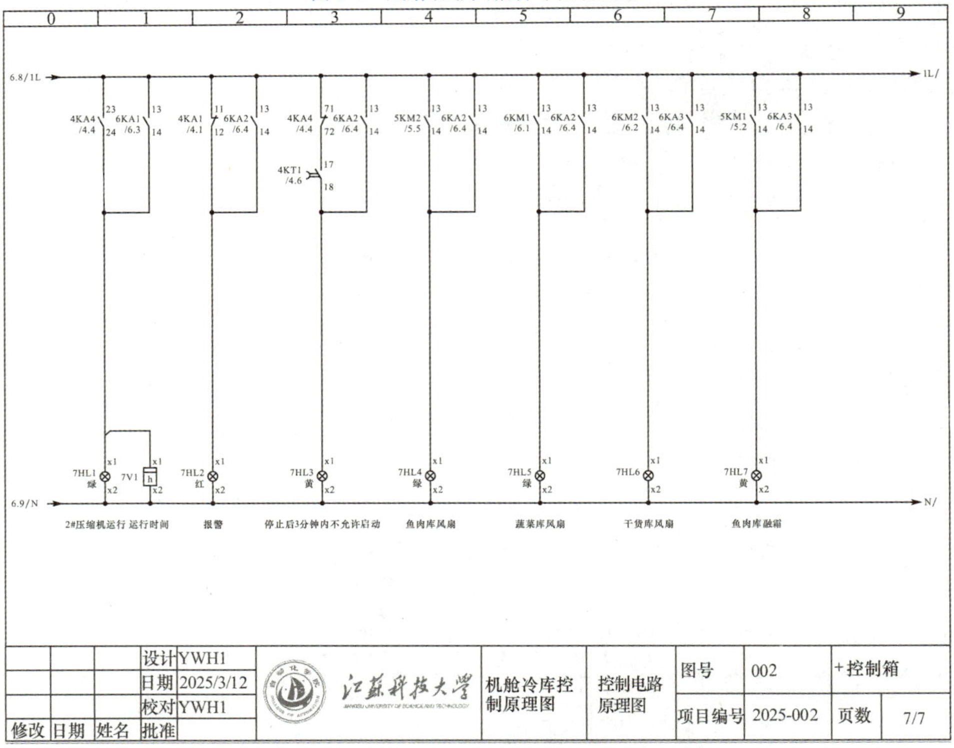

图 8-8　指示线路

(1)制冷设备自动运行

当某个或多个冷库温度升高到设定的上限值时,相应的供液电磁阀打开,压缩机吸入口的压力开始升高,当升高到压缩机的启动压力时,压缩机自动启动运行。当系统中某个或多个冷库温度达到设定的下限温度后,相应的供液电磁阀全部关闭,系统中各冷库的温度全部达到设定的下限温度后,压缩机的吸入口压力开始降低,直至降低到压缩机的停止压力,压缩机停止工作。制冷设备自动运行流程如图 8-9 所示。

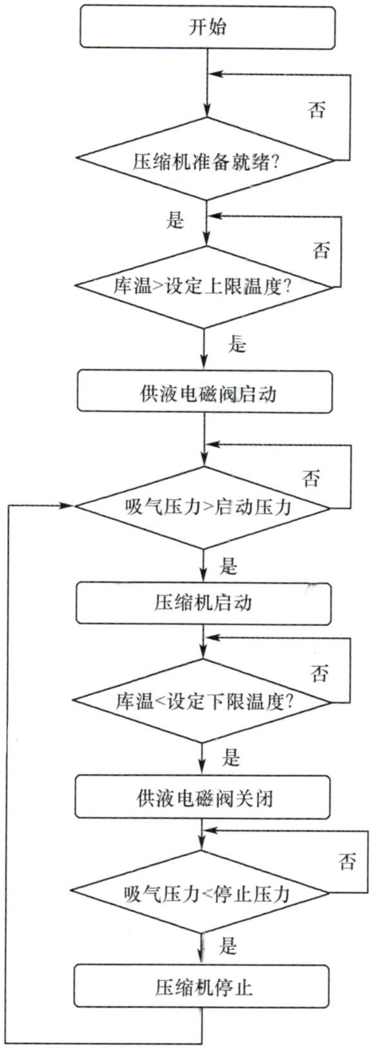

图 8-9　制冷设备自动运行流程

(2)高压保护

当压缩机的排出口压力过高时,压缩机自动停止运行,以免损坏压缩机。

(3)油压保护

压缩机运行时,需要建立一定的滑油压力,当滑油压力不足时,压缩机停止工作。

(4)低温冷库的自动除霜控制

除霜原因:低温冷库的蒸发器长时间工作后,会在蒸发器上结上一层白霜,影响制冷效率,为此,在系统工作一定时间后,应该由控制电路发出信号,通过除霜加热器进行除霜。

需要注意的是,除霜操作不能同时进行制冷操作。这是因为除霜过程需要消耗制冷器内部的热量,这将导致温度上升并影响冷库内部的温度稳定性。如果同时进行制冷操作,可能导致冷库内部温度急剧上升,使储存的货物受到破坏。另外,除霜时冷凝器会产生大量热量,造成系统内部温度升高,如果继续制冷,则冷却效果会降低,因此需要停止其他制冷设备的运行。在开始除霜之前,应停止制冷设备的运行,以便使制冷系统的运行受到的影响最小。在除霜过程结束后,制冷设备会重新启动以确保船舶冷库内部温度的稳定。船舶冷库控制系统中,鱼肉库是冷冻库,制冷温度较低,需要每隔一段时间进行一次除霜操作。鱼肉库的自动除霜流程如图 8-10 所示。

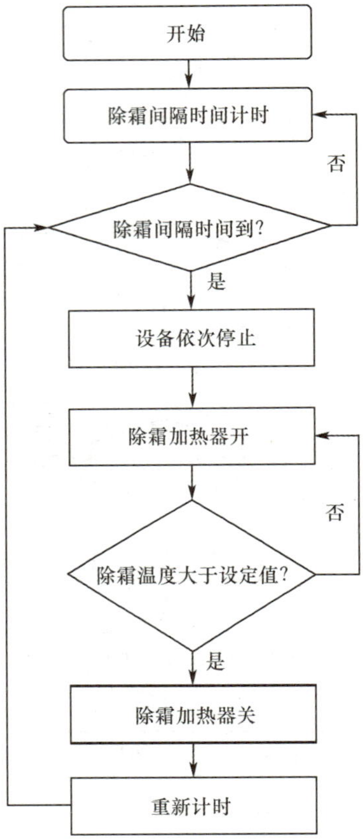

图 8-10　自动除霜流程图

(5)压缩机的负荷控制

压缩机的吸入口压力较低,但是在停机压力之上时,控制压缩机的卸载压力电磁阀动作,使压缩机在低负荷下运行。

(6)减小压缩机启动阻力

当压缩机停机时，控制曲轴箱内的电加热器工作，当压缩机投入工作时，电加热器停止工作。

(7)停机保护

压缩机停机后 3 分钟不能启动，以免系统的压力过高。

(8)设备运行状态显示与报警

通过指示灯对制冷设备的运行状态进行显示。当压缩机的排气压力过高或滑油压力过低时进行报警。

4. 冷库控制系统硬件设计

根据冷库继电器接触器控制系统原理图，主电路中需要对接触器和断路器选型，用 PLC 替代控制电路，因此需要对 PLC 以及 PLC 的输入(按钮)输出(指示灯)进行选型。压力和温度传感器属于冷库配套元件，不在控制系统选型范围之内。

主电路中控制对象的主要参数见表 8-1。

表 8-1 控制对象的主要参数

控制对象	额定功率	额定电流	电压等级
1#、2#压缩机	6.33 kW	12.07 A	440 V
鱼肉库、蔬菜库、干货库风机	0.18 kW	0.42 A	440 V
除霜加热器	2.16 kW	2.8 A	440 V

(1)接触器的选型

接触器选型的主要依据是主触头的额定电流，参见第 2 章 2.2 节内容，接触器选型见表 8-2，名称为原理图中代号。

表 8-2 接触器选型

名称	型号	说明	品牌
3KM1、4KM1	LC1-D1810M7C+LA1-DN31C	18 A 220 V AC 3P	施耐德
5KM1	LC1-D0910M7C+LA1-DN11C	9 A 220 V AC 3P	施耐德
5KM2、6KM1、6KM2	LC1-D0910M7C+LA1-DN11C	9 A 220 V AC 3P	施耐德

LC1-D1810M7C、LC1-D0910M7C 是施耐德电气公司生产的交流接触器，其额定工作电流分别为 18 A 和 9 A，线圈电压为 220 V 交流，适用于频繁启动和控制交流电动机。LA1-DN31C、LA1-DN11C 是施耐德电气生产的辅助触点模块，安装在交流接触器的上方或下方，可以与 LC1-D 系列接触器配合使用，这种组合可以用来控制交流负载，也可以用来扩展交流接触器的触点数量，实现更复杂的控制逻辑。压缩机、风机以及除霜加热器的额定电流均在触头所允许的电流之下。

(2)断路器的选型

断路器的选型的主要依据是额定工作电流，参见第 2 章 2.4 节内容，断路器选型见表 8-3。

表 8-3　　断路器选型

名称	型号	说明	品牌
1QF1、1QF2	GV2-RS16C+GV2-AE11C	14 A	施耐德
1QF3、1QF4、1QF5	GV2-RS05C+GV2-AE11C	1 A	施耐德
1QF6	GV2-RS08C+GV2-AE11C	4 A	施耐德
2QF1	GV2-RS08C	4 A	施耐德
3QF1、4QF1、5QF1、6QF1、6QF2	C65N 2A 1P	2 A	施耐德

GV2-RS16C、GV2-RS05C 、GV2-RS08C 是施耐德公司生产的电动机保护断路器，其额定工作电流分别为 14 A、1 A、4 A，适用于中小功率电动机的保护线，线圈电压为 220 V 交流，可以与交流电源配合使用，产地为中国，价格相对便宜。有过载、短路、欠压等保护功能，可以有效保护电动机免受故障的危害。C65N 是施耐德公司生产的普通塑壳断路器开关。

GV2-RS16C+GV2-AE11C 是一个电动机保护断路器和一个辅助触点的组合，GV2-AE11C 是一个辅助触点，可以与断路器配合使用，具有一个常开和一个常闭的辅助触点。“+”表示这两个产品是连接在一起的，形成一个整体。这种组合可以用于实现电动机的过载、短路、欠压等保护功能，以及远程控制和信号反馈等功能。

所选断路器的额定工作电流均大于冷库控制系统的最大负载电流，且有过载、短路、欠压等保护功能，符合要求。

(3)其他器件的选型

制冷系统的基础设施已经配备，本节不需要再对这些设备进行选型，只需要对输入、输出器件中的按钮、开关和指示灯进行选型。

按钮、开关是控制系统的重要组成部分，负责控制系统的启动、暂停、停止以及其他操作功能。目前，按钮产品有多种结构形式、多种触头组合以及多种颜色，供不同使用条件选用。一般启动按钮选绿色，停止按钮选红色。由于按钮、开关可能需要不止一个触点或开关，根据所需的常闭和常开触头数量选择按钮、开关型号。所选按钮、开关的型号见表 8-4。

表 8-4　　按钮、开关选型

名称	型号	厂家
1#压缩机启动开关	XA2ED25	施耐德
2#压缩机启动开关	XA2ED25	施耐德
鱼肉库风机启动开关	XA2ED25	施耐德
蔬菜库风机启动开关	XA2ED25	施耐德
干货库风机启动开关	XA2ED25	施耐德
试灯按钮	XA2EW36B1	施耐德

根据信号指示灯的不同用途，本文选用红色、绿色、黄色以及白色 4 种指示灯。由于变压器降压后控制电路的电压为 220 V，因此信号灯的额定电压选 220 V。所选指示灯的型号见表 8-5。

表 8-5　　指示灯选型

名称	型号	厂家
电源指示灯(白)	XB2-BW31M1C	施耐德
1＃压缩机指示灯(绿)	XB2-BVM3C	施耐德
1＃压缩机报警指示灯(红)	XB2-BVMC	施耐德
1＃压缩机停止 3 分钟指示灯(黄)	XB2-BVM5C	施耐德
2＃压缩机指示灯(绿)	XB2-BVM5C	施耐德
2＃压缩机报警指示灯(红)	XB2-BVM4C	施耐德
2＃压缩机停止 3 分钟指示灯(黄)	XB2-BVM5C	施耐德
鱼肉库风机指示灯(绿)	XB2-BVM3C	施耐德
蔬菜库风机指示灯(绿)	XB2-BVM3C	施耐德
干货库风机指示灯(绿)	XB2-BVM3C	施耐德
鱼肉库除霜指示灯(黄)	XB2-BVM5C	施耐德

(4)S7-1200 PLC 模块选型

根据冷库继电器接触器控制系统原理图，冷库控制主要是逻辑控制，并没有特殊功能要求，因此 PLC 模块主要依据输入、输出点数进行选型。

冷库继电器接触器控制系统输入、输出点统计见表 8-6。

表 8-6　　输入、输出点统计

序号	输入点名称	数量	输出点名称	数量
1	1＃压缩机启动开关 3SA1	1	1＃压缩机输出 3KM1	1
2	2＃压缩机启动开关 4SA1	1	2＃压缩机输出 4KM1	1
3	鱼肉库风扇开关 5SA1	1	鱼肉库风机输出 5KM2	1
4	蔬菜库风扇开关 6SA1	1	蔬菜库风机输出 6KM1	1
5	干货库风扇开关 6SA2	1	干货库风机输出 6KM2	1
6	试灯按钮 6SB1	1	除霜加热器输出 5KM1	1
7	滑油压差开关 3KP1	1	滑油加热输出 3E1	1
8	滑油压差开关 4KP1	1	滑油加热输出 4E1	1
9	低压开关 3KP2	1	卸荷电磁阀输出 3KY1	1
10	低压开关 4KP2	1	卸荷电磁阀输出 4KY1	1
11	高压开关 3KP3	1	鱼肉库温控电磁阀 5KY1	1
12	高压开关 4KP3	1	蔬菜库温度电磁阀 5KY2	1
13	冷却水压力开关 3KP4	1	干货库温度电磁阀 5KY3	1
14	冷却水压力开关 4KP4	1	1＃压缩机运行指示 6HL2	1
15	卸荷压力开关 3KP5	1	1＃压缩机运行报警 6HL3	1
16	卸荷压力开关 4KP5	1	1＃压缩机停机 3 分钟 6HL4	1

（续表）

序号	输入点名称	数量	输出点名称	数量
17	除霜温度开关 5T1	1	2＃压缩机运行指示 7HL1	1
18	鱼肉库温度开关 5T2	1	2＃压缩机运行报警 7HL2	1
19	蔬菜库温度开关 5T3	1	2＃压缩机停机 3 分钟 7HL3	1
20	干货库温度开关 5T4	1	鱼肉库风扇运行指示 7HL4	1
21	1＃压缩机过载 1QF1	1	蔬菜库风扇运行指示 7HL5	1
22	2＃压缩机过载 1QF2	1	干货库风扇运行指示 7HL6	1
23	鱼肉库风机过载 1QF3	1	除霜指示 7HL7	1
24	蔬菜库风机过载 1QF4	1	指示灯电源指示 6HL1	1
25	干货库风机过载 1QF5	1		
26	除霜加热器过载 1QF6	1		
27	指示灯电源 6QF2	1		
28	数量总计	27	数量总计	24

根据输入、输出点数进行 S7-1200 PLC 电气设备选型，参照第 5 章 5.4.4 小节，结果见表 8-7。

表 8-7　　电气设备选型

序号	名称	数量	型号
1	CPU	1	1212C DC/DC/RLY
2	开关量输入、输出	1	SM 1223 DI 16×24 V DC，DQ 16×RLY
3	开关量输入、输出	1	SM 1223 DI 8×24 V DC，DQ 8×RLY

（5）S7-1200 PLC 输入、输出点数分配

S7-1200 PLC 输入、输出点数分配见表 8-8。

表 8-8　　输入、输出点数分配

输入点名称	PLC 输入	输出点名称	PLC 输出
1＃压缩机启动开关 3SA1	I0.0	1＃压缩机输出 3KM1	Q0.0
2＃压缩机启动开关 4SA1	I0.1	2＃压缩机输出 4KM1	Q0.1
鱼肉库风扇开关 5SA1	I0.2	鱼肉库风机输出 5KM2	Q0.2
蔬菜库风扇开关 6SA1	I0.3	蔬菜库风机输出 6KM1	Q0.3
干货库风扇开关 6SA2	I0.4	干货库风机输出 6KM2	Q0.4
试灯按钮 6SB1	I0.5	除霜加热器输出 5KM1	Q1.0
滑油压差开关 3KP1	I0.6	滑油加热输出 3E1	Q1.1
滑油压差开关 4KP1	I1.0	滑油加热输出 4E1	Q1.2
低压开关 3KP2	I1.1	卸荷电磁阀输出 3KY1	Q1.3
低压开关 4KP2	I1.2	卸荷电磁阀输出 4KY1	Q1.4
高压开关 3KP3	I1.3	鱼肉库温控电磁阀 5KY1	Q1.5
高压开关 4KP3	I1.4	蔬菜库温度电磁阀 5KY2	Q1.6

（续表）

输入点名称	PLC 输入	输出点名称	PLC 输出
冷却水压力开关 3KP4	I1.5	干货库温度电磁阀 5KY3	Q2.0
冷却水压力开关 4KP4	I1.6	1＃压缩机运行指示 6HL2	Q2.1
卸荷压力开关 3KP5	I2.0	1＃压缩机运行报警 6HL3	Q2.2
卸荷压力开关 4KP5	I2.1	1＃压缩机停机 3 分钟 6HL4	Q2.3
除霜温度开关 5T1	I2.2	2＃压缩机运行指示 7HL1	Q2.4
鱼肉库温度开关 5T2	I2.3	2＃压缩机运行报警 7HL2	Q2.5
蔬菜库温度开关 5T3	I2.4	2＃压缩机停机 3 分钟 7HL3	Q2.6
干货库温度开关 5T4	I2.5	鱼肉库风扇运行指示 7HL4	Q3.0
1＃压缩机过载 1QF1	I2.6	蔬菜库风扇运行指示 7HL5	Q3.1
2＃压缩机过载 1QF2	I3.0	干货库风扇运行指示 7HL6	Q3.2
鱼肉库风机过载 1QF3	I3.1	除霜指示 7HL7	Q3.3
蔬菜库风机过载 1QF4	I3.2	指示灯电源指示 6HL1	Q3.4
干货库风机过载 1QF5	I3.3		
除霜加热器过载 1QF6	I3.4		
指示灯电源 6QF2	I3.5		

（5）S7-1200 PLC 输入、输出点连接图

S7-1200 PLC 一共三个模块，将所有的输入、输出连接到模块上，外接输入触点的常闭常开接线方式如图 8-11、8-12、8-13 所示。此接线方式和后续程序编写的触点选择有关。

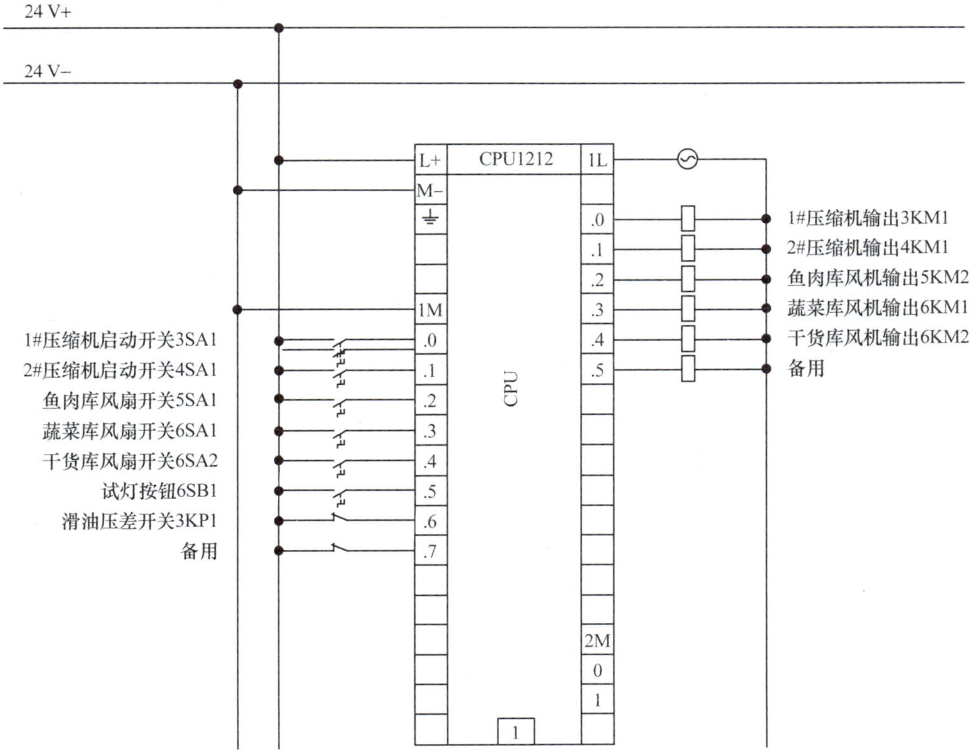

图 8-11　CPU 接线图

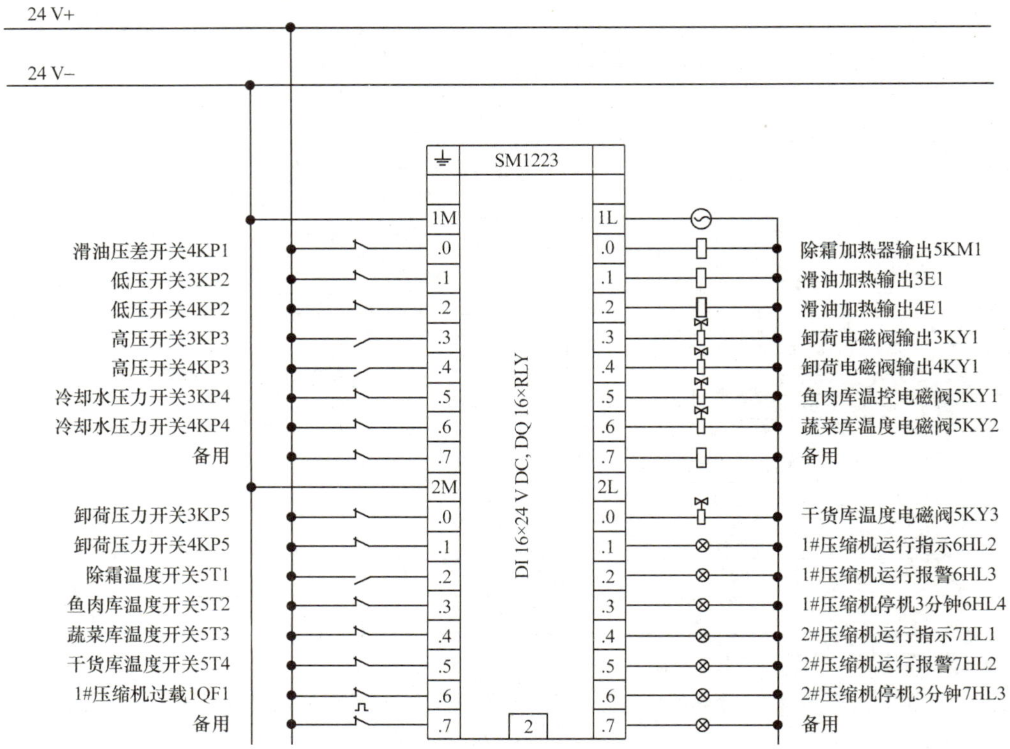

图 8-12　16DI/16DQ 接线图

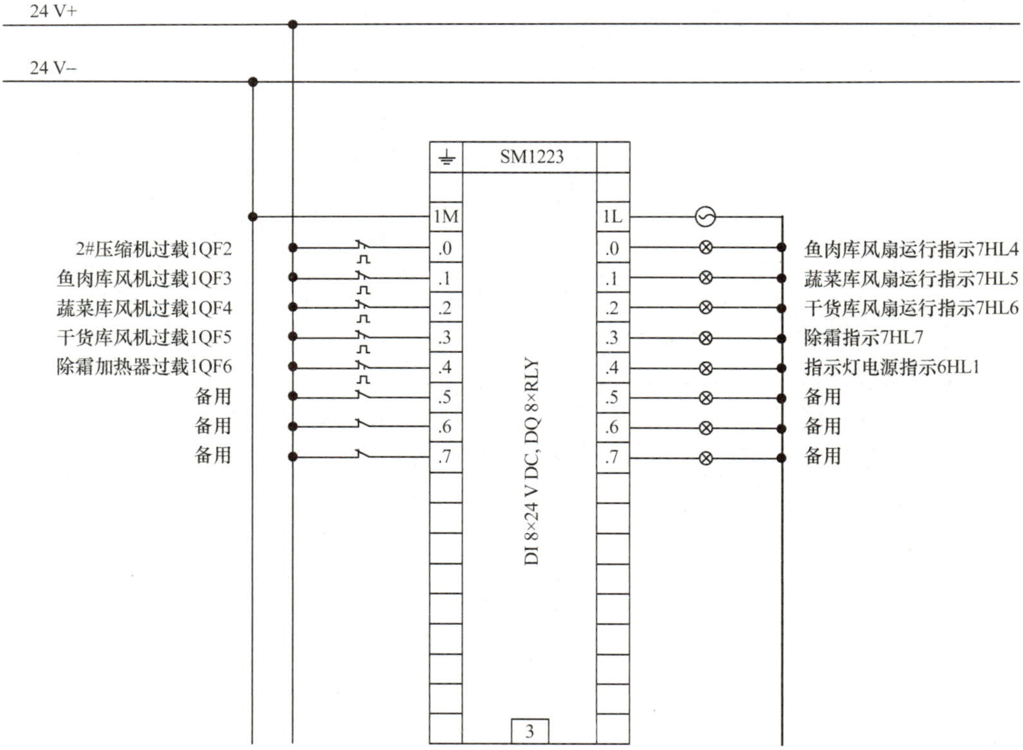

图 8-13　8DI/8DQ 接线图

5. 冷库控制系统软件设计

根据冷库的控制原理介绍，在 S7-1200 PLC 中创建“冷库”项目之后，根据冷库控制功能需求在项目树中添加功能函数和 PLC 变量表，如图 8-14 所示。

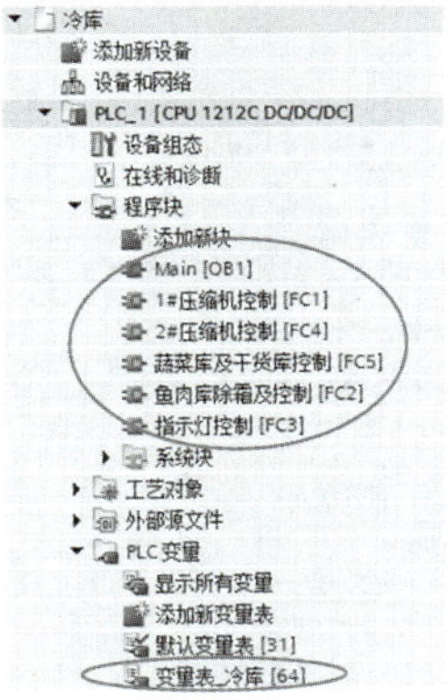

图 8-14　项目树操作

硬件组态如图 8-15 所示。组态模块和硬件设计的 PLC 选型模块一致。

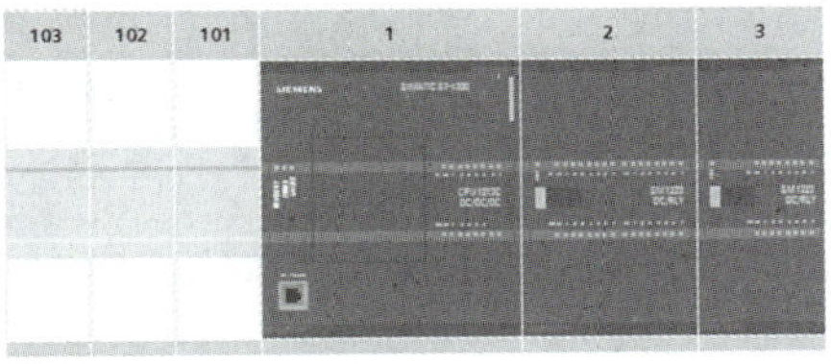

图 8-15　硬件组态

PLC 变量中建立的“变量表_冷库”具体输入、输出变量以及中间变量如图 8-16 所示。

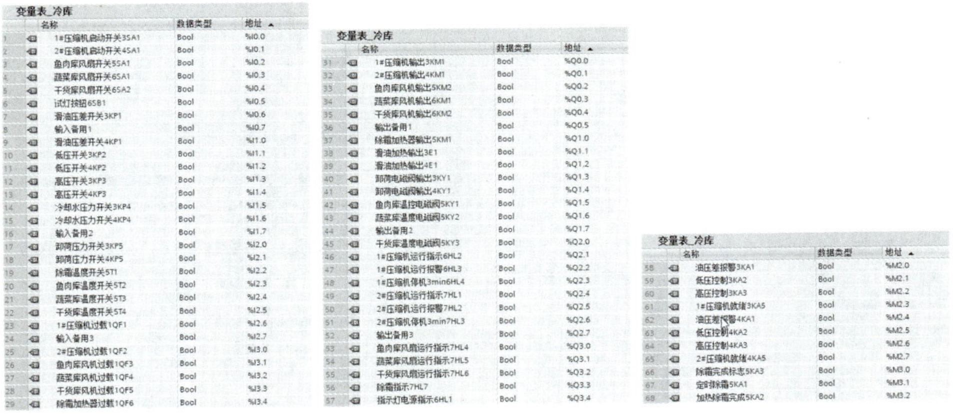

变量表_冷库

	名称	数据类型	地址
1	1#压缩机启动开关3SA1	Bool	%I0.0
2	2#压缩机启动开关4SA1	Bool	%I0.1
3	鱼肉库风扇开关5SA1	Bool	%I0.2
4	蔬菜库风扇开关6SA1	Bool	%I0.3
5	干货库风扇开关6SA2	Bool	%I0.4
6	试灯按钮6SB1	Bool	%I0.5
7	滑油压差开关3KP1	Bool	%I0.6
8	输入备用1	Bool	%I0.7
9	滑油压差开关4KP1	Bool	%I1.0
10	低压开关3KP2	Bool	%I1.1
11	低压开关4KP2	Bool	%I1.2
12	高压开关3KP3	Bool	%I1.3
13	高压开关4KP3	Bool	%I1.4
14	冷却水压力开关3KP4	Bool	%I1.5
15	冷却水压力开关4KP4	Bool	%I1.6
16	输入备用2	Bool	%I1.7
17	卸荷压力开关3KP5	Bool	%I2.0
18	卸荷压力开关4KP5	Bool	%I2.1
19	除霜温度开关5T1	Bool	%I2.2
20	鱼肉库温度开关5T2	Bool	%I2.3
21	蔬菜库温度开关5T3	Bool	%I2.4
22	干货库温度开关5T4	Bool	%I2.5
23	1#压缩机过载1QF1	Bool	%I2.6
24	输入备用3	Bool	%I2.7
25	2#压缩机过载1QF2	Bool	%I3.0
26	鱼肉库风机过载1QF3	Bool	%I3.1
27	蔬菜库风机过载1QF4	Bool	%I3.2
28	干货库风机过载1QF5	Bool	%I3.3
29	除霜加热器过载1QF6	Bool	%I3.4

变量表_冷库

	名称	数据类型	地址
31	1#压缩机输出3KM1	Bool	%Q0.0
32	2#压缩机输出4KM1	Bool	%Q0.1
33	鱼肉库风机输出5KM2	Bool	%Q0.2
34	蔬菜库风机输出6KM1	Bool	%Q0.3
35	干货库风机输出6KM2	Bool	%Q0.4
36	输出备用1	Bool	%Q0.5
37	除霜加热器输出5KM1	Bool	%Q1.0
38	滑油加热输出3E1	Bool	%Q1.1
39	滑油加热输出4E1	Bool	%Q1.2
40	卸荷电磁阀输出3KY1	Bool	%Q1.3
41	卸荷电磁阀输出4KY1	Bool	%Q1.4
42	鱼肉库温控电磁阀5KY1	Bool	%Q1.5
43	蔬菜库温度电磁阀5KY2	Bool	%Q1.6
44	输出备用2	Bool	%Q1.7
45	干货库温度电磁阀5KY3	Bool	%Q2.0
46	1#压缩机运行指示6HL2	Bool	%Q2.1
47	1#压缩机运行报警6HL3	Bool	%Q2.2
48	1#压缩机停机3min6HL4	Bool	%Q2.3
49	2#压缩机运行指示7HL1	Bool	%Q2.4
50	2#压缩机运行报警7HL2	Bool	%Q2.5
51	2#压缩机停机3min7HL3	Bool	%Q2.6
52	输出备用3	Bool	%Q2.7
53	鱼肉库风扇运行指示7HL4	Bool	%Q3.0
54	蔬菜库风扇运行指示7HL5	Bool	%Q3.1
55	干货库风扇运行指示7HL6	Bool	%Q3.2
56	除霜指示7HL7	Bool	%Q3.3
57	指示灯电源指示6HL1	Bool	%Q3.4

变量表_冷库

	名称	数据类型	地址
58	油压差报警3KA1	Bool	%M2.0
59	低压控制3KA2	Bool	%M2.1
60	高压控制3KA3	Bool	%M2.2
61	1#压缩机就绪3KA5	Bool	%M2.3
62	油压差报警4KA1	Bool	%M2.4
63	低压控制4KA2	Bool	%M2.5
64	高压控制4KA3	Bool	%M2.6
65	2#压缩机就绪4KA5	Bool	%M2.7
66	除霜完成标志5KA3	Bool	%M3.0
67	定时除霜5KA1	Bool	%M3.1
68	加热除霜完成5KA2	Bool	%M3.2

图 8-16　输入、输出以及中间变量

建立好变量表之后就可以进行 LAD 编程了，冷库的控制主要是逻辑控制，因此采用 LAD 语言编程。

1＃压缩机的 LAD 程序如图 8-17 所示。在程序段的注释中编写了该段程序的说明，这样的注释说明有助于后期阅读、修改和维护程序。2＃压缩机的程序和 1＃压缩机一样，不再赘述。

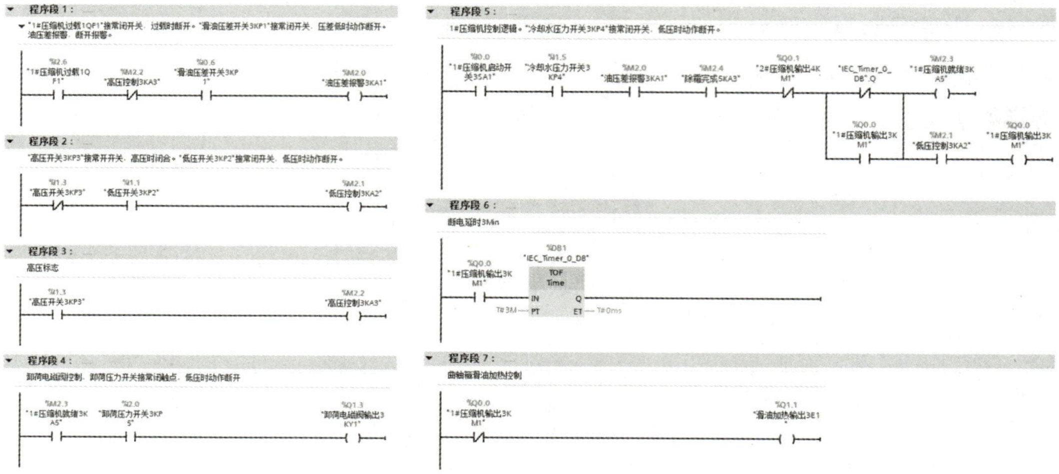

图 8-17　1＃压缩机的 LAD 程序

鱼肉库除霜控制程序如图 8-18 所示。程序开始就编写了一个长周期、占空比可调的循环脉冲程序，用来循环控制除霜动作。系统存储器中的循环脉冲时间都比较小，而且占空比不可调。图示程序编写的是周期 2 小时，占空比为 50％的循环脉冲，也就是冷库会每隔 1 小时除霜一次，除霜时间最长也就是 1 小时。蔬菜库和干货库是保鲜库，不需要除霜，但是风扇、电磁阀的控制和鱼肉库是一致的，同样不再赘述。

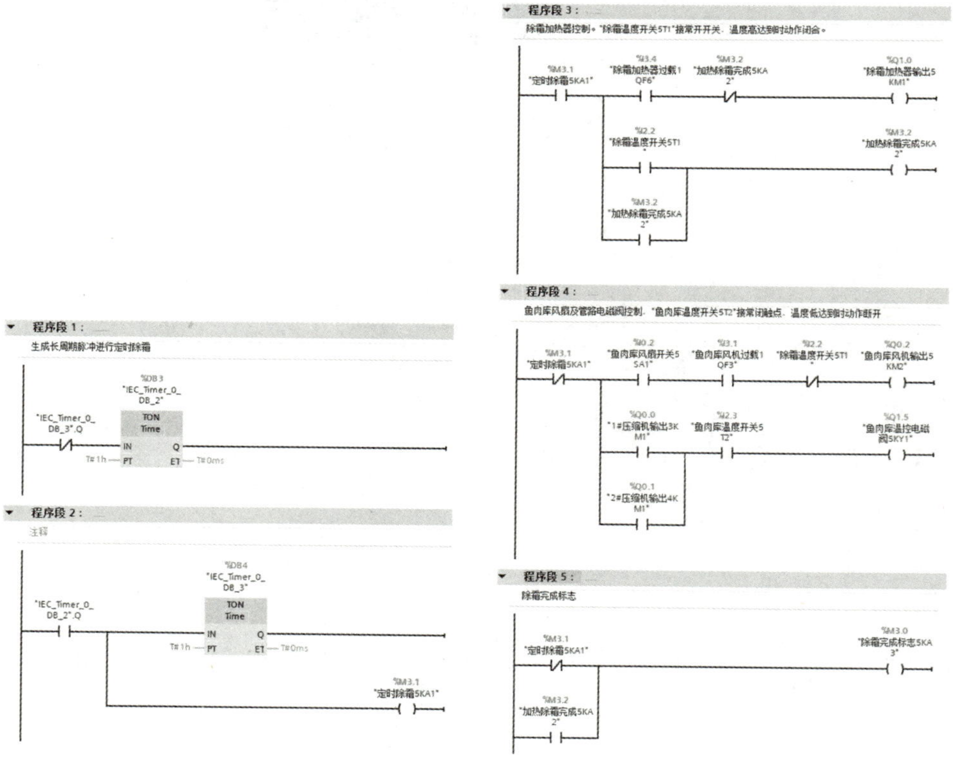

图 8-18　除霜控制程序

最后是指示灯控制程序，如图 8-19 所示。

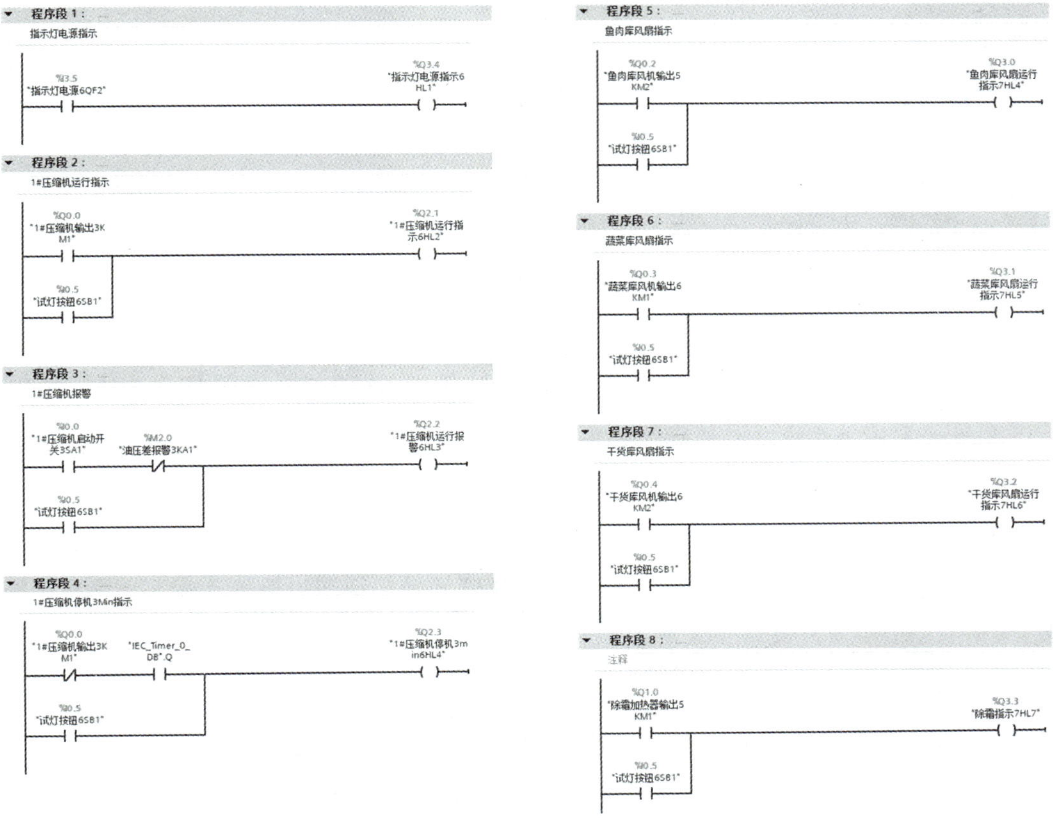

图 8-19　指示灯控制程序

从硬件设计到软件设计，可以看出输入、输出点名称从统计→分配→连线→PLC 变量表都是一致的，这个结果不是开始就一致，而是在系统设计的过程中不断修改完善的。最终输入、输出点软硬件名称的一致，对于后期修改、维护程序是非常有用的。

8.4.2　船舶机舱监测报警系统程序设计

机舱监测报警系统是轮机自动化的一个重要内容，它的功能是准确可靠地监测机舱内各种动力设备的运行状态及其参数，一旦运行设备发生故障，自动发出声、光报警信号。根据自动化程度的不同，有些系统还具有报警记录打印、参数和状态的定时或召唤打印以及参数的分组显示等功能。对于无人值班机舱，机舱监测报警系统还能把报警信号延伸到驾驶台、公共场所、轮机长房间和值班轮机员的住所。机舱监测报警系统不仅可以改善轮机管理人员的工作条件，减轻劳动强度，及时发现设备的运行故障，而且也是实现无人机舱的基本条件。

在机舱中需要监测的参数可分两类：一类是开关量，另一类是模拟量。

所谓开关量，是指只有两个状态的量。这两个状态通常表现为开关的断开和闭合，而开关的形式可以是机械开关或继电器触点。在船舶机舱中，开关量可以反映设备的运行状态，例如设备是处于运行状态还是停止状态、设备是正常工作还是出现故障、主机凸轮轴位置以及阀门位置等。监视报警系统能对这些开关量进行显示，需要报警的则发出声光报警。

模拟量是指连续变化的量，例如温度、液位、压力和转速等参数均为模拟量。监视报警系统应能对这些模拟量进行实时显示，如果参数超过预定的范围，则应发出越限声、光报警。越限报警分为两种情况，有些参数是不允许超过某一上限值的，当超过这一上限值时发出的报警称为上限报警；另外一些参数则不允许低于某一下限值，当低于这一下限值时发出的报警称为下限报警。通常，温度参数的报警为上限报警，压力参数的报警为下限报警，而液位参数的报警则既有上限报警也有下限报警。

对于有些设备，其运行参数虽然为模拟量，但并不是把这些模拟量直接送入监视报警系统，而是通过压力继电器、温度继电器或液位开关等转换为开关量信号再送至监视报警系统。对于这类参数，监视报警系统将以开关量的形式进行处理。

机舱监测报警系统主要是通过 PLC 来获取机舱中设备的参数信息，并对这些信息进行处理。

1. 机舱监测报警系统相关标准与规范要求

根据《钢质海船入级规范》《钢质内河船舶建造规范》《船舶机舱监视报警装置技术条件》与《船舶设计实用手册》中的说明，机舱监测报警系统应满足以下要求：

（1）对被监测的机电设备和监测系统本身的所有故障应在有关的控制站（室）显示，并发出报警信号，以使值班轮机员知道发生的故障。监测报警系统监测信息的来源包括：开关量输入；热电阻型信号、热电偶型信号、电流型信号等模拟量输入；通信信号输入。

（2）所有的报警应同时发出视觉和听觉报警信号。模拟量输入时，报警系统应设有可调整的上限值、下限值。严重故障的报警光色一般采用红色，普通故障一般采用黄色。听觉信号应有足够的响度，并应与火警、电话及其他听觉信号（如释放 CO_2）有明显的区别。除报警装置本体有声、光报警装置外，应设有报警信号输出触点。

（3）报警系统应能对同时发生的所有故障发出报警信号。对某个故障的报警和对报警的应答不应妨碍对其他同时发生的故障的报警和应答。

（4）报警设备可设有消除听觉报警信号（消音）的装置，当报警信号应答后，按下该装置的消音按钮进行消音，消音时不应熄灭视觉报警信号但可改变视觉信号（如闪光转为平光等），该视觉信号仍应清晰可辨。在驾驶室和起居处所对听觉报警信号的局部消除不应中止机器处所的听觉报警。且机器处所听觉报警信号的消音按钮只允许设在机器处所或集控室内，同时视觉报警信号应一直保留到故障消除为止。故障消除后，该报警通道应能自动恢复到正常工作状态。

（5）报警装置必要时应设有报警延时和报警抑制功能。

（6）如单个报警在就地控制站已有显示，则也应在其他相关的控制站显示报警信号，但可采用组合报警的方式显示。

2. 机舱监测报警系统基本功能

根据机舱监测报警系统的相关标准和规范要求，一个完善的机舱监测报警系统包含三大部分：计算机显示系统；数据采集和处理系统，通过 PLC 实现；延伸报警系统，通过触摸屏实现，如图 8-20 所示。数据处理的功能需求包括以下几个方面：

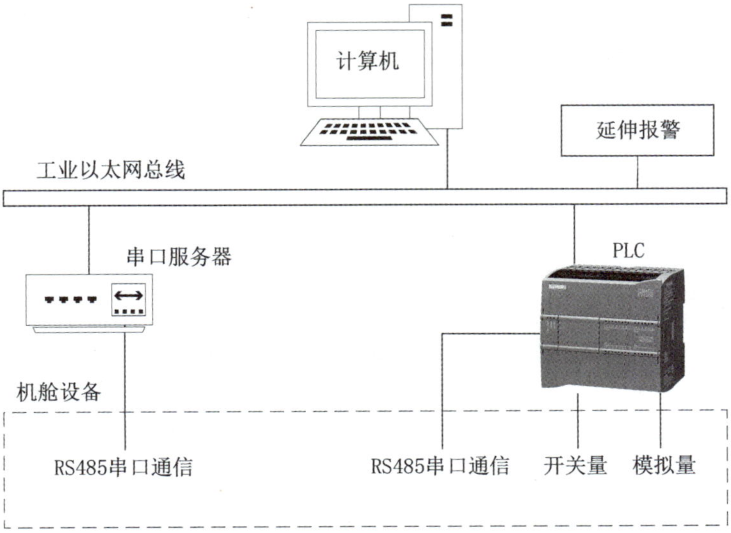

图 8-20　机舱监测报警系统组成

(1)声、光报警

声、光报警是监视报警系统最根本的功能，只要监测点的状态发生异常或者出现模拟量参数越限，系统就应该发出声、光报警，以便问题得到及时处理。大多数导致报警发生的原因均无法在报警发生之后自行消失，只有进行了相应的处理才能使状态恢复正常。

正常运行期间，监测报警系统不会发出报警指示和声响报警。当被监视点发生异常时，若该监视点未被闭锁，则系统立即发出声响报警，同时相应的报警指示灯快速闪烁，指示报警内容。报警发生后，要求值班人员按消音按钮进行消音(一般情况下，消音按钮对于所有报警都是共用的)和报警确认(按确认按钮或点击闪烁文本)。报警确认后，报警指示灯由闪烁转为平光(或者闪烁文本转为高亮)。当监视点状态或参数恢复正常时，报警指示消失，即报警灯熄灭(或者高亮消失)。

(2)参数与状态显示

参数显示是指通过模拟仪表、数字仪表或者计算机屏幕对所有监测点的运行参数进行显示，即模拟量显示。状态显示指的是反映设备运行状态的开关量显示，通常采用绿色指示灯表示系统或设备的正常运行，红色指示灯表示报警状态。对于采用计算机显示的系统，则还可以采用“ON”“OFF”“HIGH”“LOW”“NORMAL”和“FAIL”等文本来进行状态显示。

(3)延时报警

在报警装置中，一般均设有延时报警环节，以免发生误报警。根据所监视的参数不同，其延时时间有长延时和短延时之分。例如在监视液位时，由于船舶的摇摆，容易反复造成虚假越限现象，导致频繁报警。类似这种情况可采用 2～30 s 的长延时报警，在延时时间之内越限不报警。另外，在运行期间，某些监测开关的状态会由于环境干扰的原因而发生瞬间变化，例如船舶在激烈振动时，某些压力系统的压力波动容易使报警开关发生抖动。为避免误报警，可采用延时 0.5 s 的短延时。

(4)报警回差

当采样值在报警点附近波动时,为了防止仪表不断进入和退出报警状态,这样输出触点会经常跳动,产生频繁报警,导致外部连锁装置产生故障,对于上限和上上限报警,若报警限设为 80,报警回差设为 5,当采样值大于或等于 80 时触点动作,仪表报警;当输入减小,采样值小于 80,仪表不会马上退出报警状态,而是直到仪表采样值小于或等于 75 后,仪表才退出报警状态。同样,对于下限和下下限报警,若将报警限设为 45,报警回差设为 5,当采样值小于或等于 45 时,触点动作;当输入增大,采样值大于 45 时,仪表不会马上退出报警状态,而是直到仪表采样值大于等于 50 时,仪表才退出报警状态。

(5)报警闭锁

报警闭锁就是根据动力设备不同的工作状态,封锁一些不必要的监视点报警。例如,船舶在停港期间,由于主机处于停车状态,主机的冷却系统、燃油系统、滑油系统等均停止工作,与这些系统相关的参数都会出现异常。因此,有必要对与这些系统有关的监视点进行报警闭锁。

(6)延伸报警

延伸报警功能是为无人值班机舱设置的。在无人值班的情况下,必须将机舱故障报警信号分组后传送到驾驶台、公共场所、轮机长及值班轮机员住所的延伸报警箱。延伸报警通常按故障的严重程度来分组,可把全部监视点的报警信息分为四组:主机故障自动停车报警、主机故障自动降速报警、重要故障报警、一般故障报警。有时为了简化延伸报警,在值班轮机员住所的延伸报警箱上仅设置重要故障报警和一般故障报警两个报警指示灯。

3. 机舱监测报警系统设计实例

本实例介绍的是某汽渡 60 m 全回转车客渡船的机舱监测报警系统。本实例设计依据除了上节提到的国家规范和标准外,还有船舶设计研究所提供的关于 60 m 全回转车客渡船《机舱自动化说明书》。参照以上要求,数据采集和数据处理采用 S7-1200 PLC;RS485 串口的扩展采用串口服务器;现场总线采用工业以太网;延伸报警通过现场总线通信从 S7-1200 PLC 获取报警数据;计算机软件根据 S7-1200 PLC 处理的数据进行报警内容显示以及参数、状态显示。可以看出 PLC 是机舱监测报警系统的一个核心和枢纽,对下(机舱设备)采集数据,对上(计算机、触摸屏)提供数据。本实例主要介绍 S7-1200 PLC 进行数据采集和数据处理的内容。

60 m 全回转车客渡船的机舱监测报警系统中需要 S7-1200 PLC 数据采集(监测)的相关设备、参数/状态信息、报警内容以及数据来源由该船的《机舱自动化说明书》提供,见表 8-9。

表 8-9　设备监测明细表

序号	项目	显示	报警	备注
1	1#主机转速	转速		模拟量(485 总线)
2	1#主机滑油进机压力	压力	低	模拟量(485 总线)
3	1#主机冷却水出机温度	温度	高	模拟量(485 总线)

（续表）

序号	项目	显示	报警	备注
4	1＃离合器切排	压力		开关量
5	1＃主机滑油温度	温度	高	模拟量(485 总线)
6	1＃主机排气温度	温度		模拟量(485 总线)
7	1＃主机冷却水进机压力	压力	低	模拟量(装传感器)
8	1＃主机内循环水压力	压力	低	模拟量(装传感器)
9	1＃主机高压油泵出口压力	压力	低	模拟量(装传感器)
10	2＃主机转速	转速		模拟量(485 总线)
11	2＃主机滑油进机压力	压力	低	模拟量(485 总线)
12	2＃主机冷却水出机温度	温度	高	模拟量(485 总线)
13	2＃离合器切排	切排		开关量
14	2＃主机滑油温度	温度	高	模拟量(485 总线)
15	2＃主机排气温度	温度		模拟量(485 总线)
16	2＃主机冷却水进机压力	压力	低	模拟量(装传感器)
17	2＃主机内循环水压力	压力	低	模拟量(装传感器)
18	2＃主机高压油泵出口压力	压力	低	模拟量(装传感器)
19	1＃发电机原动机滑油进机压力	压力	低	模拟量(485 总线)
20	1＃发电机原动机滑油温度	温度	高	模拟量(485 总线)
21	1＃发电机原动机冷却水温度	温度	高	模拟量(485 总线)
22	1＃发电机原动机冷却水进机压力	压力	低	模拟量(485 总线)
23	1＃发电机组转速	转速		模拟量(485 总线)
24	1＃发电机电压	电压		模拟量(MSB 提供)
25	1＃发电机电流	电流		模拟量(MSB 提供)
26	1＃发电机频率	频率		模拟量(MSB 提供)
27	1＃发电机功率	功率		模拟量(MSB 提供)
28	2＃发电机原动机滑油进机压力	压力	低	模拟量(485 总线)
29	2＃发电机原动机滑油温度	温度	高	模拟量(485 总线)
30	2＃发电机原动机冷却水温度	温度	高	模拟量(485 总线)
31	2＃发电机原动机冷却水进机压力	压力	低	模拟量(485 总线)
32	2＃发电机组转速	转速		模拟量(485 总线)
33	2＃发电机电压	电压		模拟量(MSB 提供)
34	2＃发电机电流	电流		模拟量(MSB 提供)
35	2＃发电机频率	频率		模拟量(MSB 提供)
36	2＃发电机功率	功率		模拟量(MSB 提供)

（续表）

序号	项目	显示	报警	备注
37	380 V 绝缘		降低	开关量(MSB 提供)
38	220 V 绝缘		降低	开关量(MSB 提供)
39	220 V 电源		失电	开关量(MSB 提供)
40	＃1 发电机过载		过载	开关量(MSB 提供)
41	＃2 发电机过载		过载	开关量(MSB 提供)
42	跳板主电源		失电	开关量
43	跳板油箱油位	报警	低	开关量
44	跳板高压滤器	报警	堵塞	开关量
45	跳板油压	显示		模拟量(装传感器)
46	主配电板直流应急放电	显示		开关量
47	1＃日用油柜油位		低	开关量
48	2＃日用油柜油位		低	开关量
49	1＃离合器压力低	压力	低	模拟量(装传感器)
50	1＃舵桨调速气源欠压			开关量(485 总线)
51	1＃舵桨滑油温度	温度	高	模拟量(485 总线)
52	1＃舵桨润滑油高温	温度	高	开关量(485 总线)
53	1＃舵桨交流失电			开关量(485 总线)
54	1＃舵桨直流失电			开关量(485 总线)
55	1＃舵桨电动泵失电			开关量(485 总线)
56	1＃舵桨电动泵过载			开关量(485 总线)
57	1＃舵桨液压低位			开关量(485 总线)
58	1＃舵桨滤器堵塞			开关量(485 总线)
59	2＃离合器压力低	压力	低	模拟量(装传感器)
60	2＃舵桨调速气源欠压			开关量(485 总线)
61	2＃舵桨滑油温度	温度	高	模拟量(485 总线)
62	2＃舵桨润滑油高温	温度	高	开关量(485 总线)
63	2＃舵桨交流失电			开关量(485 总线)
64	2＃舵桨直流失电			开关量(485 总线)
65	2＃舵桨电动泵失电			开关量(485 总线)
66	2＃舵桨电动泵过载			开关量(485 总线)
67	2＃舵桨液压低位			开关量(485 总线)
68	2＃舵桨滤器堵塞			开关量(485 总线)
69	1＃污油舱液位		高	开关量

（续表）

序号	项目	显示	报警	备注
70	2＃污水舱液位		高	开关量
71	4＃电动蝶阀出口压力	显示		模拟量(装传感器)
72	消防联动工作状态			开关量
73	1＃电动蝶阀工作状态			开关量
74	2＃电动蝶阀工作状态			开关量
75	3＃电动蝶阀工作状态			开关量
76	4＃电动蝶阀工作状态			开关量
77	艏舵桨舱水密门开启	报警		开关量
78	艏机舱水密门开启	报警		开关量
79	艉舵桨舱水密门开启	报警		开关量
80	艉机舱水密门开启	报警		开关量
81	跳板控制箱自动状态、手动状态	显示		开关量
82	艏驾控台自动状态、手动状态	显示		开关量
83	艉驾控台自动状态、手动状态	显示		开关量
84	艏跳板安全钩锁紧	显示		开关量
85	艉跳板安全钩锁紧	显示		开关量
86	主配电板交流失电	报警		开关量
87	驾控台交流控制电源	显示		开关量
88	驾控台直流控制电源	显示		开关量
89	舱底水密门状态	显示		开关量
90	蓄电池容量、电压	显示		485 总线

同时机舱监测报警系统本身需要采集的输入点和控制的输出点见表 8-10。

表 8-10　　机舱监测报警系统监测控制点

序号	输入点名称	数量	输出点名称	数量
1	系统 AC 220 V 主电源失电	1	报警指示灯	1
2	消音	1	报警蜂鸣器	1
3	确认	1	报警输出	1

4. 机舱监测报警系统硬件设计

(1)硬件选型

硬件选型主要就是 PLC 的 CPU 以及扩展模块选型。考虑到逻辑控制、数据处理以及功能没有特殊要求，因此主要根据输入、输出点数进行选型。根据表 8-9 和 8-10 进行统计，共需要 36 个开关量输入、3 个开关量输出、18 个模拟量输入以及 7 个 RS485 串口。根据第 5 章 5.4 的内容，考虑余量，需要 41 个开关量输入、21 个模拟量输入。PLC 选型见表 8-11。

从表 8-11 中可以看出，开关量以及模拟量的输入、输出点数是符合要求的。但是 S7-1200 PLC 中 CPU 支持 RS485 串口的通信模块/板的最大数量是 4 个，而系统中需要 7 个 RS485 串口。解决的办法有两个：增加一个 S7-1200 CPU；增加一个 4 口的串口服务器。从成本考虑采用第二种方法：增加一个 4 口的串口服务器。

表 8-11　　PLC 选型

模块	点数	数量
CPU 1214C DC/DC/DC	14DI，10DQ，2AI	1
SM 1221 DI16 ×24 V DC	16DI	2
SM 1231 AI8× 13 位	8AI	2
SM 1231 AI4× 13 位	4AI	1
CM 1241	1 个 RS485	3
CB 1241	1 个 RS485	1
串口服务器	8 个 RS485	1

（2）输入、输出点数分配

输入、输出点数分配见表 8-12，开关量和模拟量的地址均是默认配置。输入点均是采集输入，按照顺序排列即可，因此表中只列举了部分输入、输出点数分配。

表 8-12　　输入、输出点数分配

开关量输入点名称	PLC 地址	模拟量输入点名称	PLC 地址	输出点名称	PLC 地址
消音	I0.0	1＃主机冷却水进机压力	IW64	报警指示灯	Q0.0
确认	I0.1	备用	IW66	报警蜂鸣器	Q0.1
系统 AC 220 V 主电源失电	I0.2	1＃主机内循环水压力	IW68	报警输出	Q0.2
1＃离合器切排	I0.3	1＃主机高压油泵出口压力	IW70		
2＃离合器切排	I0.4	2＃主机冷却水进机压力	IW72		
380 V 绝缘	I0.5	2＃主机内循环水压力	IW74		
220 V 绝缘	I0.6	2＃主机高压油泵出口压力	IW76		
备用	I0.7	备用	IW78		
220 V 电源失电	I1.0	1＃发电机电压	IW80		
1＃发电机过载	I1.1	1＃发电机电流	IW82		
2＃发电机过载	I1.2	……			
跳板主电源	I1.3				
跳板油箱油位低	I1.4				
备用	I1.5				
……					

（3）I/O 点连接

I/O 点在报警开关量的连接上主要根据设备提供的连接方式（常开/常闭）进行连接。设备厂商通常提供的是常闭的连接方式，断开时报警，如果断线或接触不良同样会报警，提醒值班人员进行检查。因此在开关量报警输入点的连接上统一采用常闭的连接方式。

在工程应用上，模拟量传感器的信号一般是 4～20 mA。如果是其他信号，比如是热电阻信号，需要添加一个热电阻转 4～20 mA 的模块，这样 PLC 的模拟量输入模块可以做到统一标准化，方便备货和后期维护。

I/O 连接图给出了 CPU 1214 和 SM 模块 AI8 的连线图，两个模块包含了本实例的所有接口类型：开关量输入的按钮控制、常闭开关报警信息；开关量输出的报警指示；模拟量输入的无源 4～20 mA、有源 4～20 mA；通信输入的 RS485 串口连接。

如图 8-21 所示是 CPU 1214 的接线图，所有的报警开关全部是闭合开关，报警时断开。CPU 1214 提供的模拟量接口只能接收电压信号 0～10 V，在通道 0 和通道 1 的接口端各并接一个 500 Ω 的电阻，外部 4～20 mA 输入在 500 Ω 两端就产生 2 V～10 V 的电压。模拟量通道传感器进线需要用屏蔽线，以防其他强信号干扰。图中模拟量通道连接的是无源 4～20 mA 信号，所以在模拟量接口回路中串接了 DC 24 V 电源。通信接口接在 CPU 1214 本体上的通信板 CB 1241 上，RS485 串口接线采用屏蔽双绞线。

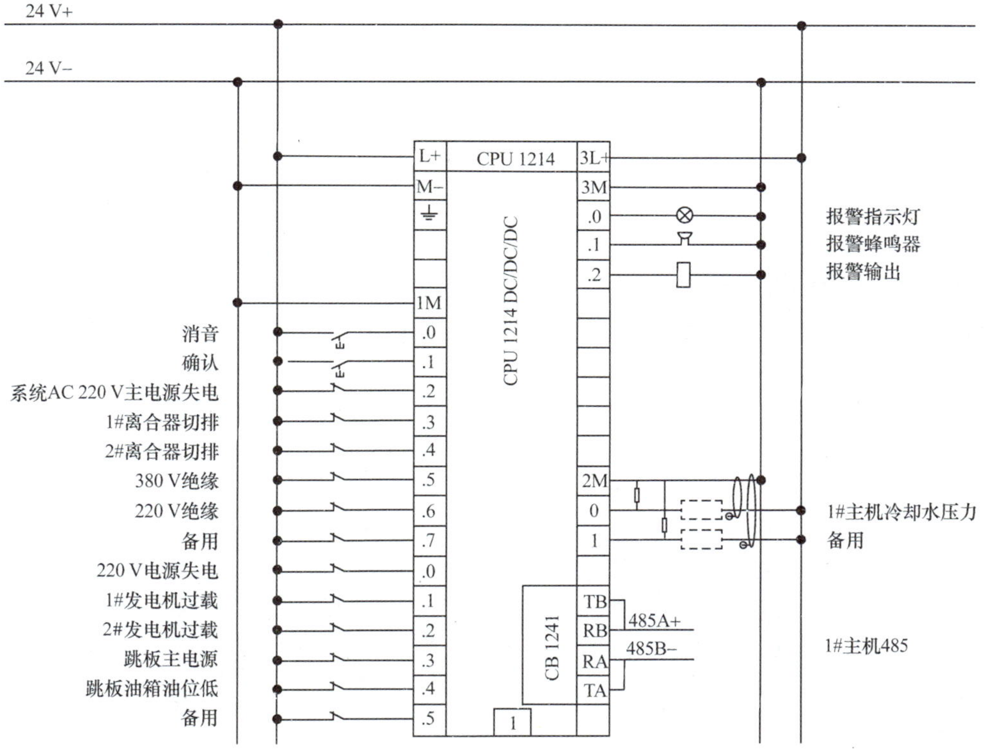

图 8-21　CPU 1214 接线图

如图 8-22 所示是扩展模块 AI8 的接线图，该模块可以接收 0～20 mA 和 4～20 mA 信号，因此将外部模拟量电流信号直接接入。前 6 个通道是无源 4～20 mA 连接方式，后 2 个通道是有源 4～20 mA 连接方式，两种信号的连接方式有所不同。从传感器采集的模拟量信号一般是无源 4～20 mA，而从设备中采集的模拟量信号一般是有源 4～20 mA，比如图中"1＃发电机电压""1＃发电机电流"是从配电板采集的模拟量信号，是有源 4～20 mA 信号。

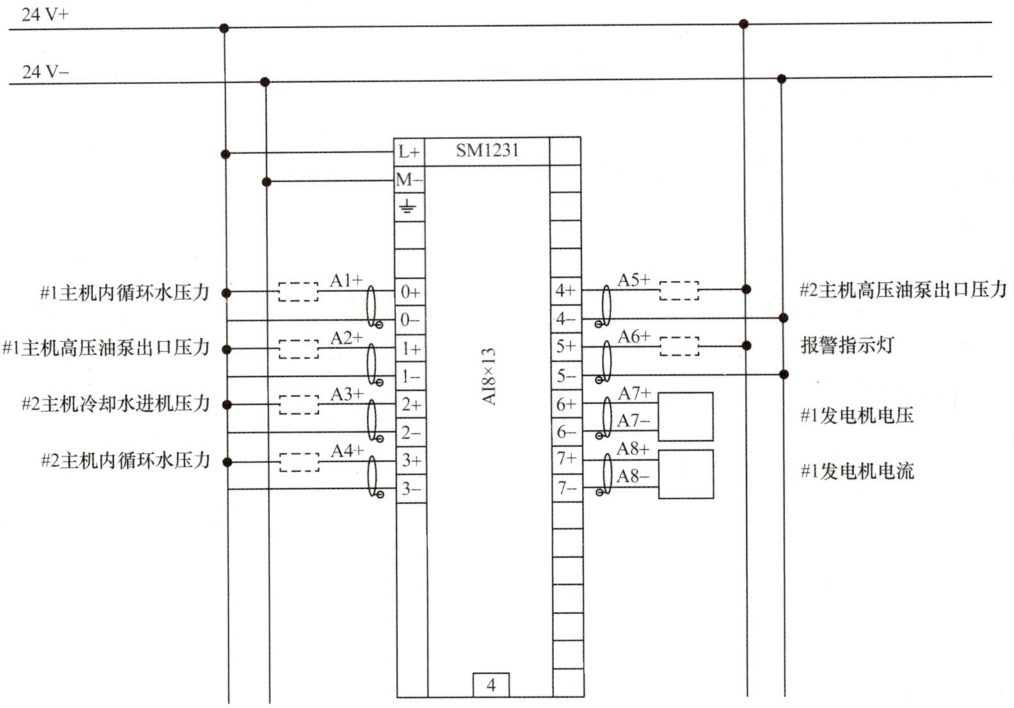

图 8-22　AI8 的接线图

5. 机舱监测报警系统 PLC 软件设计

在 S7-1200 PLC 中创建“机舱监测”项目，根据 PLC 选型表 8-11，在 TIA Portal 软件中的硬件组态如图 8-23 所示，在 CPU 的左边添加了 3 个 RS485 通信模块，在 CPU 本体上添加了一个 RS485 通信板，在 CPU 的右边添加了 5 个 I/O 扩展模块。同时为了满足 RS485 接口的需要，在“设备和网络”中增加了一个以太网设备——串口服务器，如图 8-24 所示。

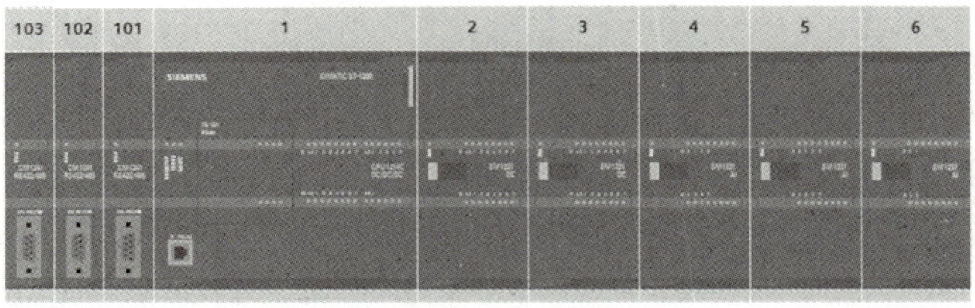

图 8-23　硬件组态

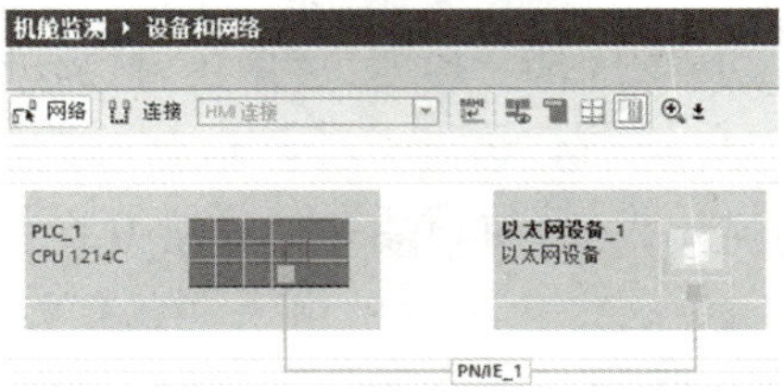

图 8-24　串口服务器组态

根据机舱监测报警基本功能需求，在项目树中最终添加的功能函数程序块如图 8-25 所示。

PLC 变量中最终建立的“变量表_机舱监测”部分变量如图 8-26 所示。

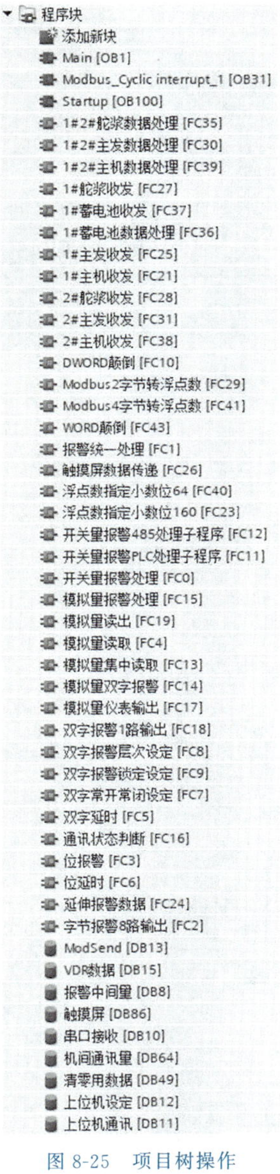

图 8-25　项目树操作

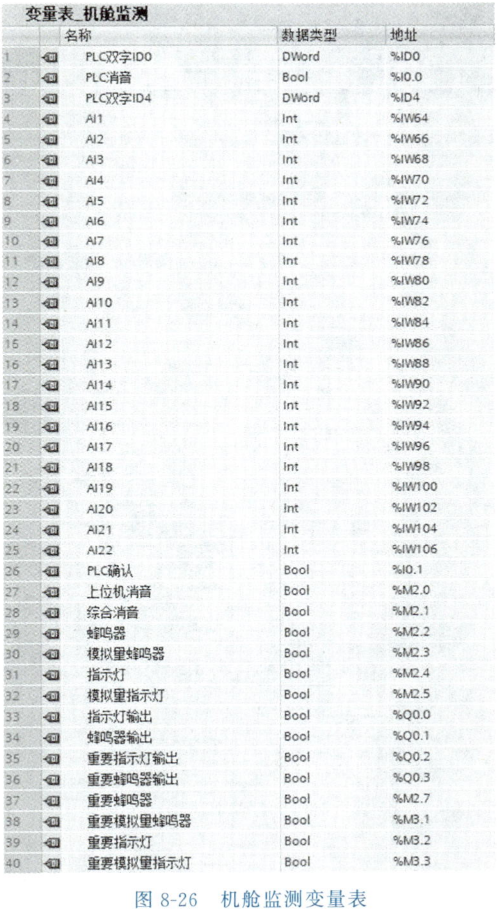

变量表_机舱监测

	名称	数据类型	地址
1	PLC双字ID0	DWord	%ID0
2	PLC消音	Bool	%I0.0
3	PLC双字ID4	DWord	%ID4
4	AI1	Int	%IW64
5	AI2	Int	%IW66
6	AI3	Int	%IW68
7	AI4	Int	%IW70
8	AI5	Int	%IW72
9	AI6	Int	%IW74
10	AI7	Int	%IW76
11	AI8	Int	%IW78
12	AI9	Int	%IW80
13	AI10	Int	%IW82
14	AI11	Int	%IW84
15	AI12	Int	%IW86
16	AI13	Int	%IW88
17	AI14	Int	%IW90
18	AI15	Int	%IW92
19	AI16	Int	%IW94
20	AI17	Int	%IW96
21	AI18	Int	%IW98
22	AI19	Int	%IW100
23	AI20	Int	%IW102
24	AI21	Int	%IW104
25	AI22	Int	%IW106
26	PLC确认	Bool	%I0.1
27	上位机消音	Bool	%M2.0
28	综合消音	Bool	%M2.1
29	蜂鸣器	Bool	%M2.2
30	模拟量蜂鸣器	Bool	%M2.3
31	指示灯	Bool	%M2.4
32	模拟量指示灯	Bool	%M2.5
33	指示灯输出	Bool	%Q0.0
34	蜂鸣器输出	Bool	%Q0.1
35	重要指示灯输出	Bool	%Q0.2
36	重要蜂鸣器输出	Bool	%Q0.3
37	重要蜂鸣器	Bool	%M2.7
38	重要模拟量蜂鸣器	Bool	%M3.1
39	重要指示灯	Bool	%M3.2
40	重要模拟量指示灯	Bool	%M3.3

图 8-26　机舱监测变量表

主程序 OB1 中主要调用功能函数如图 8-27 所示。虽然机舱监测报警功能很多，要处理的数据也很多，但是采用模块化编程，将各种功能模块化，嵌入式调用，最终在 OB1 中显示的程序一目了然。

以“报警统一处理”程序块为例，整体函数 FC 调用结构如图 8-28 所示。

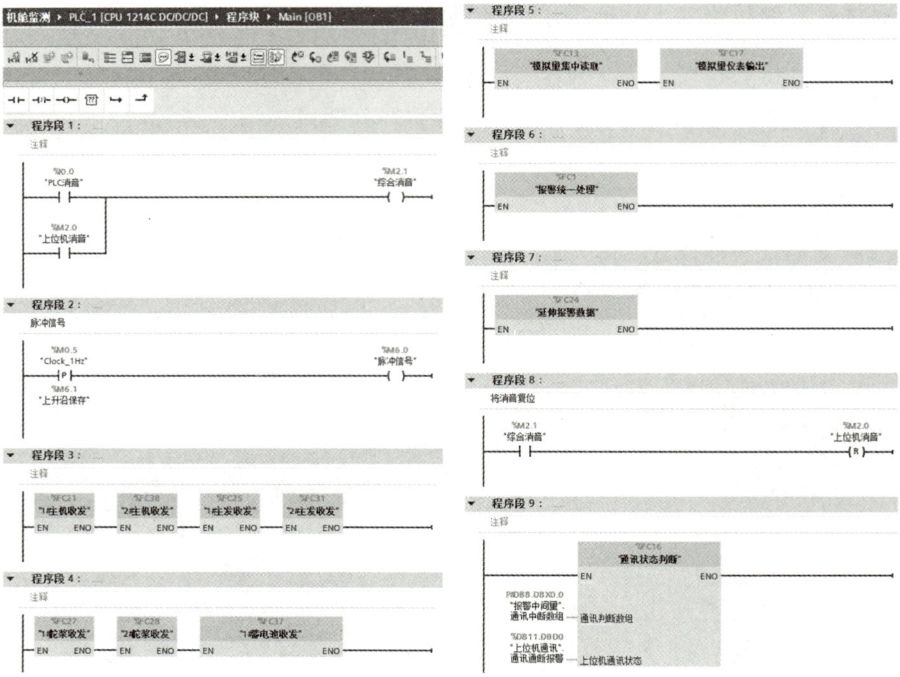

图 8-27　主程序 OB1

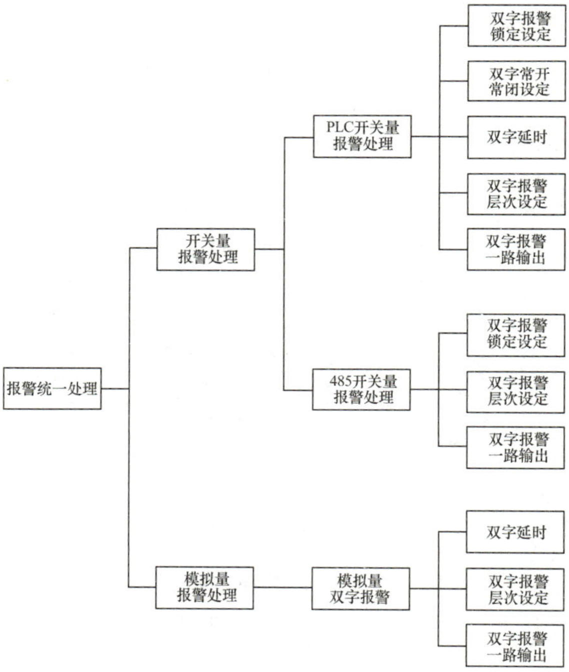

图 8-28　报警统一处理结构

报警统一处理程序如图 8-29 所示。程序中包含两个函数“开关量报警处理”和“模拟量报警处理”，同时还包含蜂鸣器和指示灯的处理。开关量报警和模拟量报警不止一个，每一个都会触发蜂鸣器和指示灯，而 PLC 程序处理时是不允许重复输出的，因此添加了蜂鸣器和指示灯的中间量，并将中间量进行或处理，统一输出到 Q0.0 和 Q0.1。程序中的报警量分为两类：重要报警和所有报警。所有报警在本系统内触发，重要报警输出至机舱报警灯柱。

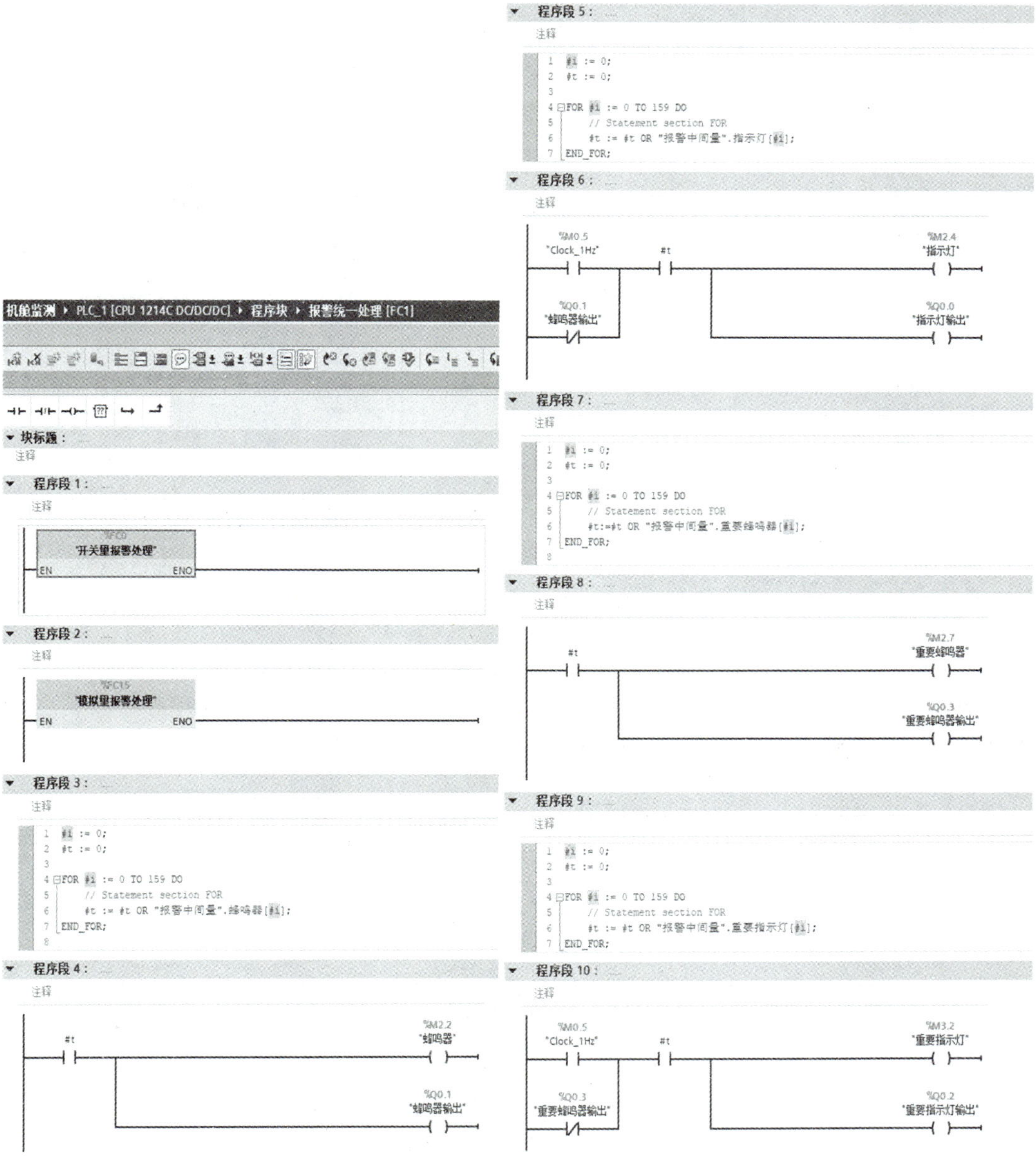

图 8-29　报警统一处理程序

开关量报警处理程序如图 8-30 所示。包含两类：PLC 开关量和 RS485 通信开关量。两类开关量调用的函数均是一次处理 32 个开关量，相当于一个双字。消音和确认在 PLC 开关量输入的第一个双字中，不需要报警，因此需要将其屏蔽，如图 8-30 中“程序段 2”所示。子函数的调用可以用 LAD，也可以用 SCL 语言，从空间上看 SCL 语言占优势，但是从可阅读性上看 LAD 占优势。模拟量报警处理调用时增加了限值给定，其他和开关量一样，不再赘述。

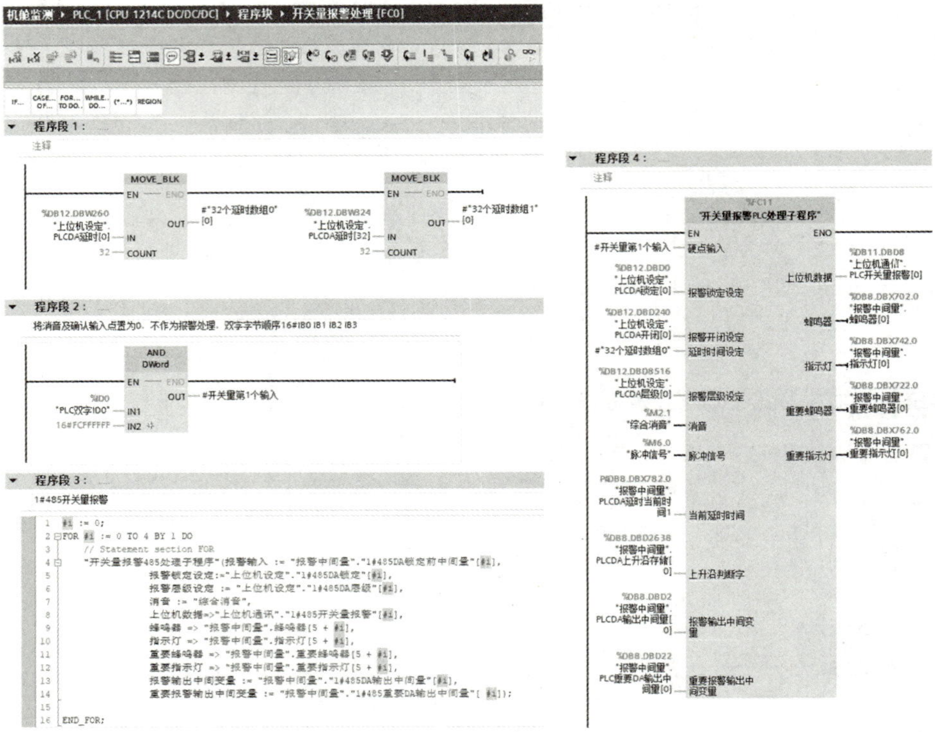

图 8-30　开关量报警处理程序

PLC 开关量处理流程如图 8-31 所示，对应程序如图 8-32 所示。在程序中设定的输入、输出接口名称，显示在图 8-30 中调用的函数输入、输出接口上。

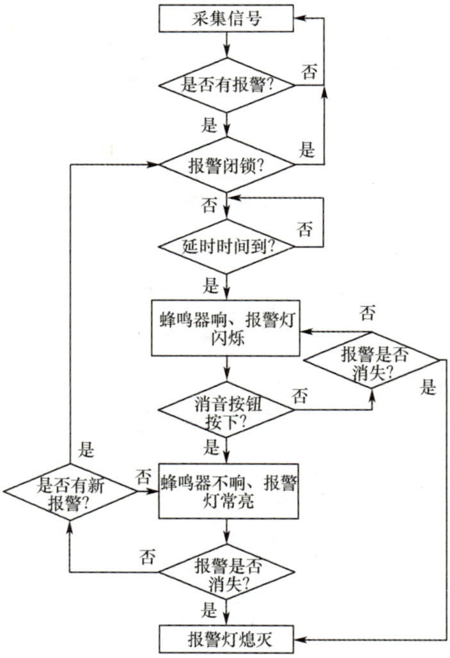

图 8-31　PLC 开关量处理流程

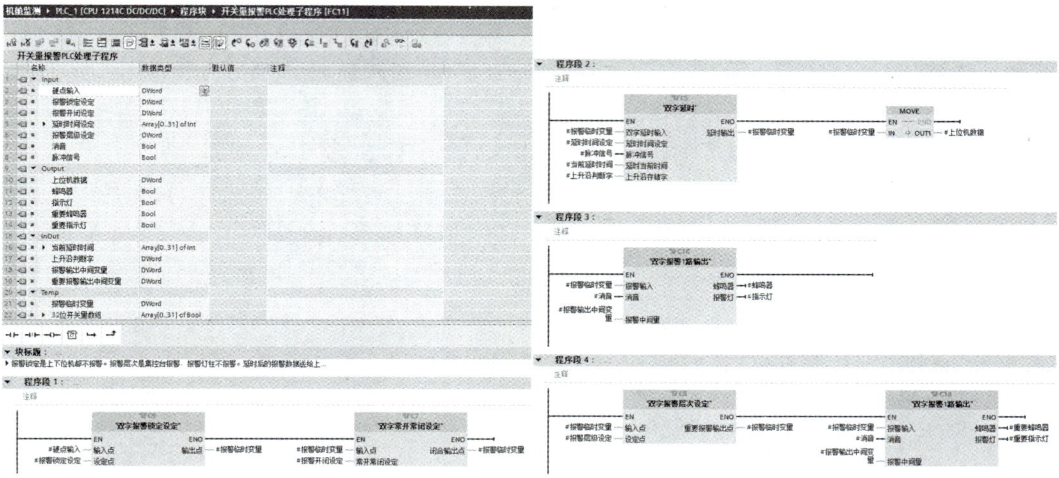

图 8-32 PLC 开关量处理程序

程序中的“双字报警锁定设定”如图 8-33 所示，“双字常开常闭设定”如图 8-34 所示，“双字报警层次设定”如图 8-35 所示，主要是数字逻辑处理。程序中均采用双字转数组间接寻址方式，将双字转换为数组，对数组元素进行位逻辑处理。程序中均设置了函数的实参，同时图中显示的程序均列举了 2 路逻辑处理，剩余 30 路，限于篇幅，没有列举。

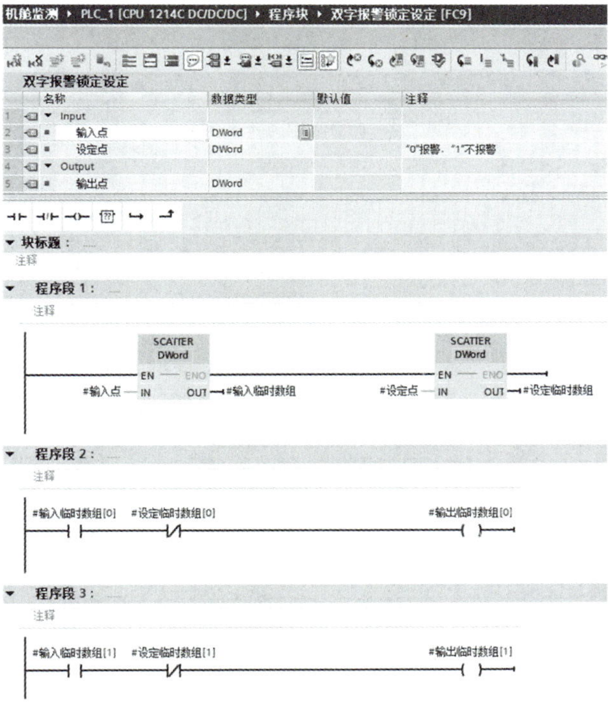

图 8-33 双字报警锁定设定

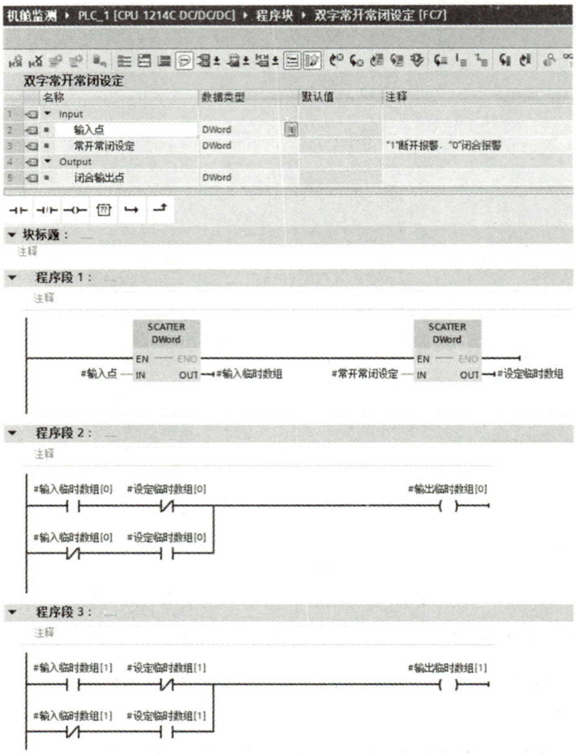

图 8-34　双字常开常闭设定

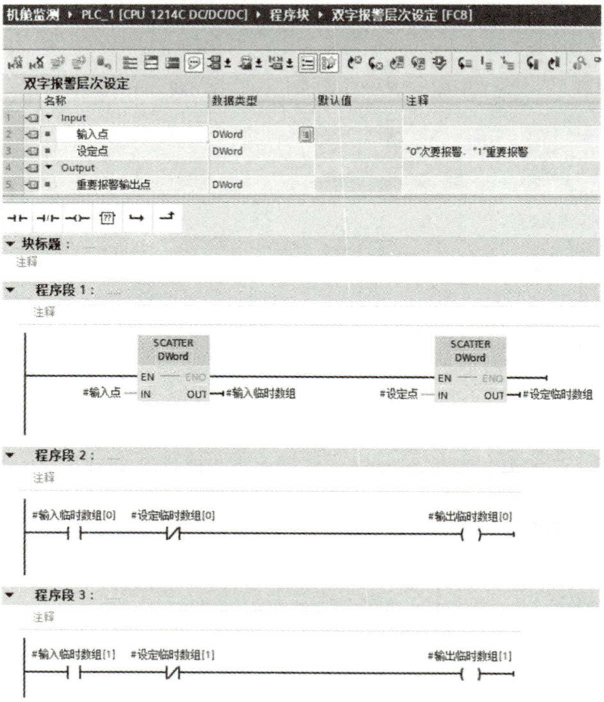

图 8-35　双字报警层次设定

双字延时程序如图 8-36 所示。如果每个报警延时都不一样，那么有多少个报警就需要多少个定时器，这种情况下就不能编写统一的子函数进行调用，同时当报警变量太多时，定时器的使用也会有限制。因此在程序中不再使用定时器进行延时，而是利用系统存储器的定时脉冲，采用对定时脉冲计数的方式计算时间实现定时。双字延时处理的是一个双字，在程序中需要将双字转换成数组，通过间接寻址进行位延时，如图 8-36 所示双字延时程序中的“程序段 1”和“程序段 2”。

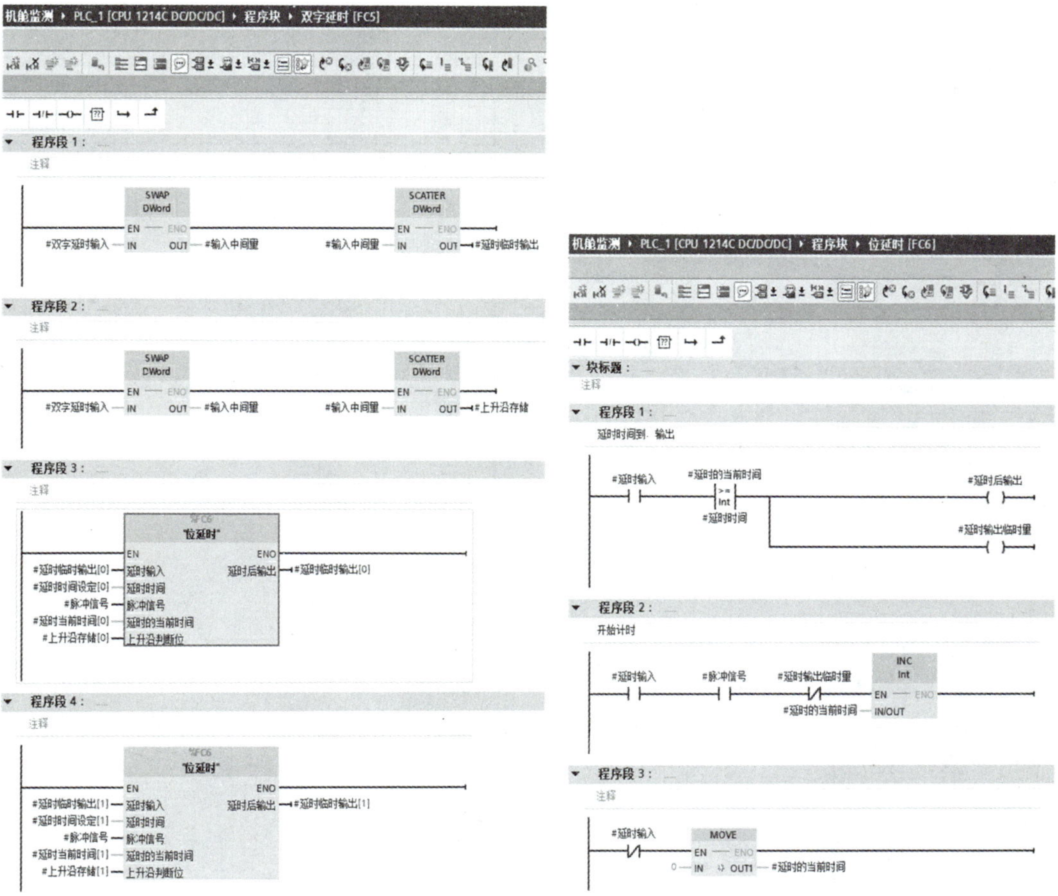

图 8-36　双字延时程序

双字报警一路输出程序如图 8-37 所示。函数的实参（输入、输出接口）设置如图所示，程序中采用双字的“比较”和“与”操作，实现对双字 32 个报警量的处理。实现机舱监测报警中的基本功能：已存在的报警不影响新的报警输出触发。传统的报警处理是先进行位处理，如图 8-38 所示，然后调用 32 次子函数，如图 8-39 所示程序是字节报警 8 路输出，原理是一样的，调用位报警子函数的次数不一样。图中“程序段 3”一直到“程序段 10”都是调用的“位报警”，为节省篇幅，只显示一个，类似图 8-33、8-34、8-35 的处理方式。当然图 8-33、8-34、8-35 也可以采用双字的处理方式或者采用 SCL 语言，可以作为课后练习。从图 8-37 和图 8-38、8-39 所示程序对比可以看出，实现某一功能的方式有多种，主要看哪一种更优化。

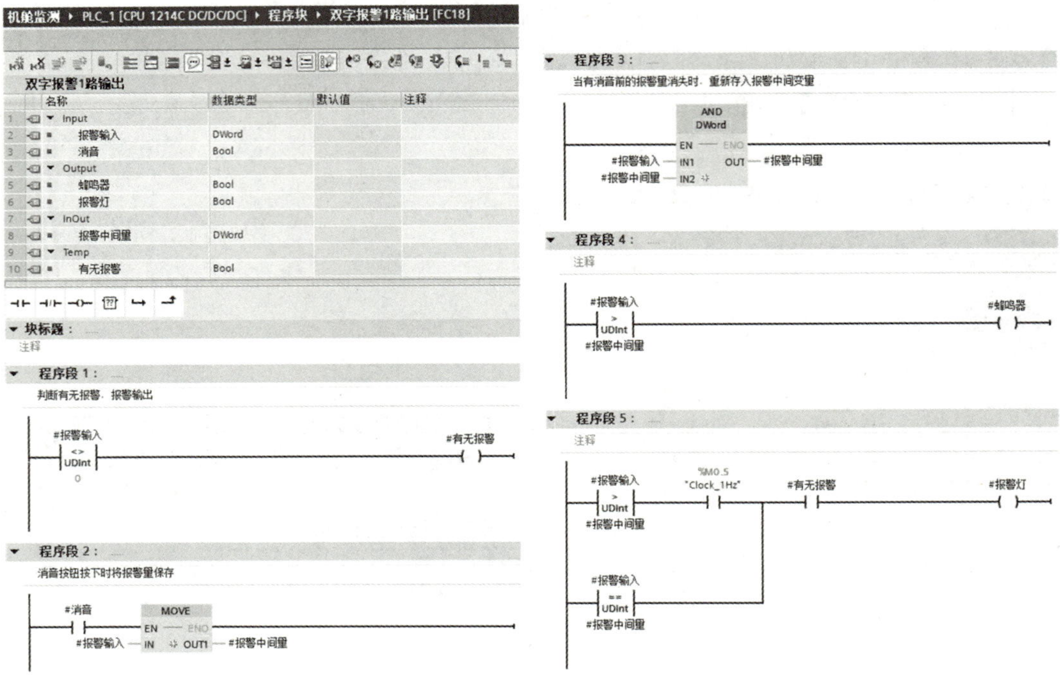

图 8-37　双字报警一路输出程序

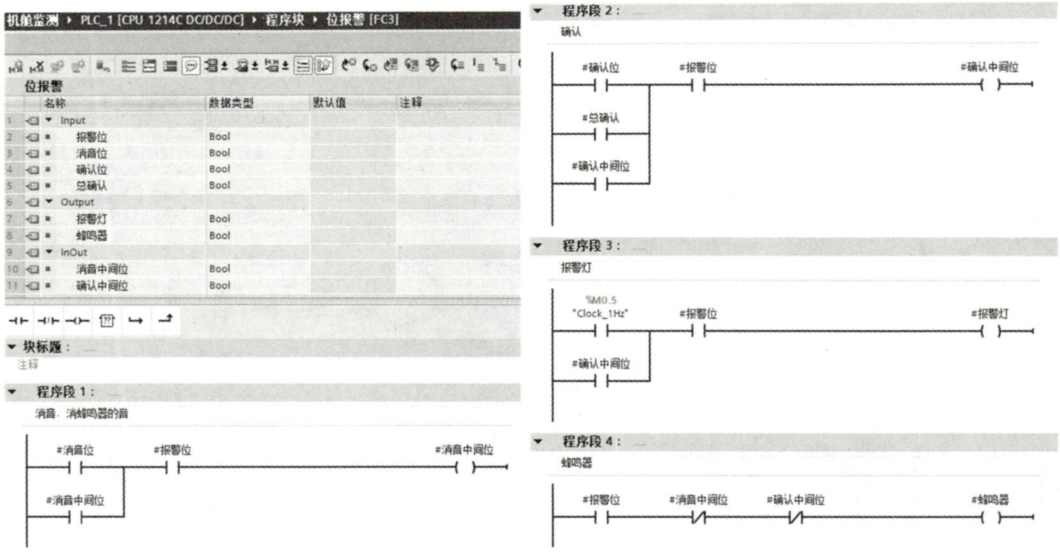

图 8-38　位报警程序

对开关量输入进行双字处理时，需要在组态时将开关量输入的地址设置为连续。比如本实例中的开关量输入根据组态一共包含有 6 个字节，地址需要组态为 I0.0～I5.7，地

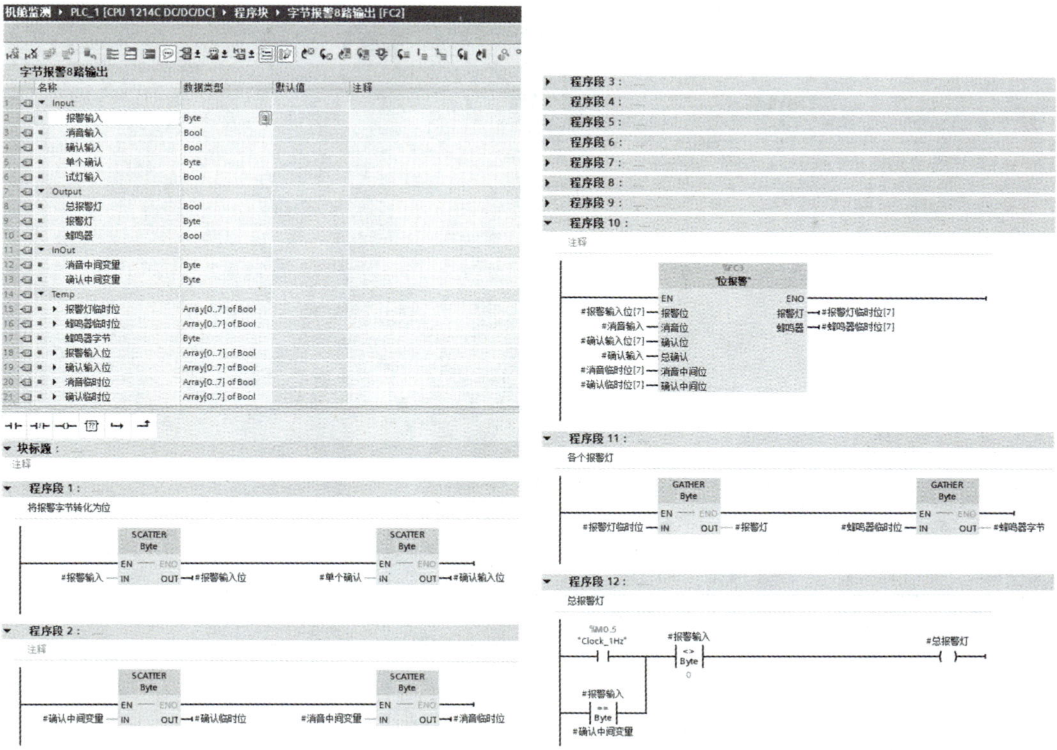

图 8-39　字节报警 8 路输出

址中“.”号前面的数字表示的是字节，这个数字要连续，中间不能断开，否则程序会占用不必要的资源，同时上位机报警名称索引也会混乱。如图 8-40 所示开关量组态设置界面，DI 16 扩展模块的输入起始地址接着 CPU 的结束地址。

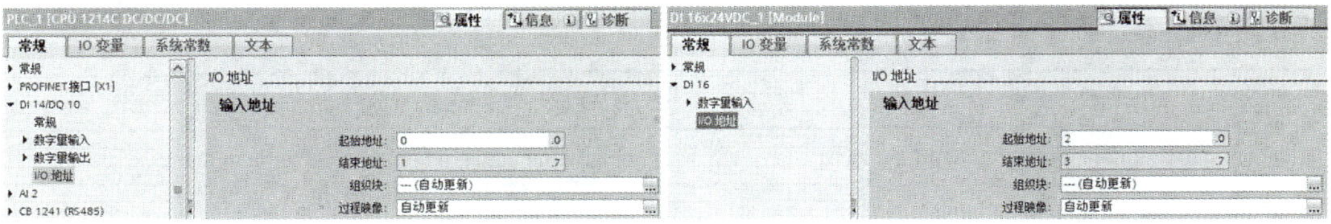

图 8-40　DI 16 模块和 CPU 输入地址设置

项目树中还有很多程序块没有介绍，比如模拟量处理、通信数据采集以及通信数据处理等，参照第 7 章程序设计章节中“模拟量数据读取”以及“通信数据读取”等内容。

习题和思考题

1. PLC 控制系统设计的内容是什么，设计的步骤是什么？

2. 根据下表 Modbus 通信协议编写数据处理程序，将接收的开关量和模拟量数据存放在 DB 中。

报警点及485通信协议					
显示部分					
序号	信号内容	通信地址	量程	数值单位	通信格式
1	冷却水温度	40016	0～150	1 ℃	1. 型号类型: Modbus RTU 2. 波特率:9 600 3. 起始位:1 位 4. 数据位:8 位 5. 检验位:无校验 6. 停止位:1 位 7. 最大读取数量:60 8. 读取间隔:≥0.5 s
2	滑油压力	40018	0～1 000 kPa	1 kPa	
3	滑油温度	40019	0～150 ℃	1 ℃	
4	电源电压 1	40020	8～32 V	0.1 V	
5	电源电压 2	40021	8～32 V	0.1 V	
6	转速	40022	0～9 999	1RPM	
7	运行时间:时	40050	0～9 999	1 h	
8	运行时间:分	40051		1 min	
9	累计开机次数	40052		1	
序号	信号内容	通信地址	量程	数值单位	通信格式
报警部分及状态点(Bit0～Bit15):例 101.1 即地址 101 的 Bit1					1. 型号类型: Modbus RTU 2. 波特率:9 600 3. 起始位:1 位 4. 数据位:8 位 5. 检验位:无校验 6. 停止位:1 位 7. 最大读取数量:60 8. 读取间隔:≥0.5 s
1	高速预报警	40101.1		1	
2	高速报警停机	40101.3		1	
3	水温高预报警	40101.4		1	
4	水温高报警停机	40101.5		1	
5	低油压预报警	40101.6		1	
6	低油压报警停机	40101.7		1	
7	电源 1 电压低报警	40101.8		1	
8	启动失败	40101.12		1	
9	停机失败	40101.13		1	
10	高油温预报警	40102.4		1	
11	紧急停机	40102.5		1	
12	电源 2 电压低	40104.4		1	
13	运行状态	40107.1		1	
14	综合报警	40107.2		1	
15	停机状态	40107.4		1	
16	允许启动	40107.5		1	
17	启动成功	40107.6		1	
18	停机中	40107.14		1	
19	淡水位低	40111.2		1	

3. 将图 8-33 中的报警锁定设定子函数采用双字整体逻辑处理和 SCL 循环处理两种方式进行编程。

4. 按照十字路口红绿灯的逻辑，设计一个基于 S7-1200 PLC 的红绿灯控制系统，包括硬件设计和软件设计。

5. 采用 S7-1200 PLC 实现第 3 章习题 6、7、8 的控制功能。

思政6

参考文献

［1］ 黄永红.电气控制与PLC应用技术(第2版).北京:机械工业出版社,2018.

［2］ 漆汉宏.PLC电气控制技术(第3版)北京:机械工业出版社,2015.

［3］ 段礼才.西门子S7-1200 PLC编程及使用指南(第2版).北京:机械工业出版社,2020.

［4］ 廖常初.S7-1200 PLC编程及应用(第4版).北京:机械工业出版社,2021.

［5］ 哈立德·卡梅尔(Khaled Kamel),埃曼·卡梅尔(Eman Kamel)著.朱永强,王文山等译.PLC工业控制.北京:机械工业出版社,2015.

［6］ 孙旭清,何吉庆.船舶电机与电气控制系统.大连:大连海事大学出版社,2005.

［7］ 陈建明,白磊.电气控制与PLC原理及应用.北京:机械工业出版社,2020.

［8］ 西门子.S7-1200 PLC技术参考Version 4.3.2022.

［9］ 西门子.S7-1200可编程控制器产品样本.2023.

［10］ 西门子.SIMATIC S7-1200入门手册.2015.

［11］ 西门子.深入浅出西门子S7-1200 PLC.北京:北京航空航天大学出版社,2023.

［12］ 王淑芳.电气控制与S7-1200 PLC应用技术.北京:机械工业出版社,2016.

［13］ 任胜杰.电气控制与PLC系统.北京:机械工业出版社,2013.

［14］ 中国船级社.钢质海船入级规范.2024.

［15］ 中国船级社.智能船舶规范.2025.

［16］ 中华人民共和国船舶行业标准.船舶机舱监视报警装置技术条件.2020.

［17］ Acti9引领第五代终端配电产业革命,产品目录.施耐德,2024.

［18］ TeSys®系列电动机控制与保护,产品目录.施耐德,2024.